6ヵ年全問題収録

浄化槽管理士試験

完全解答

設備と管理 編集部 編

改訂8版

平成29年度〜令和4年度の
問題・解答解説

Ohmsha

はしがき

　昭和60年に施行された浄化槽法において，浄化槽の適正な保守点検を確保するための制度として，浄化槽管理士の資格が設けられました．

　浄化槽は，人間の活動に伴う汚水を処理する手段として下水道と並んで重要な施設であり，初期には便所の水洗化に大きな役割を果たしました．また近年では，台所や浴室等から排出される生活雑排水による水質汚濁が問題となり，平成13年にはこれらを併せて処理する合併処理浄化槽の設置が法律で義務づけられました．さらに，環境問題への関心が高まるなかで浄化槽法など関連法規は改正を重ね，より浄化能力の高い設備が要求されるようになっています．

　これらの法律に従って設置された浄化槽でも，適切に維持管理されなければ，本来の機能を発揮することはできません．このため，浄化槽の保守点検業務を行う浄化槽管理士の果たす役割はますます重要なものとなり，求められる知識も専門化しています．浄化槽管理士の国家試験の重要性が高まるのは必定でしょう．

　本書は，浄化槽管理士試験の問題を，平成29年から令和4年までの6年間にわたって掲載し，その解答と解説を試みたものです．実際の試験問題を数多く解くことによって，出題のパターンとポイントをつかむことができ，短期間で効率的に実力アップを図ることができます．また巻末には，関連する法規や基準値（浄化槽法，環境省関係浄化槽法施行規則，屎尿浄化槽及び合併処理浄化槽の構造方法を定める件，水質汚濁に係る環境基準，一律排水基準）などを収録し，随時参照できるようにしてあります．

　本書を活用し，みごと合格の栄冠に輝かれることを祈念いたします．

設備と管理 編集部

1. 試験期日

毎年 10 月中～下旬の日曜日

2. 試験地

宮城県，東京都，愛知県，大阪府，福岡県

（試験会場等の案内は，受験票送付の際に通知）

3. 試験科目

(1) 浄化槽概論

(2) 浄化槽行政

(3) 浄化槽の構造及び機能

(4) 浄化槽工事概論

(5) 浄化槽の点検，調整及び修理

(6) 水質管理

(7) 浄化槽の清掃概論

4. 受験資格

学歴，実務経験は一切問われない．

5. 受験申請書の入手方法

受験を申し込むには，まず受験申請書を（公財）日本環境整備教育センターから取り寄せる必要がある．受験申請書の頒布は毎年 6 月初～中旬開始．入手方法は，右ページ下の問い合わせ先に問い合わせるか，ホームページ（https://www.jeces.or.jp）で確認のこと．

6. 受験手続き

(1) 提出書類（受験申請書等）

①浄化槽管理士試験受験申請書

②浄化槽管理士試験受験写真用台紙（写真貼付）および

浄化槽管理士試験受験票

③浄化槽管理士試験受験票送付用の返信用封筒

④結果通知送付用シール

(2) 受験申請書等の受付期間，提出場所

　①受験に関する書類は，決められた期間（毎年 6 月下旬から 8 月上旬頃まで）に，（公財）日本環境整備教育センターに提出する．提出方法は，直接持参するか（土，日，祝日を除く午前 10 時から午後 4 時まで），郵送の場合は簡易書留により送付する．

　②受験申請書等が受理された後の，書類の返還と受験地の変更は認められない．

(3) 受験手数料：20,200 円（令和 4 年度）

　（公財）日本環境整備教育センターが指定する払込用紙を用い，受験者名で郵便振替または銀行振込により納付し，払込受付証明書を受験申請書裏面に貼付する．

7. 受験票の送付

　受験票は，（公財）日本環境整備教育センターから直接受験者に送付される（発送予定日は毎年 9 月中旬）．

8. 合格者の発表／免状の交付

　試験終了後 2 か月以内に，合格者の受験番号が（公財）日本環境整備教育センターのホームページ（https://www.jeces.or.jp）において発表されるとともに，合格証書または不合格の旨が郵送される．

　合格者には，浄化槽管理士免状交付申請書が同封されるので，所定の手続きを行うと，浄化槽管理士免状が交付される．

■問い合わせ先

公益財団法人 日本環境整備教育センター 国家試験事業グループ

〒130-0024　東京都墨田区菊川 2 丁目 23 番地 3

電話　03-3635-4881

https://www.jeces.or.jp

もくじ

■浄化槽管理士試験 実施要領 ———————————————— iv

浄化槽管理士試験 過去問題と解答   1

令和 4 年度 問題／解答と解説   2

令和 3 年度 問題／解答と解説   60

令和 2 年度 問題／解答と解説   114

令和 元 年度 問題／解答と解説   172

平成 30 年度 問題／解答と解説   230

平成 29 年度 問題／解答と解説   288

関 連 法 規   341

浄化槽法   342

浄化槽法施行令（抄）   376

環境省関係浄化槽法施行規則   377

屎尿浄化槽及び合併処理浄化槽の構造方法を定める件（告示）   401

浄化槽法の運用に伴う留意事項について（通知）   439

（環境基本法に基づく）
水質汚濁に係る環境基準（抜粋）   445

（水質汚濁防止法に基づく）
排水基準を定める省令（抜粋）   451

浄化槽管理士試験
過去問題と解答

- ●令和 4 年度
- ●令和 3 年度
- ●令和 2 年度
- ●令和 元 年度
- ●平成30年度
- ●平成29年度

令和4年度

令和3年度

令和2年度

令和元年度

平成30年度

平成29年度

浄化槽管理士試験 問題

受験者数1,049名／合格者数233名／合格率22.2%
合格基準点64点以上

午前

- 浄化槽概論
- 浄化槽行政
- 浄化槽の構造及び機能
- 浄化槽工事概論

問題1 下図は，富栄養化による水質汚濁が起きやすい閉鎖性水域における物質循環を模式的に示している．図中の ［ ア ］ 〜 ［ エ ］ に入る語句の組み合わせとして，最も適当なものは次のうちどれか．

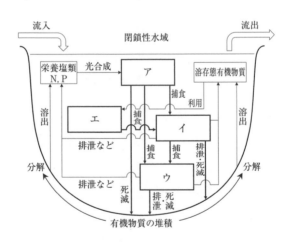

	ア	イ	ウ	エ
(1)	動物プランクトン	大型動物	植物プランクトン	細菌類
(2)	植物プランクトン	細菌類	動物プランクトン	大型動物
(3)	動物プランクトン	植物プランクトン	細菌類	大型動物
(4)	植物プランクトン	動物プランクトン	大型動物	細菌類

(5) 動物プランクトン　　植物プランクトン　　大型動物　　　　　　細菌類

問題2 水資源と水利用に関する次の記述のうち，最も不適当なものはどれか.

(1) 地球上の淡水のほとんどは，氷河と地下水として存在している.

(2) 我が国の年平均降水量は，世界平均値より多い.

(3) 水資源賦存量は，降水量に当該地域の面積を乗じて求めた値である.

(4) 我が国の一人当たりの水資源賦存量は，世界平均値より小さい.

(5) 我が国の農業用水の取水量は，工業用水の取水量より多い.

問題3 CO_2 排出量は，社会・経済の状況に大きく影響される. 下表は，我が国の部門別 CO_2 排出量の推移（電気・熱配分後排出量）を示したものである. 表中の（ア）〜（エ）の部門の組み合わせとして，最も適当なものは次のうちどれか.

部門	1990 年度	2013 年度	2019 年度	2020 年度
（ア）	503	464	387	356
（イ）	208	224	206	185
（ウ）	131	237	191	182
（エ）	129	208	159	166

単位：百万トン CO_2

	（ア）	（イ）	（ウ）	（エ）
(1)	産業部門	業務その他部門	運輸部門	家庭部門
(2)	運輸部門	産業部門	家庭部門	業務その他部門
(3)	産業部門	運輸部門	業務その他部門	家庭部門
(4)	運輸部門	産業部門	業務その他部門	家庭部門
(5)	産業部門	運輸部門	家庭部門	業務その他部門

問題 4 水質汚濁に関する物質とその影響の組み合わせとして，最も不適当なものは次のうちどれか．

	物　質		影　響
(1)	ミクロキスチン	───	肝障害
(2)	硝酸性窒素	───	メトヘモグロビン血症
(3)	カドミウム	───	中枢神経疾患
(4)	メチル水銀	───	水俣病
(5)	フミン質	───	トリハロメタンの生成

問題 5 生活排水処理施設の種類，設置する地域・場所及び設置主体の組み合わせとして，最も不適当なものは次のうちどれか．

	生活排水処理施設の種類	設置する地域・場所	設置主体
(1)	浄化槽	下水道が完備されていない地域の建築物に設置	個人・市町村
(2)	コミュニティ・プラント	住宅団地等の建設に伴って付属して設置	市町村
(3)	流域下水道	人口規模 10 万人以上で二つ以上の市町村に設置	都道府県
(4)	公共下水道	都市の中で稠密な市街地に設置	市町村
(5)	農業集落排水施設	人口規模 1 万人以下の都市近郊の農村部に設置	農林水産省

問題 6 ろ過に関する次の文章中の〔　　〕内の語句のうち，最も不適当なものはどれか．

　砂ろ過において，ろ過速度（m/時）はろ層両端の圧力差に〔(1) 比例〕し，砂層の厚さに〔(2) 比例〕する．このときの比例係数は〔(3) 透水係数〕といわれる．砂の粒径が〔(4) 小さい〕ほど，また空隙率が〔(5) 小さい〕ほど，ろ過速度は遅くなる．

問題 7 酸化還元反応に関する次の文章中の ［ ア ］ ～ ［ オ ］ に入る語句の組み合わせとして，最も適当なものはどれか．

酸化還元反応において，［ ア ］ とは物質が電子を失うことであり，［ イ ］ とは物質が電子を得ることである．次の化学式で示されるように，硫酸イオンは ［ ウ ］ な条件下で微生物のはたらきにより ［ エ ］ され，有機物質である酢酸が ［ オ ］ されることで硫化水素を生成する．

$$SO_4^{2-} + CH_3COOH \rightarrow H_2S + 2CO_2 + 2OH^-$$

	ア	イ	ウ	エ	オ
(1)	酸化	還元	好気的	還元	酸化
(2)	還元	酸化	嫌気的	還元	酸化
(3)	酸化	還元	嫌気的	還元	酸化
(4)	還元	酸化	好気的	酸化	還元
(5)	酸化	還元	嫌気的	酸化	還元

問題 8 微生物が一定の時間ごとに 2 分裂で増えるとき，異なる時刻 t_0 と t_1 におけるそれぞれの微生物濃度 X_0，X_1 を測定すると，次式を使って比増殖速度（μ）を求めることができる．

$$ln\frac{X_1}{X_0} = \mu \cdot (t_1 - t_0)$$

倍化時間（微生物量が 2 倍に増加するのに要する時間）が 20 分の場合，$(t_1 - t_0) = 20$ 分で $\dfrac{X_1}{X_0} = 2$ となる．このときの微生物の比増殖速度（1/日）として，最も近い値は次のうちどれか．ただし，$ln2 = 0.693$ とし，水温やpH などの環境条件は微生物にとって最適で，微生物の増殖に必要な基質は十分あるものとする．

(1) 5
(2) 10
(3) 22
(4) 50
(5) 72

凝集に関する次の記述のうち，最も不適当なものはどれか．

(1) 粘土粒子のような微細な粒子を，コロイド粒子という．

(2) 汚濁物質中の多くのコロイド粒子は，その表面に正の電荷がある．

(3) コロイド粒子表面の荷電を中和すれば反発力がなくなり，大きな凝集粒子に成長する．

(4) 凝集剤は，コロイド粒子表面の荷電の中和と凝集体の安定化のために用いられる．

(5) 凝集粒子がさらに大きな粒子にまで成長することを，フロック化という．

単位に関する次の記述のうち，最も不適当なものはどれか．

(1) $1\,nm$ は，$1\,\mu m$ の $1\,000$ 分の 1 である．

(2) $1\,mg/L$ は，$1\,g/m^3$ である．

(3) $1\,A$ は，$1\,000\,mA$ である．

(4) $1\,kg$ は，$1\,000\,000\,mg$ である．

(5) $1\,‰$は，$1\,\%$ の $1\,000$ 分の 1 である．

浄化槽法に規定する都道府県知事の職務として，誤っているものは次のうちどれか．

(1) 浄化槽工事業の登録

(2) 浄化槽保守点検業の登録

(3) 指定検査機関の指定

(4) 浄化槽清掃業の許可の取り消し

(5) 浄化槽の休止届けの受理

浄化槽法第 11 条に規定する定期検査における水質検査項目として，誤っているものは次のうちどれか．

(1) 溶存酸素量（DO）

(2) 透視度

(3) 塩化物イオン濃度

(4) 残留塩素濃度

(5) 生物化学的酸素要求量（BOD）

問題 13 浄化槽法における浄化槽の定義に関する次の記述のうち，誤っているものをすべてあげている組み合わせはどれか．

ア．一般廃棄物処理計画に従って市町村が設置したし尿処理施設は，浄化槽に該当しない．

イ．個別の住宅に設置されたし尿のみを処理する施設は，浄化槽に該当する．

ウ．農業集落におけるし尿及び雑排水を処理する農業集落排水施設は，浄化槽に該当しない．

エ．工場廃水を処理する施設は，浄化槽に該当しない．

(1) ア，イ

(2) ア，ウ

(3) イ，ウ

(4) イ，エ

(5) ウ，エ

問題 14 浄化槽管理士及び浄化槽設備士に関する次の記述のうち，最も適当なものはどれか．

(1) 浄化槽管理士は，浄化槽の保守点検及び清掃の業務に従事する者の資格である．

(2) 浄化槽設備士は，浄化槽工事を実地に監督する者の資格である．

(3) 浄化槽管理士が浄化槽法または浄化槽法に基づく処分に違反したときは，都道府県知事はその浄化槽管理士免状の返納を命ずることができる．

(4) 浄化槽設備士の資格は，5年ごとに更新を受けなければ，その効力を失う．

(5) 浄化槽管理士講習を受講するためには，5年以上の実務経験が必要である．

問題 15 特定既存単独処理浄化槽に関する次の記述のうち，誤っているものをすべてあげている組み合わせはどれか．

ア．特定既存単独処理浄化槽とは，生活環境の保全及び公衆衛生上重大な支障が現に生じている既存単独処理浄化槽をいい，そのまま放置すれば同様の支障が生ずるおそれがあるのみでは特定既存単独処理浄化槽には該当しない．

イ．都道府県知事は，特定既存単独処理浄化槽の浄化槽管理者に対し，除却その他生活環境保全上及び公衆衛生上必要な措置をとるよう指導及び助言ができる．

ウ．都道府県知事は，指導及び助言を行った場合に，なお特定既存単独処理浄化槽の状態が改善されないと認められる場合においては，浄化槽管理者に対し，除却その他必要な措置をとることを勧告することができる．

エ．都道府県知事は，理由の如何を問わず，勧告を受けた者が勧告に係る措置をとらなかったときは，当該勧告を受けた者に対し，その勧告に係る措置をとるべきことを命ずることができる．

(1) ア，イ
(2) ア，ウ
(3) ア，エ
(4) イ，ウ
(5) ウ，エ

問題 16 浄化槽の変更届の提出が必要となる理由として，最も適当なものは次のうちどれか．

(1) 実使用人員の変更
(2) 処理対象人員の変更
(3) 生物ろ過槽の逆洗回数の変更
(4) 建築用途の変更
(5) 保守点検業者の変更

問題 17 公共浄化槽に関する次の記述のうち，最も不適当なものはどれか．

(1) 公共浄化槽は，浄化槽処理促進区域内に存在する浄化槽のうち，設置計画に基づき設置され，市町村が管理する浄化槽である．

(2) 公共浄化槽の設置が完了したときは，汲み取り便所を水洗便所に改造する．

(3) 排水設備は，建築基準法や条例に準拠して設置する．

(4) 公共浄化槽には，複数戸の汚水をまとめて処理する浄化槽は該当しない．

(5) 既設の浄化槽を公共浄化槽とすることができる．

問題 18 浄化槽の保守点検に関する次の記述のうち，最も不適当なものはどれか．

(1) 浄化槽の保守点検業は，汚泥を扱う作業を含むことから，浄化槽清掃業または一般廃棄物処理業の許可が必要となる．

(2) 浄化槽の最初の保守点検は，浄化槽の使用開始の直前に行わなければならない．

(3) 浄化槽の保守点検について，駆動装置またはポンプ設備の作動状況の点検及び消毒剤の補給は，必要に応じて行うものとされている．

(4) 浄化槽管理者は，保守点検の記録を 3 年間保存しなければならない．

(5) 嫌気ろ床接触ばっ気方式で，処理対象人員が 21 人以上 50 人以下の浄化槽の保守点検回数は，通常の使用状態において 3 月に 1 回以上とされている．

問題 19 浄化槽の使用に関する準則に関する次の記述のうち，誤っているものはどれか．

(1) し尿を洗い流す水は，適正量とすること．

(2) 殺虫剤，洗剤，防臭剤，油脂類，紙おむつ，衛生用品等であって，浄化槽の正常な機能を妨げるものは，流入させないこと．

(3) 浄化槽にあっては，工場廃水，雨水その他の特殊な排水を流入させないこと．

（4）浄化槽の上部又は周辺には，保守点検又は清掃に支障を及ぼすおそれのある構造物を設けないこと．

（5）浄化槽に故障又は異常を認めたときは，直ちに，当該浄化槽の保守点検業者にその旨を通報すること．

問題 20 水質汚濁防止法に関する次の記述のうち，最も不適当なものはどれか．

（1）水質規制には，排水濃度を規制する排水規制と地域を限定して規制する水質総量規制がある．

（2）規制の対象となる汚水または廃液を排出する施設を特定施設という．

（3）処理対象人員 51 人以上の浄化槽が特定施設として指定されている．

（4）内閣総理大臣が定める総量削減基本方針に基づき，関係都道府県知事が総量削減計画を定める．

（5）東京湾，伊勢湾及び瀬戸内海に流入する汚濁負荷が発生する地域は，水質総量規制の指定地域とされている．

問題 21 浄化槽を構成する処理工程（単位操作）に関する次の記述のうち，最も不適当なものはどれか．

（1）沈殿分離槽では，汚水中の固形物を沈殿分離・貯留する．

（2）ばっ気槽では，汚水中の汚濁物質を好気性微生物によって分解する．

（3）沈殿槽では，浮遊物質を沈降させ，清澄な処理水を得る．

（4）消毒槽では，微生物を完全に殺滅する．

（5）汚泥濃縮槽では，余剰汚泥を減容化する．

問題 22 浄化槽における BOD の収支は，次式で表される．

ただし，浄化槽での生成 BOD 量は無視した．

容量 2.0m³ の浄化槽に 1 日に流入した BOD 量が 200g/日，流出した BOD 量が 20g/日，蓄積した BOD 量が 20g/日であった．この浄化槽の

BOD 消滅速度（kg/(m³・日)）として，正しい値は次のうちどれか.

(1) 0.08

(2) 0.10

(3) 0.16

(4) 0.18

(5) 0.20

問題 23 下に示す図1のように，底面積が $2\,\text{m}^2$，深さが $3\,\text{m}$ の水槽に排水ポンプが設置されており，排水ポンプの起動水位は $0.5\,\text{m}$ であり，$1\,\text{m}^3/$時の流量で排水する．この水槽の初期の水位が $0.5\,\text{m}$ で，図2に示すように流入水量が時間変化した場合，水槽内の水位の変化を表す図として，最も適当なものは次のうちどれか.

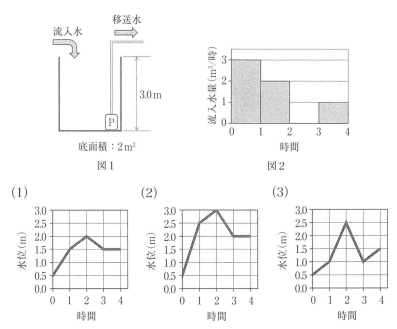

流入水　移送水

3.0 m

P

底面積：2 m²

図1

図2

(1)　　　(2)　　　(3)

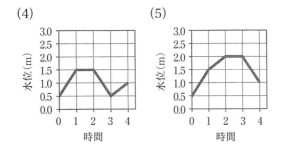

(4)　(5)

問題24 生物膜法で出現する微小後生動物に関する記述として，最も不適当なものは次のうちどれか．
(1) 輪虫類，貧毛類，昆虫類が含まれる．
(2) 活性汚泥法の生物相と比較して多様性が低い．
(3) 微生物生態系の栄養段階では，最も高位に位置する．
(4) 汚泥生成量を抑制するはたらきがある．
(5) 汚水処理の良否を判断する指標となる．

問題25 水の混合状態が完全混合とみなすことができる装置として，最も適当なものは次のうちどれか．
(1) 沈殿槽
(2) 砂ろ過装置
(3) 接触ばっ気槽
(4) オキシデーション・ディッチ
(5) 消毒槽

問題26 現行の構造基準（建設省告示第1292号）が昭和55年に制定されてから現在に至るまでの改正の経緯に関する次の文章中の ［　　］内の記述のうち，誤っているものはどれか．

　放流水のBOD 20 mg/L以下の構造については，昭和63年に［(1) 小型浄化槽］の基準，平成3年に処理対象人員［(2) 51人以上500人以下］の基準が追加された．また，平成7年に［(3) 高度処理型浄化槽］の構造が

追加された．平成12年には浄化槽の性能規定化が図られるとともに，[(4) 単独処理浄化槽] の構造が削除された．平成18年には [(5) 告示第4及び第5の構造] が削除された．

問題27 店舗・マーケットの処理対象人員の算定を行う際の留意事項として，最も不適当なものは次のうちどれか．

(1) 24時間常業の店舗の場合，算定人員は12時間営業の店舗の2倍とする．

(2) 建築物の床面積に対しておおむね20%以上を飲食店が占めている場合は複合用途扱いとし，飲食店部分の処理対象人員を別途加算する．

(3) 店内に食品売り場や飲食店が併設されている場合は，その汚水も浄化槽に流入させる．

(4) 家具等の専門店で，売り場面積に対して客数が非常に少ないことが明らかな場合は，その部分について一般店舗より少ない処理対象人員としてよい．

(5) 処理対象人員には，従業員数も含まれる．

問題28 構造基準（建設省告示第1292号，最終改正 平成18年1月国土交通省告示第154号に定める構造方法）に示されている嫌気ろ床接触ばっ気方式の浄化槽に関する次の記述のうち，最も不適当なものはどれか．

(1) 嫌気ろ床槽を2室に区分する場合，第1室は第2室より大きくする．

(2) 嫌気ろ床槽第1室のろ材の汚泥捕捉性が強い場合，ろ材を比較的浅い位置に充填する．

(3) 接触ばっ気槽の接触材充填率は，おおむね55%とする．

(4) 接触ばっ気槽を2室に区分する場合，第1室の逆洗後のはく離汚泥は，ポンプ等により強制的に移送できる構造とする．

(5) 接触ばっ気槽の有効容量が一定の大きさを超える場合，消泡装置を設ける．

問題29 次のア〜オに示す排水の変動パターン例に対応する建築物の組み合わせとして，最も適当なものはどれか．ただし，共同住宅は4世帯15人，喫茶店の浄化槽は処理対象人員23人，工場の稼働は9時間である．

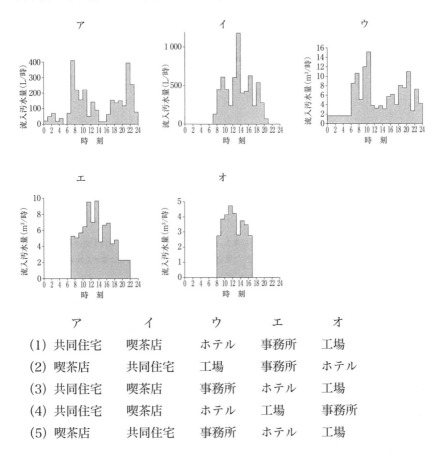

	ア	イ	ウ	エ	オ
(1)	共同住宅	喫茶店	ホテル	事務所	工場
(2)	喫茶店	共同住宅	工場	事務所	ホテル
(3)	共同住宅	喫茶店	事務所	ホテル	工場
(4)	共同住宅	喫茶店	ホテル	工場	事務所
(5)	喫茶店	共同住宅	事務所	ホテル	工場

問題30 下式は流量調整槽の必要容量の算定式である．Q＝96 m³/日，T＝8時間，K＝1.0としたとき，流量調整槽に必要な滞留時間（時間）として，正しい値は次のうちどれか．

$$V=\left(\frac{Q}{T}-K\times\frac{Q}{24}\right)\times T$$

ただし，V：流量調整槽の必要容量（m³）

Q：計画汚水量（m³/日）

T：汚水の排出時間（時間）

K：流量調整比

(1) 10

(2) 12

(3) 14

(4) 16

(5) 18

問題31 構造基準（建設省告示第1292号，最終改正平成18年1月国土交通省告示第154号に定める構造方法）に規定された回転板接触方式に関する次の記述のうち，最も不適当なものはどれか．

(1) 流量調整槽を設けない場合，回転板接触槽の有効容量は日平均汚水量の1/4以上とする．

(2) 回転板は，その表面積のおおむね40％を汚水に接触させる．

(3) 回転板相互の間隔は20mm以上とする．

(4) 円周速度は2m/分以下とする．

(5) 槽壁と回転板との間隔は，回転板の直径のおおむね10％とする．

問題32 浄化槽の生物反応槽に関する用語とその説明の組み合わせとして，最も不適当なものは次のうちどれか．

	用　語	説　明
(1)	汚泥返送率	ばっ気槽から流出する水量を沈殿槽からの返送汚泥量で割った値
(2)	膨化	活性汚泥の単位重量当たりの体積が増加し，沈降しにくくなる現象
(3)	内生呼吸	微生物が細胞内に有する有機物質を酸化することによる生命の維持
(4)	解体	活性汚泥のフロックが壊れ，微細な汚泥に分散した状態
(5)	BOD-MLSS負荷	MLSS 1kg当たりに1日に流入するBOD量

問題 33 下図に示す腐敗タンク方式を構成する単位装置として，誤っているものは次のうちどれか．

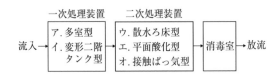

（1） ア

（2） イ

（3） ウ

（4） エ

（5） オ

問題 34 流入 BOD 負荷量 100 kg/日，BOD 容積負荷 0.25 kg/（m³·日）のばっ気槽のばっ気強度を 1.5 m³/（m³·時）とする場合，ばっ気槽容量（m³）と必要空気量（m³/分）の組み合わせとして，正しいものは次のうちどれか．

	ばっ気槽容量（m³）	必要空気量（m³/分）
（1）	300	10
（2）	400	10
（3）	400	13
（4）	500	13
（5）	500	17

問題 35 ポンプの種類と用途に関する組み合わせとして，最も不適当なものは次のうちどれか．

	種類	用途
（1）	エアリフトポンプ	薬液注入
（2）	ダイアフラムポンプ	薬液注入
（3）	渦巻ポンプ	汚水移送
（4）	ベーンポンプ	汚泥移送
（5）	プランジャーポンプ	高圧洗浄

問題36 性能評価型浄化槽に関する次の文章中の［　　］内の語句のうち，最も不適当なものはどれか．

浄化槽メーカーによって構造，容量等が独自に設計されている性能評価型浄化槽は，［(1) 維持管理方法］が構造例示型と大きく異なる型式が存在する．性能評価試験のうち，恒温短期評価試験では，［(2) 水温20℃］の恒温試験に加えて，低温期を想定した［(3) 水温13℃］での試験を行う．現場評価試験1では，水温を制御しない代わりに［(4) 約1年間］の試験を行う．現場評価試験2では，低負荷，中負荷，高負荷の現場に［(5) 各3基以上］の浄化槽を設置し，試験を行う．

問題37 含油排水の多い建築物には，浄化槽の前に油脂分離装置を設ける場合がある．油脂分離装置に関する次の記述のうち，最も不適当なものはどれか．

(1) 流入する油脂を浮上分離し，油脂を貯留できる構造にする．
(2) 槽容量は，流入汚水量や阻集グリース及び堆積残渣の質量から算定する．
(3) 槽内をばっ気すると阻集グリースが流出する．
(4) 建築物内のすべての排水が合流した後，浄化槽直前に設置する．
(5) 分離した油脂は定期的に排除する．

問題38 汚泥の濃縮及び脱水に関する次の記述のうち，最も適当なものはどれか．

(1) 脱水汚泥の有機物質濃度は，数パーセント程度である．
(2) 汚泥濃縮装置では，汚泥中の固形物濃度を10％まで高める．
(3) 重力濃縮は，浮上濃縮よりも短い時間で処理ができる．
(4) 脱水では，汚泥の含水率を50％以下にする．
(5) 機械脱水には，ベルトプレスによる方法がある．

問題39 嫌気ろ床槽と生物ろ過槽を組み合わせた窒素除去型小型浄化槽について，下図の [　　] 内に入る装置名の組み合わせとして，最も適当なものは次のうちどれか．

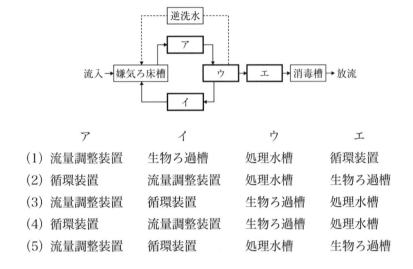

	ア	イ	ウ	エ
(1)	流量調整装置	生物ろ過槽	処理水槽	循環装置
(2)	循環装置	流量調整装置	処理水槽	生物ろ過槽
(3)	流量調整装置	循環装置	生物ろ過槽	処理水槽
(4)	循環装置	流量調整装置	生物ろ過槽	処理水槽
(5)	流量調整装置	循環装置	処理水槽	生物ろ過槽

問題40 生物ろ過槽に関する次の記述のうち，最も不適当なものはどれか．
 (1) 担体に付着した生物膜による生物酸化と物理ろ過を同時に行う．
 (2) 二次処理装置のコンパクト化がされている．
 (3) 接触ばっ気槽に比べ，SS 捕捉性が高い．
 (4) 接触ばっ気槽に比べ，硝化能力に優れている．
 (5) 一般に，逆洗は手動で行い，逆洗水を一次処理装置に移送する．

問題41 以下に示す立体図（接触ばっ気槽の一部）の平面図として，最も適当なものは次のうちどれか．

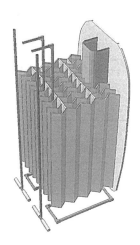

(1)　　　　　　　　(2)　　　　　　　　(3)

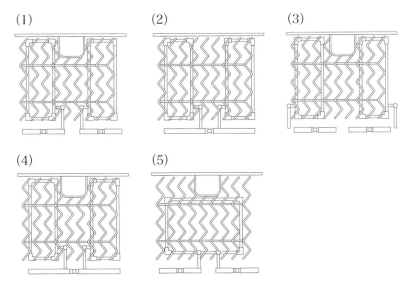

(4)　　　　　　　　(5)

問題 42 弁及び計器類の名称とその図示記号の組み合わせとして，最も不適当なものは次のうちどれか．

(1) 弁

(2) 逆止め弁

(3) 圧力計

(4) 温度計

(5) 流量計

問題 43 電気関係の図示記号とその名称の組み合わせとして，最も不適当なものは次のうちどれか．

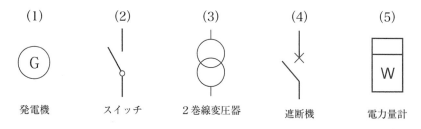

(1)	(2)	(3)	(4)	(5)
発電機	スイッチ	2巻線変圧器	遮断機	電力量計

問題 44 下に示した分離接触ばっ気方式の浄化槽の平面図及び断面図に関する記述として，最も不適当なものは次のうちどれか．

(1) 臭突管は，沈殿分離室第1室のみに設けられている．

(2) 接触ばっ気槽のはく離汚泥移送ポンプは，第1室のみに設けられている．

(3) 接触ばっ気槽第1室，第2室には，それぞれ逆洗管が設けられている．

(4) 沈殿槽の構造は，ホッパー型となっている．

(5) 放流ポンプ槽には，予備のポンプが設けられている．

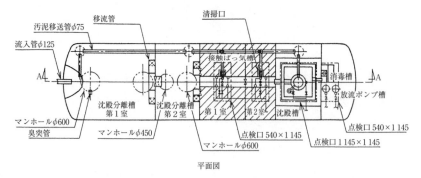

平面図

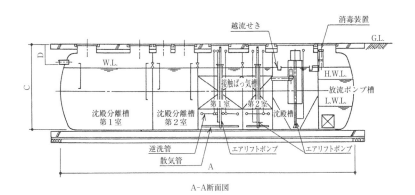

A-A断面図

問題45 図面に用いる線の種類と一般的な用途に関する次の組み合わせのうち，最も不適当なものはどれか.

| | 線の種類 | 一般的な用途 |

(1) 細い破線 ———————— 隠れた部分の外形線

(2) 細い実線 ———————— 見える部分の外形線

(3) 細いジグザグ線 ——— 対象物の一部を取り去った境界を表す線

(4) 細い一点鎖線 ———— 図形の中心を表す線

(5) 細い二点鎖線 ———— 隣接する部品の外形線

問題46 小型浄化槽の基礎工事及び底版コンクリート工事の手順として，最も適当なものは次のうちどれか.

〔工　程〕

ア：基礎の墨出し

イ：目潰し砂利地業

ウ：割栗石地業

エ：底版の型枠の設置及び配筋

オ：底版コンクリートの養生

カ：底版コンクリートの打ち込み・表面仕上げ

キ：捨てコンクリートの打設

(1) ア→イ→ウ→エ→キ→カ→オ

(2) イ→ウ→ア→エ→オ→カ→キ

(3) イ→ウ→ア→キ→エ→カ→オ

(4) ウ→イ→キ→ア→エ→カ→オ

(5) ウ→キ→ア→エ→イ→カ→オ

問題47 小型浄化槽の工事に関する次の記述のうち，最も不適当なものはどれか．

(1) 配管の接続は，一般に埋め戻し途中に行う．

(2) 水張りによって締め付け金具が緩むことがあるので，増し締めを行う．

(3) 掘削において掘りすぎた場合には，捨てコンクリートの高さで調整する．

(4) 釜場排水工法は，掘削が深くなると，法面崩壊の原因となる．

(5) ウエルポイント工法は，不透水層の地盤に適している．

問題48 工場生産浄化槽の特殊工事に関する次の記述のうち，最も不適当なものはどれか．

(1) ピット構造とする場合は，ピット内に雨水の排水管を設け，流入側の升に接続する．

(2) 屋内に設置する場合は，炭酸ガス，硫化水素ガス対策を講ずる．

(3) 嵩上げの高さは，維持管理性を考慮して，30 cm 以内とする．

(4) 地上に設置する場合は，槽内の水温低下に対する対策が必要である．

(5) 寒冷地に設置する場合は，凍結深度を考慮して設置する．

問題49 浄化槽の工事にかかる用語と説明に関する次の組み合わせのうち，最も不適当なものはどれか．

用　語	説　明
(1) 特定建築作業 ———	著しい騒音または振動を発生する作業であり，政令で定められているもの．
(2) やり方(遣方) ———	建物の位置,高さなどを表示するための仮設物．
(3) 不陸 ———	平たくあるべきものに，凸凹があること．

(4) くい打ち工事 ── 掘削工事において，まわりの地盤が崩れないよ
　　　　　　　　　　　　う，鋼矢板等で土を押さえる工事．
(5) 玉掛け ──────── クレーンなどに物を掛け外しする作業のこと．

問題50 砂質層を掘削し，下図の設置工事が行われた場合，この工事におい
て改善を要する事項として，最も不適当なものは次のうちどれか．

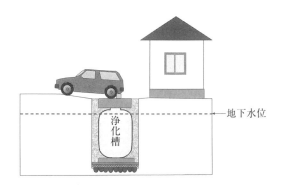

(1) 上部スラブは，アスファルト舗装とする．
(2) 上部スラブは，雨水・土砂が浄化槽上部に流れ込まない高さとする．
(3) 上部荷重の対策を行う．
(4) 浮上防止対策工事を行う．
(5) 浄化槽の建物側に擁壁（ようへき）を設ける．

問題51 浄化槽の保守点検作業に必要な器具機材の用途と用具の組み合わせ
として，最も不適当なものは次のうちどれか．

	用　途	用　具
(1)	衛生安全対策	ガス検知器，送風機，安全ベルト
(2)	水質試験	温度計，pH 計，透視度計
(3)	汚泥試験	ホースマスク，漏電検知器，溶存酸素計
(4)	試料採取	採水器，ひしゃく，汚泥採取用透明パイプ
(5)	記録	筆記具，保守点検記録票，業務日誌

問題 52 凝集分離装置で使用する薬剤として，最も不適当なものは次のうちどれか．

(1) 硫酸アルミニウム水和物

(2) ヒドロキシアパタイト

(3) 水酸化ナトリウム

(4) ポリ塩化アルミニウム

(5) ポリ硫酸第二鉄

問題 53 浄化槽の処理方式と「通常の使用状態」における保守点検回数の組み合わせとして，最も不適当なものは次のうちどれか．

処理方式	保守点検回数
(1) 活性汚泥方式	1 週に 1 回以上
(2) 凝集槽を有する回転板接触方式	1 週に 1 回以上
(3) 流量調整槽を有する接触ばっ気方式	3 月に 1 回以上
(4) 処理対象人員 21 人の脱窒ろ床接触ばっ気方式	3 月に 1 回以上
(5) 処理対象人員 18 人の分離接触ばっ気方式	4 月に 1 回以上

問題 54 小型浄化槽の保守点検の手順に関する次の記述のうち，最も不適当なものはどれか．

(1) 臭気の有無の確認は，現場到着後直ちに行う．

(2) 異常な騒音の有無の確認は，現場到着後直ちに行う．

(3) 流入がないときは，実際に水を流すなどして流入状態を再現する．

(4) 水質に関する点検は，流入管から消毒槽に向かって処理工程順に実施する．

(5) 浄化槽周辺地面の利用状況を点検し，維持管理作業に支障がないことを確認する．

問題 55 みなし浄化槽（単独処理浄化槽）の沈殿分離室に関する次の文章中の［ ア ］～［ オ ］に当てはまる語句の組み合わせとして，最も適当なものはどれか．

　室内流速が速くない（ピーク変動が小さい）場合，スカムの分布は，流入管の周囲→［　ア　］→［　イ　］→全面という順番で増加していく．スカム表面の空気と接触している部分は［　ウ　］，変色しているが，水面下の部分は水分が多く，［　エ　］が強くなり，臭気も強い．反対に，室内流速が速い（ピーク変動が大きい）場合には，スカム及び堆積汚泥が流出管付近に片寄ることがある．この場合には，汚泥が短期間で流出する傾向があるので，［　オ　］の増加で対応可能か検討する．

	ア	イ	ウ	エ	オ
(1)	室の外周部	中心部	硬化	黄色	清掃頻度
(2)	室の外周部	中心部	軟化	黄色	清掃頻度
(3)	室の外周部	中心部	軟化	灰色	引き抜き汚泥量
(4)	中心部	室の外周部	硬化	灰色	引き抜き汚泥量
(5)	中心部	室の外周部	硬化	黄色	引き抜き汚泥量

問題56 ばっ気槽内のMLSS濃度が上昇したため，返送汚泥の一部を引き抜いて適正量に調整する場合の引き抜き汚泥量（m³）として，正しい値は次のうちどれか．ただし，この浄化槽の設計・運転条件は以下のとおりとする．

〔条件〕

　　ばっ気槽容量　　　　　：　　500 m³
　　返送汚泥のSS濃度　　：10 000 mg/L
　　ばっ気槽のMLSS濃度：5 000 mg/L（引き抜き前）
　　　　　　　　　　　　　2 000 mg/L（引き抜き後）

(1) 100
(2) 150
(3) 200
(4) 250
(5) 300

問題57 活性汚泥法を用いた処理施設における管理指標として用いられるSVI（汚泥容量指標）の説明として，最も適当なものは次のうちどれか．

(1) SV_{30} 測定時の沈殿汚泥 1 g が占める容量を mL で表している.

(2) ばっ気槽混合液 1 L 中の浮遊物濃度を mg で表している.

(3) ばっ気槽混合液の 30 分間静止沈殿後の沈殿汚泥量を百分率で示している.

(4) ばっ気槽混合液 1 L 中の浮遊性有機物濃度を mg で表している.

(5) ばっ気槽混合液 1 L を 105 〜 110℃ で蒸発乾固したときの残留物を mg で表している.

問題58 スロット型沈殿槽の保守点検作業として, 最も不適当なものは次のうちどれか.

(1) 流出水の透視度の測定

(2) 底部汚泥厚の測定

(3) スカムの破砕

(4) 壁面の付着汚泥の除去

(5) 越流せきの水平の調整

問題59 一次処理装置に流量調整部が設けられている窒素除去型浄化槽における, 流量調整移送水量及び循環水量に関する次の記述のうち, 最も不適当なものはどれか.

(1) 各移送水量を実測する場合, 水位に応じて水量が変動する可能性があるため, 所定の水位で測定する.

(2) 各移送水量を実測する場合, 短時間の測定や脈動などによる測定誤差を含む可能性があるため, 必ず複数回測定する.

(3) 装置, 配管等へのスライム (生物膜) の付着が認められた場合, 移送水量が減少する可能性があるため, 水道水, ブラシなどを用いて洗浄する.

(4) 一次処理装置の水位上昇を生じないようにするため,「流量調整移送水量＜循環水量」とする.

(5) 循環水量が過剰となった場合, 生物反応槽への空気供給量が不足することがある.

問題60 膜分離型小型浄化槽の使用開始直前に行う保守点検作業として，最も不適当なものは次のうちどれか．

  (1) 次亜塩素酸ナトリウム溶液による膜の洗浄

  (2) シーディング

  (3) ばっ気状況の確認

  (4) 膜透過水量の測定

  (5) 膜透過水の外観の確認

問題61 長時間ばっ気方式で用いられているホッパー型沈殿槽において，多くの浮上汚泥が認められた．その改善方法として，最も不適当なものは次のうちどれか．

  (1) BOD–MLSS 負荷を下げて硝化を促進させる．

  (2) 流量調整槽からの汚水の移送量が均等になるように調整する．

  (3) 余剰汚泥の引き抜き量を増加させる．

  (4) スカムスキマの作動間隔を短くする．

  (5) 返送汚泥量を増加させる．

問題62 硝化液循環活性汚泥方式の脱窒槽において DO が検出される要因として，最も不適当なものは次のうちどれか．

  (1) DO 濃度の高い硝化液の循環

  (2) 流量調整槽内での過剰な撹拌

  (3) 計量調整移送装置からの移送水量の著しい変動

  (4) メタノールの過剰な添加

  (5) 脱窒槽内での過剰な撹拌

問題63 2室構成の構造例示型の接触ばっ気槽に関する次の文章中の［　　］内の語句のうち，最も不適当なものはどれか．

  接触ばっ気槽第1室は，第2室より負荷が［(1) 高い］ので，第2室の方が DO は［(2) 低い］傾向がある．生物膜の生成は第1室の方が［(3) 多い］のが正常な状態である．第1室と第2室の生物膜の付着量がともに少

ない場合，流入負荷が設計より［(4) 低い］ことや，逆洗が［(5) 過剰に行われている］ことが考えられる．

問題64 長時間ばっ気方式における SS 収支は，下図のように示すことができる．

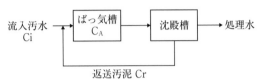

ばっ気槽を以下の条件で運転する場合，汚泥返送率（％）として最も近い値は次のうちどれか．ただし，ばっ気槽における汚泥の増加量は無視し，ばっ気槽における流入汚泥量と流出汚泥量は等しいものとする．

〔運転条件〕

　　流入汚水の SS 濃度（Ci）：　　 200 mg/L

　　MLSS 濃度（C_A）　　　　　：3 000 mg/L

　　返送汚泥の SS 濃度（Cr）：10 000 mg/L

　　(1) 20

　　(2) 30

　　(3) 40

　　(4) 50

　　(5) 60

問題65 活性炭吸着法で吸着除去されるものとして，最も適当なものは次のうちどれか．

　　(1) 色度成分

　　(2) 塩化物イオン

　　(3) リン酸イオン

　　(4) 硝酸性窒素

　　(5) アンモニア性窒素

問題 66 嫌気ろ床槽第1室の水位が上昇した場合の原因として，最も不適当なものは次のうちどれか．

(1) 流入汚水の時間最大汚水量が著しく多い．

(2) ろ材押さえの網の部分に夾雑物が多量に堆積している．

(3) ろ材内部の汚泥保持量が著しく多い．

(4) 流出部の堆積汚泥厚が著しく増加している．

(5) スカムが多量に生成している．

問題 67 単位装置と点検内容の組み合わせとして，最も不適当なものは次のうちどれか．

	単位装置	点検内容
(1)	スクリーン	閉塞の状況
(2)	地下砂ろ過層	均等散水の状況
(3)	ばっ気槽	汚泥沈殿率
(4)	回転板接触槽	生物膜の生成状況
(5)	消毒槽	消毒剤の消費状況

問題 68 戸建て住宅に設置される浄化槽の事故に関する次の記述のうち，最も不適当なものはどれか．

(1) 上部が駐車場で繰り返し荷重がかかると，樹脂黄変が生じることがある．

(2) とがった物体で衝撃が加えられると，比較的容易にその部分が破損することがある．

(3) 地下水位が高い場所に浄化槽を設置すると，清掃時に槽が浮上することがある．

(4) 豪雪地域では，雪おろし時の衝撃を受けると，槽が破損することがある．

(5) 崖下に浄化槽を設置すると，清掃時に槽が破損することがある．

問題69 空気配管に設けられた電磁弁が作動しなくなった場合の原因として，最も不適当なものは次のうちどれか．

(1) コイルの切断
(2) ケーブルの断線
(3) オイル室の破損
(4) バルブの固着
(5) 異物の噛み込み

問題70 ポンプ槽の水位自動制御に関する次の文章中の［　　］内の語句のうち，最も不適当なものはどれか．

　浄化槽における水位自動制御では，多くの場合，［(1) フロートスイッチ］と［(2) 電極棒］を組み合わせて使用する．故障の事例として多いのは［(3) 油の付着］による動作不良や［(1) フロートスイッチ］の故障である．［(1) フロートスイッチ］の故障の多くはスイッチ接点の［(4) 摩耗］であり，その内部は［(5) 水密構造］になっていて点検・修理できないため，新品と交換し，再度作動状態を点検する．

問題71 ルーツ式ブロワで振動・異音等が発生した場合，その原因と対処方法の組み合わせとして，最も不適当なものは次のうちどれか．

	原　因	対処方法
(1)	ギヤオイル切れ ――――	オイルの交換
(2)	ベアリングの潤滑不足 ――	グリス注入
(3)	防振ゴムの不良・破損 ――	部品の交換
(4)	安全弁の噴き出し ――――	安全弁の調整，配管・散気管閉塞の解消
(5)	ケーブルの接続不良 ―――	絶縁被覆の交換

問題 72 下図のロータリ式ブロワの（1）～（5）に示す部品・部位の名称として，最も不適当なものは次のうちどれか．

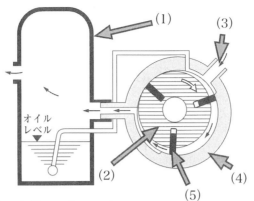

（1）オイルタンク兼エアチャンバー

（2）ローター

（3）吸入口

（4）シリンダー

（5）ブラケット

問題 73 下図は，戸建て住宅に設置された嫌気ろ床接触ばっ気方式の浄化槽における流入汚水量及び接触ばっ気槽内 DO の変化について，通日調査を行った結果である．調査時の状況及び図から読み取った次の記述のうち，最も不適当なものはどれか．

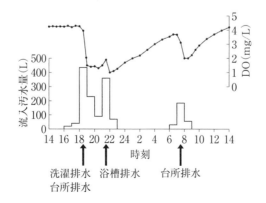

(1) 18〜19時に時間最大汚水量435 L を示し，19〜20時に流入汚水量240 L を示した．台所排水と洗濯排水の流入があったためである．

(2) 17時における DO は4.3 mg/L であったが，ピーク流入に伴い1.4 mg/L まで急激に低下している．流入する汚濁負荷が大きかったためである．

(3) 22時に DO が1.0 mg/L に低下している．温度の高い浴槽排水の流入で微生物活性が大きく低下したためである．

(4) 翌朝6時に DO は3.7 mg/L まで上昇している．23時以降の夜間に汚水流入がなく，汚濁負荷がなかったためである．

(5) 7〜8時に汚水が流入すると DO は2.0 mg/L まで低下したが，9時以降は上昇する傾向を示している．9時以降は汚水流入がなく，汚濁負荷がなかったためである．

問題74 下図に示す嫌気ろ床槽上部に流量調整部を設けた性能評価型浄化槽において，流量調整移送水量及び循環水量の組み合わせとして，正しいものは次のうちどれか．ただし，日平均汚水量は 1.44 m³/日，流量調整比は 2.5，循環比は 4.0 とする．

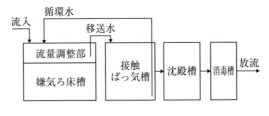

	移送水量（L/分）	循環水量（L/分）
(1)	2.5	4.0
(2)	4.0	2.5
(3)	6.5	1.5
(4)	6.5	2.5
(5)	6.5	4.0

問題 75 5か所の一般的な戸建て住宅に設置されたA〜Eの窒素除去型小型浄化槽の一次処理装置流出水及び二次処理装置流出水の窒素化合物の濃度を測定し，以下の結果を得た．それぞれの結果から処理機能を評価した次の記述のうち，最も不適当なものはどれか．ただし，どの施設も二次処理装置で脱窒反応が進行していないものとする．

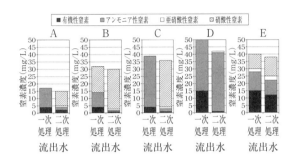

(1) Aは，循環が適正に行われており，一次処理で脱窒反応が進行し，二次処理で硝化反応が進行している．

(2) Bは，循環水量が多く，一次処理で脱窒反応が十分に進行していないが，二次処理では硝化反応が十分に進行している．

(3) Cは，循環装置が停止しており，一次処理で脱窒反応が進行していないが，二次処理では硝化反応が進行している．

(4) Dは，一次処理から汚泥が流出し，二次処理でSSが蓄積し，硝化反応が進行し難くなっている．

(5) Eは，一次処理で脱窒反応が十分に進行しており，二次処理では硝化反応が進行していない．

問題 76 長時間ばっ気方式の浄化槽において，流量調整が行われていないときに生じる現象として，最も不適当なものは次のうちどれか．

(1) 流入汚水量が極めて少なくなる時間帯では，硝化反応は進みやすい．

(2) 流入汚水量が極めて少なくなる時間帯では，MLSS濃度が増加する．

(3) ピーク流入の時間帯では，ばっ気槽のDOが低下する．

(4) ピーク流入の時間帯では，沈殿槽の汚泥界面が上昇する．

(5) ピーク流入の時間帯では，処理水中の SS 濃度は低下しやすい．

問題 77 感染症に関する次の記述のうち，最も不適当なものはどれか．
(1) 感染後，宿主中で病原体が増え，病原体固有の症状を示すことを顕性感染という．
(2) 感染してから発症するまでの期間を潜伏期という．
(3) 感染後発症せずに，病原体が消滅・終息するものを不顕性感染という．
(4) 感染後，健康にみえながら病原体を排出する宿主を日和見感染者という．
(5) 感染が成立する条件は，感染源，感染経路，宿主の免疫力の 3 つである．

問題 78 感染源対策としての消毒法とその説明の組み合わせとして，最も不適当なものは次のうちどれか．

　　　　　消毒法　　　　　　　　　　　　　説　明
(1) 薬品による消毒 ─── 手のひらに薬品を適量とり，手指消毒を行う．
(2) 水蒸気消毒 ─── 80℃以上の水蒸気を 10 分間以上，被消毒物に接触させる．
(3) 紫外線消毒 ─── UV ランプを用いて，被消毒物に UV を照射する．
(4) 日光消毒 ─── 太陽光の赤外線で，被消毒物を乾燥させる．
(5) 煮沸消毒 ─── 沸騰水に 1 分間程度，被消毒物を浸漬させる．

問題 79 労働災害に関する次の文章中の [　　] 内の語句のうち，最も不適当なものはどれか．

労働災害において「1 件の重大なアクシデントが生じた際に 29 件の軽微な [(1) アクシデント] と 300 件の [(2) インシデント] が生じている」という [(3) マズロー] の経験則がある．[(4) ヒヤリ・ハット] 事例を学べば，[(5) 労働災害防止] に役立てられる．

問題80 硫化水素濃度と人体に対する影響の組み合わせとして，最も不適当なものは次のうちどれか．

	硫化水素濃度 (ppm)	影響
(1)	0.2	異臭を感じる．
(2)	18	許容濃度であり，目の粘膜に刺激を感じる．
(3)	20〜30	嗅覚麻痺でこれ以上の濃度に対して強さを感じなくなる．
(4)	100〜200	肺水腫の危険性が生じる．
(5)	700	短時間の暴露で生命の危険性が生じる．

問題81 透視度に関する次の記述のうち，最も不適当なものはどれか．
- (1) 各単位装置における測定値の変化や，前回の保守点検時の測定値と比較することにより，処理機能の変化を把握することができる．
- (2) 同一施設について透視度とBODのデータを蓄積することにより，透視度からBODを推定することが可能となる．
- (3) 透視度計には30 cm，50 cm，1 mなどの種類がある．
- (4) あらかじめSSを沈降させた後の上澄水を試料とし，すみやかに測定する．
- (5) 測定において，周囲の明るさ，測定者の視力等が影響を与える．

問題82 同一採水箇所において一定時間ごとに採取した試料を混合したコンポジットサンプルを用いる分析項目として，最も不適当なものは次のうちどれか．
- (1) BOD
- (2) 浮遊物質
- (3) 塩化物イオン
- (4) 全窒素
- (5) pH

問題83 活性汚泥を 1 000 mL のメスシリンダーにとり，30 分経過後の沈殿汚泥の体積及び乾燥重量を求めると，それぞれ 300 mL 及び 2.0 g であった．このときの汚泥容量指標（SVI）として，正しい値は次のうちどれか．

(1) 50

(2) 100

(3) 150

(4) 200

(5) 300

問題84 SS，MLSS に関する次の記述のうち，最も不適当なものはどれか．

(1) SS は，粒子径 1 μm ～ 2 mm の物質について測定する．

(2) 浄化槽処理水の SS が高い場合には BOD も高くなる．

(3) MLSS の測定法には，ガラス繊維ろ紙法と遠心分離法がある．

(4) MLSS の自動測定用の計測器は，光電式と超音波式がある．

(5) SS を測定する試料の容器としては，ガラスびんを用いなければならない．

問題85 ア～オの流量計のうち，開水路に用いられる方式の数として，最も適当なものは次のうちどれか．

ア．せき式

イ．フリューム式

ウ．オリフィス式

エ．ベンチュリ管式

オ．フロート形面積式

(1) 0

(2) 1

(3) 2

(4) 3

(5) 4

問題86 浄化槽の保守点検において水質を測定する場合の留意事項として，最も適当なものは次のうちどれか．

(1) pH 計を用いて pH を測定する場合，1 か月に一度程度の頻度で校正する．

(2) 隔膜電極法を用いる DO 計による DO の測定では，電極部に水流がある状態で測定する．

(3) 残留塩素は DPD 法で測定し，試薬添加後，1 分以内で結合型が測定できる．

(4) 電極法で塩化物イオンを測定する場合，試料水中で電極を静置して測定する．

(5) T–N 濃度は，ケルダール法で測定して得られる．

問題87 小型浄化槽の pH の評価に関する次の記述のうち，最も不適当なものはどれか．

(1) 流入水の pH が著しく低い場合，し尿の割合が高いことが考えられる．

(2) 流入水に比べて嫌気ろ床槽流出水の pH が低い場合，嫌気性分解の進行による有機酸の生成が考えられる．

(3) 嫌気ろ床槽流出水に比べて接触ばっ気槽内水の pH が明らかに低い場合，硝化反応の進行が考えられる．

(4) 嫌気ろ床槽流出水に比べて接触ばっ気槽内水の pH が高い場合，ばっ気による二酸化炭素の揮散が考えられる．

(5) 接触ばっ気槽内水に比べて沈殿槽流出水の pH が高い場合，脱窒反応の進行が考えられる．

問題88 旧構造基準（昭和 44 年建設省告示第 1726 号）の長時間ばっ気方式の浄化槽において，処理機能や維持管理性を改善させる方法として，最も不適当なものは次のうちどれか．

(1) 荒目スクリーンのし渣の除去を自動化する．

(2) 流量調整槽を新設し，ばっ気槽への流入汚水量を均等化させる．

(3) ホッパー型沈殿槽の越流せきを全周に設ける．

(4) 汚泥返送装置にタイマを設置し，汚泥の返送を間欠運転とする．

(5) ブロワからの配管途中に空気流量計を付加し，空気量の計量が行える
  ようにする．

問題89 BOD に関する次の記述のうち，最も適当なものはどれか．

(1) 処理水の BOD が 20 mg/L である場合，透視度が 7 cm に相当する．

(2) 処理水の BOD は，pH と負の相関がある．

(3) BOD 除去が十分達成されている場合は，硝化が進行していない．

(4) みなし浄化槽（単独処理浄化槽）で塩化物イオンが高濃度の場合，流
  入汚水の BOD が高く，処理水の BOD 上昇につながることがある．

(5) 接触ばっ気槽でミジンコが多量に増殖すると，処理水の BOD がきわ
  めて低くなることが多い．

問題90 下記の条件が与えられたとき，このみなし浄化槽（単独処理浄化槽）
におけるし尿の希釈倍率（倍）として，最も近い値は次のうちどれか．
〔条件〕

  し尿の塩化物イオン濃度 ： 5 500 mg/L
  洗浄水の塩化物イオン濃度：   10 mg/L
  放流水の塩化物イオン濃度： 110 mg/L

(1) 40

(2) 45

(3) 50

(4) 55

(5) 60

問題91 浄化槽法第2条第四号に規定されている清掃に関する次の文章中の
［ ア ］〜［ ウ ］に当てはまる語句の組み合わせのうち，最も適当なもの
はどれか．

  浄化槽の清掃とは，浄化槽内に生じた汚泥，スカム等の［ ア ］，その
［ ア ］後の槽内の汚泥等の［ イ ］ならびにこれらに伴う単位装置及

び付属機器類の［　ウ　］，掃除等を行う作業をいう.

	ア	イ	ウ
（1）	引き出し	調整	洗浄
（2）	引き出し	移送	調整
（3）	移送	引き出し	調整
（4）	移送	引き出し	洗浄
（5）	引き出し	掃除	洗浄

問題92 次に示す器具のうち，清掃業の許可を受ける際に保有することが義務付けられているものとして，最も不適当なものはどれか.

(1) 温度計

(2) 透視度計

(3) 水素イオン濃度指数測定器具

(4) 残留塩素測定器具

(5) 汚泥沈殿試験器具

問題93 清掃時期の判断の目安（昭和61年1月13日付け衛環第3号厚生省環境整備課長通知（最終改正平成13年9月25日））に関する次の記述のうち，最も不適当なものはどれか.

(1) 沈殿分離槽で，流出水の浮遊物質が著しく増加し，二次処理装置の機能に支障が生じるおそれがあると認められたとき

(2) みなし浄化槽（単独処理浄化槽）のばっ気室で，30分間汚泥沈殿率がおおむね60％に達したとき

(3) 回転板接触槽で，生物膜が肥厚したとき

(4) 消毒槽で，沈殿物が生成し，放流水に濁りが認められたとき

(5) 汚泥濃縮貯留槽で，スカム及び濃縮汚泥の生成が所定量に達したとき

問題94 浄化槽の清掃作業の説明として，最も適当なものは次のうちどれか.

(1) 清掃作業では，高圧洗浄は行ってはならない.

(2) 汚泥の移送に自給式ポンプを使用する場合，そのホースは不透明なも

のを用いることが望ましい.
- (3) 厚いスカムは，水道水を十分にかけて破砕しながら引き出す.
- (4) 清掃には，スクリーンに付着した夾雑物を取り除く作業も含まれる.
- (5) 汚泥の引き出し作業終了後の上部スラブなど周囲の掃除は，行わなくてもよい.

問題 95 性能評価型小型浄化槽の清掃に関する記述として，最も不適当なものは次のうちどれか.
- (1) 生物ろ過部を手動で逆洗状態にした後，汚泥の引き出しを行う.
- (2) 循環装置の移送水量を適正量に調整した後，汚泥の引き出しを行う.
- (3) 担体押さえ面に堆積している汚泥は，ブラシ等を用いて洗浄した後，所定の位置から引き出す.
- (4) 夾雑物除去槽の汚泥，スカム等を全量引き出す.
- (5) 嫌気ろ床槽のスカム及びろ材押さえ面の汚泥を引き出した後，槽底部の堆積汚泥を引き出す.

問題 96 みなし浄化槽（単独処理浄化槽）の接触ばっ気室の清掃の際に行うべき作業として，最も不適当なものは次のうちどれか.
- (1) 接触材の洗浄
- (2) 汚泥沈殿率の測定
- (3) 逆洗装置への空気供給
- (4) 生物膜のはく離状態の確認
- (5) 内部設備等の変形・破損の確認

問題 97 浄化槽管理者が清掃業者に清掃を依頼するに当たり，事前に両者が確認すべき事項として，最も不適当なものは次のうちどれか.
- (1) シーディングの実施時期
- (2) 清掃作業の日時
- (3) 浄化槽の処理方式
- (4) 清掃料金

(5) 処理対象人員

問題98 流量調整槽が前置された浄化槽の清掃による汚泥引き出し量とその汚泥濃度は下表のとおりであった．この結果に関する記述として，最も不適当なものは次のうちどれか．

用途	処理方式	流入汚水量当たりの汚泥引き出し量（L/m³）	汚泥濃度（mg/L）
学校	長時間ばっ気	1.2	15 000
学校	接触ばっ気	1.0	15 000
病院	長時間ばっ気	2.2	35 000
病院	接触ばっ気	2.0	34 000
団地	長時間ばっ気	3.0	20 000
団地	接触ばっ気	2.8	18 000
工場	長時間ばっ気	1.0	15 000
工場	接触ばっ気	0.8	12 000

(1) 病院に設置された浄化槽の汚泥は，他の建築用途より濃縮されていた．

(2) 団地に設置された浄化槽における流入汚水量当たりの汚泥引き出し量（L/m³）は，学校，病院及び工場に設置された浄化槽より多かった．

(3) 流入汚水量当たりに発生する汚泥の乾燥重量（g/m³）は，病院に設置された浄化槽が高い値を示した．

(4) どの建築用途の場合も，接触ばっ気方式の方が長時間ばっ気方式よりも流入汚水量当たりに発生する汚泥の乾燥重量（g/m³）が少なかった．

(5) 工場に設置された浄化槽は，流入汚水量当たりの汚泥引き出し量（L/m³）が少ないものの，発生する汚泥の乾燥重量（g/m³）は多かった．

問題99 汚泥再生処理センターに関する次の記述のうち，最も不適当なものはどれか．

(1) 浄化槽汚泥を受け入れ対象物とし，処理に加えて資源化工程が組み込まれた施設である．

(2) 資源化設備としては，メタン回収設備や窒素回収設備が一般的である．

(3) 汲み取りし尿，浄化槽汚泥に加えて，生ごみも受け入れる施設がある．

（4）水処理方式には，膜分離法が採用されている施設がある．

（5）処理水を浄化槽の張り水に用いることができる．

問題 100 下表は，浄化槽汚泥の処理量の推移を受け入れ先の区分ごとに表している．（ア）〜（ウ）に当てはまる浄化槽汚泥の受け入れ先の組み合わせとして，最も適当なものは次のうちどれか．

受け入れ先	平成27年度	平成28年度	平成29年度	平成30年度	令和元年度	令和2年度
（ア）	13 537	13 648	13 536	13 534	13 415	13 372
（イ）	922	824	837	841	936	1 014
（ウ）	15	14	48	70	88	86
農地	11	10	13	10	10	16
ごみ堆肥化施設	25	25	17	16	17	17

単位：千 kL ／年

	（ア）	（イ）	（ウ）
（1）	し尿処理施設	下水道	メタン化施設
（2）	し尿処理施設	メタン化施設	下水道
（3）	下水道	し尿処理施設	メタン化施設
（4）	下水道	メタン化施設	し尿処理施設
（5）	メタン化施設	し尿処理施設	下水道

【問題１】 富栄養化が進行した水域は，栄養塩類が豊富に存在するため，太陽光の当たる水面付近では光合成による一次生産が増大し，特定の［ア　植物プランクトン］が急激に増殖する傾向となる．これに伴い，［エ　細菌類］と植物プランクトンを餌とする［イ　動物プランクトン］が増殖する．併せて，植物プランクトンや動物プランクトンを捕食する［ウ　大型動物］も増加する．

答　(4)

【問題２】 水資源賦存量とは，理論上，水資源として人間が最大限利用可能な量であり，降水量から蒸発散量を引いたものに当該地域の面積を乗じて求めた値である．

答　(3)

【問題３】 部門別 CO_2 排出量は，産業部門が最も多く，運輸部門，業務その他部門，家庭部門の順となる．

　2019 年度から 2020 年度の変化を部門別に見ると，産業部門：▲ 8.1%（▲ 3 100 万トン），運輸部門：▲ 10.2%（▲ 2 100 万トン），業務その他部門：▲ 4.7%（▲ 890 万トン），家庭部門：＋4.5%（＋720 万トン）となっている．

答　(3)

【問題４】 カドミウムが原因物質である公害病は，イタイイタイ病である．

答　(3)

【問題５】 農業集落排水の設置主体は市町村，土地改良区などである．事業対象地域は農業振興地域内の農業集落であり，人口 1 000 人程度以下，戸数 20 戸以上とされている．

答　(5)

【問題６】 ろ過速度は，砂層の厚さ（層高）に［(2) 反比例］する．

答　(2)

【問題７】 ［ア　酸化］とは物質が電子を失う反応のことで，［イ　還元］は物質が電子を得る反応のことである．

$$SO_4^{2-}+CH_3COOH \rightarrow H_2S+2CO_2+2OH^-$$

では，硫酸イオンは［ウ　嫌気的］な条件下で微生物の働きにより［エ　還元］

され，有機物質である酢酸が［オ　酸化］されることで硫化水素を生成する．

答 (3)

【問題8】 比増殖速度 μ〔1/日〕は次式により求める．

$$ln\frac{X_1}{X_0}=\mu\cdot(t_1-t_0)$$

題意より，$(t_1-t_0)=20$ 分，$\dfrac{X_1}{X_0}=2$ を代入すると，

$ln2=\mu\times20$〔分〕

$$\mu=0.693\times\frac{1440〔分/日〕}{20〔分〕}$$

$$=0.693\times72=49.896〔1/日〕$$

答 (4)

【問題9】 汚濁物質中のコロイド粒子は，粒子表面が負に帯電していることが多いため，相互に反発して水中に分散している．

答 (2)

【問題10】 ‰は千分率を表す単位であるから，1‰＝1 000 分の 1＝1% の 10 分の 1 である．

答 (5)

【問題11】 浄化槽清掃業の許可の取り消しは，市町村長の職務である．

答 (4)

【問題12】 塩化物イオン濃度は，第 11 条検査の水質検査項目ではなく，第 7 条検査における単独処理浄化槽の水質検査項目として規定されている．

その他の第 11 条検査の項目としては，水素イオン濃度指数（pH）がある．

答 (3)

【問題13】 イとウが誤りである．

イ．し尿および雑排水を処理する合併処理浄化槽のみが，浄化槽と定義されている．単独処理浄化槽は，浄化槽のみなし設備・施設とされる．

ウ．農業集落排水施設は浄化槽に該当する．

答 (3)

【問題14】

(1) 浄化槽管理士は，浄化槽の保守点検の業務に従事する者の国家資格とし

て規定されているものであり，清掃の業務は含まれていない．

(3) 環境大臣は，浄化槽管理士が浄化槽法または浄化槽法に基づく処分に違反したときは，その浄化槽管理士免状の返納を命ずることができる．

(4) 浄化槽工事業を営もうとする者は，都道府県知事の登録を受けなければならず，５年ごとに更新の登録を受けなければならない．しかし，浄化槽設備士の資格は更新を受ける必要はない．

(5) 浄化槽管理士講習と試験の受講資格・受験資格として，学歴，実務経験は一切問われない．

答 (2)

【問題15】アとエが誤りである．

ア．特定既存単独処理浄化槽は，既存単独処理浄化槽のうち，そのまま放置すれば生活環境の保全および公衆衛生上重大な支障が生ずるおそれのある状態にあると認められるもの，と定義されている．

エ．都道府県知事は，勧告を受けた者が正当な理由がなく，その勧告に係る措置をとらなかった場合において，特に必要があると認めるときは，その者に対し，相当の期限を定めて，その勧告に係る措置をとることを命ずることができる．

答 (3)

【問題16】変更届の提出が必要となる浄化槽の構造もしくは規模の変更に該当するのは，処理対象人員の変更である．

答 (2)

【問題17】公共浄化槽の浄化槽整備手法には，各戸設置型浄化槽（１戸に１基の浄化槽を設置）と共同浄化槽（複数戸の家屋の汚水を１基の浄化槽で処理するもの）がある．

答 (4)

【問題18】汚泥やスカムなどの引き出しを伴わない槽内の汚泥等の調整，単位装置および附属機器類の洗浄・掃除などは清掃の概念に含まれないから，浄化槽清掃業または一般廃棄物処理業の許可は必要ない．

答 (1)

【問題19】浄化槽に故障または異常を認めたときは，直ちに，浄化槽管理者にその旨を通報する．

答 (5)

【問題 20】 処理対象人員 501 人以上の浄化槽が，特定施設として指定されている．

答 (3)

【問題 21】 消毒とは，人体に有害な病原微生物を殺滅することである．

答 (4)

【問題 22】 題意より，浄化槽における BOD の収支の式は，以下のように変形できる．

消滅 BOD 量
＝流入 BOD 量−流出 BOD 量−蓄積 BOD 量
＝200−20−20＝160〔g/日〕

容量 $2.0\,\mathrm{m}^3$ の浄化槽における消滅 BOD 量が $160\,\mathrm{g}/$日であるから，BOD 消滅速度は次式で求めることができる．

$$\frac{160\,〔\mathrm{g/日}〕}{2\,〔\mathrm{m}^3〕}=80〔\mathrm{g/(m^3\cdot 日)}〕=0.08〔\mathrm{kg/(m^3\cdot 日)}〕$$

答 (1)

【問題 23】 時間ごとの水位変化は次式で求められる．

$$時間ごとの水位変化＝\frac{流入水量 － 排水量}{水槽の面積}$$

$$0～1時間の水位変化＝\frac{3－1〔\mathrm{m^3/時}〕}{2〔\mathrm{m^2}〕}＝1〔\mathrm{m}〕$$

$$1～2時間の水位変化＝\frac{2－1〔\mathrm{m^3/時}〕}{2〔\mathrm{m^2}〕}＝0.5〔\mathrm{m}〕$$

$$2～3時間の水位変化＝\frac{0－1〔\mathrm{m^3/時}〕}{2〔\mathrm{m^2}〕}＝-0.5〔\mathrm{m}〕$$

初期の水位が $0.5\,\mathrm{m}$ であるから，時間経過による水位変化を表す図は (1) が正しい．

答 (1)

【問題 24】 生物膜法では生物相が多様性に富んでおり，微小後生動物のような大型の生物が多量に存在する．

答 (2)

【問題25】(1) 沈殿槽や (2) 砂ろ過装置, (5) 消毒槽は, 押し出し流とみなせる. また, (4) オキシデーション・ディッチは弱い混合と考えられ, 完全混合とはみなせない.

(3) 接触ばっ気槽は, 槽内全体で混合が激しく行われていると考えられ, 完全混合とみなすことができる.

答 (3)

【問題26】平成18年には, 告示第2と第3の構造が削除された.

答 (5)

【問題27】24時間営業の店舗・マーケットの場合であっても, 夜間に著しく水量が増加することがなければ, 算定人員はそのまま適用する. ただし, 夜間に明らかに水量が増加するとみられる場合は, 実態に合わせて処理対象人員を加算する. たとえば, コンビニエンスストアで汚濁負荷の高いファストフードを提供する場合には, 百貨店の算定式を適用するといった配慮が必要になる.

答 (1)

【問題28】ろ材の汚泥捕捉性が強い場合は, ろ材押さえ面より上部に, 主にスカムとして蓄積する量が多くなるので, ろ材の充填する位置を比較的深くする.

答 (2)

【問題29】
ア　変動パターンは朝晩にピークがあることから共同住宅と判断される.

イ　日中の利用者が多く, 店舗の一種である喫茶店と判断される.

ウ　朝・晩のほかに, 10時頃から清掃が行われて流入汚水量が増加するホテルと判断される.

エ　流入汚水が途切れることがなく, 排水時間の長い事務所と判断される.

オ　汚水流入時間が9時間となっていることから工場と判断される.

答 (1)

【問題30】流量調整槽の必要容量を算定式より求める.

$$V=\left(\frac{96}{8}-1.0\times\frac{96}{24}\right)\times8=64〔m^3〕$$

次に, 滞留時間を次式により求める.

$$T=\frac{V〔m^3〕}{Q〔m^3/時間〕}=\frac{64}{96\div24}=16〔時間〕$$

[47]

【問題31】 回転板の円周速度は20m/分以下とする.

答 (4)

【問題32】 汚泥返送率の説明は,「沈殿槽からの汚泥返送量を,ばっ気槽への流入汚水量で割った値」が正しい.

答 (1)

【問題33】 腐敗タンク方式を構成する一次処理装置には,多室型,二階タンク型,変形二階タンク型の3種類の構造がある.二次処理装置には,散水ろ床型,平面酸化型,単純ばっ気型,地下砂ろ過型の4種類の構造がある.したがって,[オ.接触ばっ気型]が誤りである.

答 (5)

【問題34】 BOD容積負荷は,槽容量1m^{3}当たり1日に供給されるBOD量を示し,次式で表される.

$$\text{BOD容積負荷}[\text{kg}/(\text{m}^3 \cdot \text{日})] = \frac{\text{流入BOD負荷量}[\text{kg}/\text{日}]}{\text{ばっ気槽容量}[\text{m}^3]}$$

上式を変形して次式が得られる.

$$\text{ばっ気槽容量} = \frac{\text{流入BOD負荷量}}{\text{BOD容積負荷}} = \frac{100}{0.25} = 400 [\text{m}^3]$$

また,必要空気量は次式により算出される.

$$\text{必要空気量} = \text{ばっ気槽容量}[\text{m}^3] \times \frac{\text{ばっ気強度}[\text{m}^3/(\text{m}^3 \cdot \text{時間})]}{60[\text{分}/\text{時間}]}$$

$$= 400 \times \frac{1.5}{60} = 10 [\text{m}^3/\text{分}]$$

したがって,正しい組み合わせは(2)である.

答 (2)

【問題35】 エアリフトポンプは,機械的な故障が少なく,ばっ気ブロワなどが利用できるため,浄化槽内の汚泥あるいは汚水の移送・返送用として用いられる.

答 (1)

【問題36】 現場評価試験2では,低負荷,中負荷,高負荷の現場に[(5) 各1基以上]の浄化槽を設置して試験を行う.

答 (5)

【**問題 37**】油脂分離槽を設ける際は，排水系統を分けて，厨房などの含油排水だけを流入させるようにする．

答（4）

【**問題 38**】

(1)（4）脱水では，汚泥の含水率を 85％以下程度にする．このため，固形物濃度は 15％程度になるといえるが，有機物質濃度が数パーセント程度というのは不適当である．

(2) 汚泥濃縮装置では，汚泥中の固形物濃度をおおむね 4 ％に濃縮できる．

(3) 浮上濃縮の処理は 30 分前後で行われるのが一般的であり，重力濃縮よりも短い時間で処理できる．

答（5）

【**問題 39**】流入汚水は嫌気ろ床槽から，［ア　流量調整装置］により［ウ　生物ろ過槽］に定量移送される．一方，生物ろ過槽から嫌気ろ床槽へは，脱窒のため，［イ　循環装置］により移送される．処理水は［エ　処理水槽］を経て消毒槽に移送する．

答（3）

【**問題 40**】生物ろ過槽は定期的な逆洗が必要であり，タイマー設定によって自動的に行われるのが一般的で，逆洗水は一次処理装置に移送する．

答（5）

【**問題 41**】

(2) 散気装置が 1 基しかなく，移流管（バッフル）が表現されていない．

(3) 逆洗空気配管の立ち上がり位置が異なる．

(4) 散気装置が 1 基しかない．

(5) 逆洗装置が 1 基しかない．

答（1）

【**問題 42**】(2) の図示記号はアングル弁である．逆止め弁の図示記号は以下のとおり．

答（2）

【**問題 43**】電力量計の図示記号の文字は，「W」ではなく「Wh」が正しい．

答（5）

【問題44】接触ばっ気槽の第1室，第2室にはく離汚泥移送（エアリフト）ポンプが設けられており，汚泥移送管に接続されていることが設問の図で読み取れる．

答 (2)

【問題45】見える部分の外形線は太い実線で表す．細い実線は，寸法線や寸法補助線，引出し線などに用いられる．

答 (2)

【問題46】捨てコンクリートの打設は墨出しを行うために必要であり，(1) (2) (3) は順番が逆転していて不適当である．また，割栗石の隙間に目潰し用の砂利を敷きつめてから，捨てコンクリートを打設する手順であるから，(5) も不適当である．

答 (4)

【問題47】ウエルポイント工法は，砂質粘土層などの透水性が高い地質の場合に適用する．

答 (5)

【問題48】ピット内に設けた雨水排水管は，放流側の升に接続する．

答 (1)

【問題49】(4) の説明は山留め工事の説明である．くい打ち工事は，基礎工事の一種で，地盤の許容応力度が小さい場合に，浄化槽の重量などを地盤に伝える杭（くい）を設置するものである．

答 (4)

【編集部注】
　問題文に以下の誤字があったため，受験者全員が正解扱いとなった．
　誤：(1) 特定建築作業 → 正：(1) 特定建設作業

【問題50】上部を駐車場とする場合には，槽本体と開口の周囲に補強工事を行う必要があり，上部スラブは鉄筋コンクリートにする．

答 (1)

【問題51】ホースマスクは呼吸用保護具で，漏電検知器と同じく，衛生安全対策の用途で使用する．なお，溶存酸素計は水質試験の用途で使用するものであり，汚泥試験の用途に使用するものには1LのメスシリンダーやMLSS計などがある．

答 (3)

【問題52】一般に，凝集剤には Al 系と Fe 系の無機凝集剤が使用され，必要に応じて，凝集に適正な pH に調整するための pH 調整剤やフロックを成長させるための高分子凝集剤などの凝集助剤を添加する．

ヒドロキシアパタイトは歯や骨の主成分であり，凝集分離装置で使用する薬剤ではない．

答 (2)

【問題53】流量調整槽を有する接触ばっ気方式の保守点検回数は，2週に1回以上とされている．

答 (3)

【問題54】点検順序は，放流水から始め，消毒槽から流入管に向かって汚水の処理工程の順序を逆方向にたどって行うのが原則である．

答 (4)

【問題55】室内流速が速くない場合，スカムの分布は，流入管の周囲→［ア　室の外周部］→［イ　中心部］→全面という順序で増加していく．スカム表面の空気と接触している部分は［ウ　硬化］，変色しているが，水面下の部分は水分が多く，［エ　黄色］が強くなり，臭気（し尿腐敗臭）も強い．反対に，室内流速が速い場合には，スカムおよび堆積汚泥が流出管付近に片寄ることがある．この場合には，短期間で汚泥が流出（汚泥の貯留能力が低下）することがあるので，［オ　清掃頻度］の増加で対応可能か検討する．

答 (1)

【問題56】返送汚泥から余剰汚泥を引き抜く場合の余剰汚泥量は，次式により求める．

引き抜き汚泥量

$$=\frac{(引き抜き前のMLSS濃度 - 引き抜き後のMLSS濃度)×ばっ気槽容量}{返送汚泥のSS濃度}$$

$$=\frac{(5\,000 - 2\,000)〔mg/L〕×500〔m^3〕}{10\,000〔mg/L〕}=\frac{3\,000×500}{10\,000}=150〔m^3〕$$

答 (2)

【問題57】

(1) 適当．SVI は，活性汚泥の沈降性の良否を表す指標である．

（2）は MLSS（ばっ気槽混合液浮遊物質）の説明である．

（3）は SV（活性汚泥沈殿率）の説明である

（4）は MLVSS（活性汚泥有機性浮遊物質）の説明である．

（5）は TS（蒸発残留物）の説明である．

答（1）

【問題 58】スロット型沈殿槽のスカムは，可搬式ポンプや柄杓（ひしゃく）などで一次処理装置へ移送する．

答（3）

【問題 59】「流量調整移送水量＞循環水量」として，一次処理装置の水位上昇を生じないようにする．

答（4）

【問題 60】次亜塩素酸ナトリウム溶液による膜の洗浄は，良好な膜の透過性を維持するために 6 か月に 1 回程度の頻度で行うものであり，使用開始直前に行う作業ではない．

答（1）

【問題 61】硝化が進行すると，沈殿槽で脱窒が生じて汚泥浮上が起こるおそれがあるため，改善方法としては不適当である．

答（1）

【問題 62】メタノールを過剰に添加すると，脱窒槽移流水の BOD 濃度が上昇することになる．DO が検出される要因にはならない．

答（4）

【問題 63】接触ばっ気槽は，後段の室ほど DO が高くなる傾向がある．

答（2）

【問題 64】SS の収支は次式で表される．

$$C_A = \frac{100 \times C_i + R \times C_r}{100 + R}$$

題意より，

$$3\,000 = \frac{100 \times 200 + R \times 10\,000}{100 + R}$$

これを解いて，

$$280\,000 = 7\,000 \times R$$

$R=40〔\%〕$

答 (3)

【問題65】 活性炭吸着装置は，汚水中の COD，(1) 色度成分（色），臭気などの溶解性有機物質を吸着除去することを主たる目的として用いられるものであり，(2) 塩化物イオン（塩素イオン）や (5) アンモニア性窒素，亜硝酸性窒素，(4) 硝酸性窒素，(3) リン酸イオンなどの無機イオンは吸着除去されない.

答 (1)

【問題66】 スカムが多量に生成しても嫌気ろ床の通過を妨げるものではないため，嫌気ろ床槽第1室の水位が上昇した原因としては不適当である.

答 (5)

【問題67】 地下砂ろ過層の点検内容は，装置内の目詰まり状況を確認することである.

答 (2)

【問題68】 繰り返して荷重を受ける部分が積層のはく離を起こして白変し，その部分の強度が著しく低下する. この現象を応力白化という.

答 (1)

【問題69】 電磁弁にオイル室は存在しないため不適当. 作動しなくなったその他の原因としては，「接続不良」などが考えられる.

答 (3)

【問題70】 浄化槽の水位自動制御では，多くの場合，フロートスイッチと[(2) リレー]を組み合わせて使用する.

答 (2)

【問題71】 ケーブルの接続不良があった場合，ブロワは起動しない. したがって，振動・異音が発生した原因としては不適当である.

答 (5)

【問題72】 (5) は，ブラケットではなく「ベーン」が正しい.

答 (5)

【問題73】 微生物活性が低下した場合には，DO（溶存酸素）は微生物に消費されなくなるため上昇する. 22時台に DO が 1.0 mg/L に低下したのは，浴槽排水の流入汚濁負荷によるものと考えられる.

答 (3)

【問題74】 日平均汚水量から1分当たりの汚水量を求めると，

　　1.44〔m³/日〕÷ (24〔時間〕×60〔分〕) =0.001〔m³/分〕=1〔L/分〕

したがって，循環比が4.0であるときの循環水量は，

　　1〔L/分〕×4.0=4.0〔L/分〕

流量調整比2.5では，

　　1〔L/分〕×2.5=2.5〔L/分〕

これに先の循環水量を加算して移送水量を求める．

　　2.5+4.0=6.5〔L/分〕

答 (5)

【問題75】 Eは，一次処理で硝酸性窒素と亜硝酸性窒素が残存していることから，脱窒反応が十分に進行しているとはいえない．また，二次処理では硝酸性窒素がわずかに増加しており，硝化反応が進行していないという表現は不適当である．

答 (5)

【問題76】 ピーク流入の時間帯は，移送水量が増加するため，沈殿槽の汚泥界面は上昇し，処理水中のSS濃度は上昇しやすい．

答 (5)

【問題77】 不顕性感染で，健康人のように見えながら，ときに病原体を排泄するものを健康保菌者という．

　なお，無害で病原性のない微生物でも，宿主の抵抗力低下や微生物の成育環境の変化によって病原性を示すこともあり，このような感染を日和見感染という．

答 (4)

【問題78】 煮沸消毒は，沸騰水に2分以上，被消毒物を浸漬させる．

答 (5)

【問題79】 (3) は，マズローではなく，〔ハインリッヒ〕の経験則（1：29：300の法則）が正しい．

答 (3)

【問題80】 酸素欠乏等防止規則で，硫化水素の許容濃度は10ppm以下と規定されている．

答 (2)

[54]

【問題81】あらかじめ SS を沈降させた後の上澄水を試料とすることは不適当である．測定に時間をかけると SS が沈降して誤差が大きくなるため，試料を透視度計に入れた後，速やかに測定する必要がある．

答（4）

【問題82】pH は直ちに測定しなければならないため，コンポジットサンプルを用いて分析するのは不適当である．

答（5）

【問題83】汚泥容量指標（SVI）は次式によって算出する．

$$SVI = \frac{SV_{30}[\%]}{MLSS[\%]} = SV_{30}[\%] \times \frac{10\,000}{MLSS[mg/L]} = 30 \times \frac{10\,000}{2\,000} = 150$$

答（3）

【問題84】SS を測定する試料の容器には，ガラスびん，ポリエチレンびんのどちらを用いてもよい．

答（5）

【問題85】開水路で用いられる流量計の方式は，アの「せき式」とイの「フリューム式」である．

答（3）

【問題86】
(1) pH 計は，試料の測定前に校正を行う．
(3) リン酸塩緩衝液に DPD 試薬を加える．次に試料と混合後，速やか（5秒以内）に遊離型残留塩素を求める．さらにヨウ素化カリウムを加えて溶解し，2分間静置後，残留塩素（遊離型＋結合型）を求める．
(4) 電極法で塩化物イオンを測定する場合，マグネチックスターラーで泡が電極に触れない程度に強く撹拌する．
(5) ケルダール法では，有機性窒素とアンモニア性窒素を同時に測定することができるが，硝酸性窒素や亜硝酸性窒素を測定することはできない．

答（2）

【問題87】流入水の pH は，排出源の直接の影響を受けるため，し尿系汚水の場合は pH 7.5 前後，アルカリ性洗剤の場合は pH 8.0 前後，塩素系洗剤の場合は強酸性側に変化することになる．

答（1）

【問題88】 汚泥返送装置に計量装置を設け，エアリフトポンプへの空気量の調整と汚泥返送量，返送汚泥の外観や性状の変化も確認できるようにする．

答 (4)

【問題89】

(1) 処理水がBOD 20 mg/L以下を満足するための透視度は，20 cm以上必要である．

(2) 処理水のBODはpHとの相関はない．むしろ，硝化や脱窒反応の進行によってpHは変動する．

(3) 硝化が進行している処理水は概して良好な水質であるため，BOD除去が十分達成されていることが多い．ただし，硝化反応による酸素消費がBODとして測定されることが問題点として指摘されている．

(5) ミジンコの繁殖に伴って生物膜が脱落した結果，BODが著しく高くなることがある．

答 (4)

【問題90】 希釈倍率は次式によって算出する．なお，式中のCl⁻は塩化物イオン濃度〔mg/L〕を表す．

$$希釈倍率 = \frac{し尿のCl^- - 洗浄水のCl^-}{放流水のCl^- - 洗浄水のCl^-} = \frac{5500 - 10}{110 - 10} = \frac{5490}{100} = 54.9$$

答 (4)

【問題91】 浄化槽の清掃とは，浄化槽内に生じた汚泥，スカム等の［ア　引き出し］，その［ア　引き出し］後の槽内の汚泥等の［イ　調整］ならびにこれらに伴う単位装置および附属機器類の［ウ　洗浄］，掃除等を行う作業をいう(浄化槽法第2条第4号)．

答 (1)

【問題92】 浄化槽清掃業の許可の技術上の基準に記されている測定・試験に係る器具は，温度計，透視度計，水素イオン濃度指数測定器具，汚泥沈殿試験器具である．したがって，(4)残留塩素測定器具は不適当である．

答 (4)

【問題93】 清掃時期の目安は，「回転板接触槽にあっては，生物膜が過剰肥厚して回転板の閉塞のおそれが認められたとき，または当該槽内液にはく離汚泥もしくは堆積汚泥が認められ，かつ，収集，運搬および処分を伴うはく離汚泥

等の引き出しの必要性が認められたとき」が適当である.

答　(3)

【問題 94】

(1) 高圧洗浄による配管の洗浄を行う.

(2) ホースは引き出し状況の確認がしやすい透明のものが望ましい.

(3) 厚いスカムは,洗浄水でスカムを破砕すると浄化槽汚泥量が増大するため,スカム破砕用器具を使用して破砕するのが望ましい.

(5) 汚泥の引き出し作業により,浄化槽の周囲に汚泥がこぼれ落ちたり,浄化槽上部が土砂で汚れたりしてしまう.したがって,引き出し作業終了後,水道水を用いながら,ほうきやブラシで周囲を清掃することを怠ってはならない.

答　(4)

【問題 95】 汚泥の引き出し前にブロワを停止するため,引き出し後にブロワを始動してから,循環装置の移送水量を適正量に調整する.

答　(2)

【問題 96】 接触ばっ気室では,汚泥沈殿率の測定は不要である.

答　(2)

【問題 97】 シーディングは,新たに浄化槽を設置したときや清掃後のできるだけ早期に正常な処理機能を発揮させるために行うもので,保守点検の範疇であり,清掃業者に確認すべき内容ではない.

答　(1)

【問題 98】 発生する汚泥の乾燥重量は次式によって算出する.

発生する汚泥の乾燥重量〔g/m³〕

$$=\frac{流入汚水量当たりの汚泥引き出し量〔L/m^3〕×汚泥濃度〔mg/L〕}{1000}$$

長時間ばっ気方式の工場は,

$$\frac{1.0×15\,000}{1000}=15〔g/m^3〕$$

接触ばっ気方式の工場は,

$$\frac{0.8×12\,000}{1000}=9.6〔g/m^3〕$$

比較のため，流入汚水量当たりの汚泥引き出し量が同程度の学校（接触ばっ気）で発生する汚泥の乾燥重量を算出すると，

$$\frac{1.0 \times 15\,000}{1000} = 15 \,〔g/m^3〕$$

したがって，工場に設置された浄化槽から発生する汚泥の乾燥重量が多いとはいえない．

答（5）

【問題99】資源化設備としては，窒素回収設備ではなく，リン回収設備が一般的である．

答（2）

【問題100】し尿処理施設による受け入れ量が最も多く，二番目に下水道，三番目にメタン化施設の順となっている．

答（1）

浄化槽管理士試験 問題

受験者数 1,034 名／合格者数 215 名／合格率 20.8%
合格基準点 65 点以上

午前

- 浄化槽概論
- 浄化槽行政
- 浄化槽の構造及び機能
- 浄化槽工事概論

問題1 人為起源の温室効果ガスや温暖化と気候変動に関する次の記述のうち，最も不適当なものはどれか．

(1) 人為起源の温室効果ガスとしては，二酸化炭素，メタン，フロン，一酸化二窒素等があげられる．

(2) 同一質量であれば，二酸化炭素はメタンよりも温室効果が高い．

(3) 浄化槽の製造・設置・廃棄等の各過程において温室効果ガスが排出されるため，浄化槽の小型化は脱炭素化に資するといえる．

(4) 世界の平均気温の長期的な上昇傾向が続くと，地域によっては多雨化もしくは乾燥化が生じる．

(5) 浄化槽の使用状況によって，メタンや一酸化二窒素が浄化槽から発生する場合がある．

問題2 地球上の水は，降水と蒸発散を繰り返しながら循環している．河川水の存在量が2兆 m^3，年間流出量が $4.3 \times 10^{13} m^3$ とした場合の河川水の平均滞留時間として，最も近い値は次のうちどれか．

(1) 2時間

(2) 2日

(3) 2週間

(4) 2か月

(5) 2年

問題3 貧栄養湖と富栄養湖に関する次の記述のうち，最も適当なものはどれか．

(1) 水域の栄養塩類及び生物生産性は，貧栄養湖よりも富栄養湖の方が高い．

(2) 底層水の貧酸素化は，富栄養湖よりも貧栄養湖で生じる．

(3) 湖沼の透明度は，貧栄養湖よりも富栄養湖の方が高い．

(4) 貧栄養湖では藍藻類が，富栄養湖では珪藻類が増殖する．

(5) アオコは貧栄養湖で発生する．

問題4 ウイルスに関する次の文章中の [　] 内の語句のうち，最も不適当なものはどれか．

ウイルスは，他の生物に [(1) 寄生] し，その [(2) 細胞] 中だけで [(3) 増殖] できる微小な構造体である．それ自体に [(4) 代謝機能] はなく，DNA と RNA の [(5) 両方] を有する．

問題5 河川や湖沼における自浄作用に関する次の記述のうち，最も不適当なものはどれか．

(1) 希釈・拡散により汚濁物質の濃度が低下する．

(2) 微生物により有機物質が嫌気性分解される．

(3) 有害物質が生物濃縮される．

(4) 酸化・還元等により汚濁物質が分解される．

(5) 汚濁物質が水底に沈殿する．

問題6 下式は，パイプ内の流体の流れのエネルギー保存則を表したベルヌーイ式である．次の文章中の [　] 内の語句のうち，最も不適当なものはどれか．

$$\rho \frac{v^2}{2} + \rho gh + p = 一定$$

ρ：流体の密度，v：流速，g：重力加速度，

h：鉛直方向の高さ，p：流体の圧力

　ベルヌーイ式は，流れが［（1）定常］で，流体とパイプ壁との間だけでなく，流体自体にも摩擦が作用しないような場合に成り立つ．式の左辺は，3種類のエネルギーを，水頭という［（2）圧力］で表している．第1項は［（3）密度水頭］，第2項は位置水頭，第3項は［（4）圧力水頭］といわれる．流れが［（1）定常］であるとき，これら3つの水頭の和である［（5）全水頭］が一定であることを示している．

問題7 分離膜の種類に関する下表中の［ ア ］～［ オ ］に入る語句の組み合わせとして，最も適当なものは次のうちどれか．

分離膜	分離対象物質	操作圧力
精密ろ過膜	［ ア ］	$3 \sim 50\,kPa$
［ イ ］	溶解性高分子（タンパク質，デンプンなど）	$200 \sim 500\,kPa$
［ ウ ］	二価イオン（硬度成分等）	$0.5 \sim 5\,MPa$
逆浸透膜	［ エ ］	［ オ ］

	ア	イ	ウ	エ	オ
（1）	懸濁粒子	ナノろ過膜	限外ろ過膜	無機イオン	$1 \sim 10\,MPa$
（2）	無機イオン	ナノろ過膜	限外ろ過膜	懸濁粒子	$1 \sim 10\,kPa$
（3）	懸濁粒子	限外ろ過膜	ナノろ過膜	無機イオン	$1 \sim 10\,MPa$
（4）	無機イオン	限外ろ過膜	ナノろ過膜	懸濁粒子	$1 \sim 10\,kPa$
（5）	懸濁粒子	限外ろ過膜	ナノろ過膜	無機イオン	$1 \sim 10\,kPa$

問題8 汚水処理における生物作用と代謝様式の組み合わせとして，最も不適当なものは次のうちどれか．

	生物作用	代謝様式
（1）	好気性細菌が有機汚濁物質を分解する．	異化
（2）	嫌気性細菌が有機汚濁物質を用いて酸発酵を行う．	異化
（3）	原生動物が細菌を捕食してエネルギーを獲得する．	異化

(4)	硝化細菌がアンモニアを酸化して得られるエネルギーを用いて糖類等を合成する.	同化
(5)	脱窒細菌が有機汚濁物質を分解して硝酸イオンを還元する.	同化

問題 9 汚水処理の過程における沈降分離において，一般に懸濁粒子はストークスの式に従って沈降するといわれている．水中の粒子の沈降速度を示したストークスの式に関する次の記述のうち，最も不適当なものはどれか．

ストークスの式　$V_s = \dfrac{g}{18\mu} \times (\rho_1 - \rho_0) \times d^2$

V_s：粒子の沈降速度（cm/ 秒）

g：重力加速度（cm/ 秒^2）

μ：水の粘度（g/（cm・秒））

ρ_1：粒子の密度（g/cm^3）

ρ_0：水の密度（g/cm^3）

d：粒子の直径（cm）

(1) 重力加速度は一定とみなせるので，沈降速度の変化を説明する因子とはならない．

(2) 他の条件が同じならば，水の粘度が大きくなるほど，沈降速度は小さくなる．

(3) 粒子の密度が水より小さいときには，浮力が重力より大きくなり，粒子は浮上する．

(4) 他の条件が同じならば，粒子の密度が水より大きくなるほど，沈降速度は大きくなる．

(5) ある直径の粒子の沈降速度が 6 m/日であった場合，他の条件が同じで粒子の直径が 2 倍になると沈降速度は 12 m/日となる．

問題 10 生活排水処理の過程に出現する原生動物に関する次の記述のうち，最も適当なものはどれか．

(1) すべて 1 μm 以下の大きさである．

(2) すべて単細胞生物である．

（3）主に微小後生動物を捕食する．

（4）すべて光合成を行う．

（5）主に汚濁負荷が高いときに出現する．

問題11 浄化槽法の目的に関する次の記述のうち，誤っているものはどれか．

（1）浄化槽の設置，保守点検，清掃及び製造について規制すること．

（2）浄化槽工事業者及び浄化槽清掃業の登録制度を整備すること．

（3）浄化槽設備士及び浄化槽管理士の資格を定めること．

（4）公共用水域等の水質の保全等の観点から浄化槽によるし尿及び雑排水の適正な処理を図ること．

（5）生活環境の保全及び公衆衛生の向上に寄与すること．

問題12 令和元年6月の浄化槽法の改正（令和2年4月施行）において新たに定められた事項として，誤っているものは次のうちどれか．

（1）浄化槽からの放流水質の技術上の基準

（2）特定既存単独処理浄化槽に対する措置

（3）浄化槽処理促進区域の指定

（4）公共浄化槽の設置に関する手続き

（5）浄化槽の使用の休止手続き

問題13 みなし浄化槽（単独処理浄化槽）に関するア～オの記述のうち，誤っているものをすべてあげている組み合わせはどれか．

ア．みなし浄化槽は，浄化槽法における浄化槽の定義からは除外されている．

イ．みなし浄化槽の新設は，都道府県知事が特に認めた場合を除き禁止されている．

ウ．みなし浄化槽の管理者は，浄化槽法に基づき維持管理を行わなければならない．

エ．みなし浄化槽について，都道府県知事はいかなる場合でも除却その他生活環境の保全及び公衆衛生上必要な措置をとることを命ずることが

できる．

オ．みなし浄化槽を廃止した場合，都道府県知事に届け出る必要がある．

(1) ア，イ

(2) ア，ウ

(3) イ，エ

(4) ウ，オ

(5) エ，オ

問題 14 令和元年度末の浄化槽とみなし浄化槽（単独処理浄化槽）の設置基数に関するア〜オの記述のうち，誤っているものをすべてあげている組み合わせはどれか．

ア．みなし浄化槽は，平成 30 年度末よりも減少した．

イ．浄化槽よりみなし浄化槽の方が多い．

ウ．みなし浄化槽では，分離接触ばっ気方式が最も多い．

エ．小型浄化槽では，構造例示型より大臣認定型の方が多い．

オ．処理対象人員 21 人以上の浄化槽が，全体の 90 % 以上を占めている．

(1) ア，イ

(2) ア，エ

(3) イ，オ

(4) ウ，エ

(5) ウ，オ

問題 15 浄化槽管理者に関する次の記述のうち，誤っているものはどれか．

(1) 浄化槽管理者とは，当該浄化槽の所有者，占有者その他の者で当該浄化槽の管理について権原を有するものをいう．

(2) 浄化槽管理者は，保守点検及び清掃を実施しなければならない．

(3) 浄化槽管理者は，保守点検及び清掃の記録を 3 年間保存しなければならない．

(4) 浄化槽管理者は，浄化槽の使用開始後 4 か月を経過した日から 5 か月以内に指定検査機関が行う水質検査を受けなければならない．

(5) 浄化槽管理者を変更した場合，都道府県知事に報告書を提出しなければならない．

問題 16 浄化槽の使用，休止及び廃止の届出に関する次の記述のうち，誤っているものはどれか．
(1) 新たに浄化槽を設置し，使用を開始したときは，30 日以内に使用を開始した旨を都道府県知事に届け出なければならない．
(2) 浄化槽の使用を休止したときは，30 日以内に使用を休止した旨を都道府県知事に届け出なければならない．
(3) 使用の休止の届出がされた浄化槽の使用を再開したときは，30 日以内に使用を再開した旨を都道府県知事に届け出なければならない．
(4) 浄化槽の使用を廃止したときは，30 日以内に使用を廃止した旨を都道府県知事に届け出なければならない．
(5) 浄化槽の使用を休止するに当たっては，浄化槽の清掃を実施しなければならない．

問題 17 浄化槽管理士に関する次の事項のうち，最も不適当なものはどれか．
(1) 必要に応じて清掃作業を実施できる．
(2) 処理方式及び処理対象人員に応じた頻度で保守点検を行う．
(3) 浄化槽管理者に代わって法定検査の受検申し込みを行うことができる．
(4) 資格取得には，国家試験に合格するか，指定講習機関が実施する講習を修了することが求められる．
(5) 保守点検の記録を浄化槽管理者に交付する．

問題 18 浄化槽の水質に関する検査についての次の記述のうち，誤っているものはどれか．
(1) 構造や規模が変更された浄化槽についても，検査を受けなければならない．
(2) 使用の休止の届出がされた浄化槽は，定期検査の受検が免除される．

(3) 設置後等の水質検査と定期検査では，水質検査項目が異なる．

(4) 指定検査機関として指定されるには，検査員が置かれていることが必要である．

(5) 浄化槽管理者は，水質に関する検査結果を都道府県知事に報告しなければならない．

問題 19 「廃棄物の処理及び清掃に関する法律」における廃棄物に関する次の記述のうち，最も不適当なものはどれか．

(1) 一般廃棄物は，産業廃棄物以外のすべての廃棄物をいう．

(2) 一般廃棄物には，日常生活から排出されるごみや生活排水がある．

(3) 一般廃棄物の収集，運搬を業として行おうとする者は，市町村長の許可を受けなければならない．

(4) 事業場に設置されている浄化槽から発生する浄化槽汚泥は，産業廃棄物である．

(5) 浄化槽は，廃棄物処理法の規制を受ける一般廃棄物処理施設からは除外されている．

問題 20 浄化槽法における用語に関する次の記述のうち，誤っているものはどれか．

(1) 浄化槽とは，便所と連結してし尿及び雑排水を処理して公共下水道等以外に放流するための設備又は施設（し尿処理施設以外）をいう．

(2) 公共浄化槽とは，浄化槽処理促進区域内で市町村が計画して設置し，かつ自らが管理する浄化槽をいう．

(3) 浄化槽工事とは，浄化槽を設置し，又はその構造若しくは規模を変更する工事をいう．

(4) 浄化槽の保守点検とは，浄化槽の点検，調整又はこれらに伴う修理をする作業をいう．

(5) 浄化槽の清掃とは，浄化槽内の汚泥等を引き出し，及び引き出した後の汚泥等を処理施設へ運搬する作業をいう．

下表は住宅で発生する代表的な汚水の量とBOD濃度を示している. 浄化槽の流入 BOD 負荷量（g/（人・日））はみなし浄化槽（単独処理浄化槽）の何倍となるか. 最も近い値は次のうちどれか.

	汚水量（L/（人・日））	BOD 濃度（mg/L）
水洗便所汚水	50	260
台所排水	30	600
台所排水以外の雑排水	120	75

(1) 0.5
(2) 1
(3) 2
(4) 3
(5) 4

問題 22 好気性生物反応槽におけるばっ気に関する次の記述のうち, 最も不適当なものはどれか.

(1) 飽和溶存酸素濃度は, 気圧が高いほど大きくなる.
(2) 飽和溶存酸素濃度は, 水温が高いほど大きくなる.
(3) ばっ気は, 酸素供給と撹拌（かくはん）を目的に行われる.
(4) ばっ気強度は, 単位容量当たりの空気供給量として表される.
(5) ばっ気強度は, みなし浄化槽より浄化槽の方が小さい傾向にある.

問題 23 下図は, 浄化槽の基本的な構成と機能を模式的に表したものである. この図に関する次の記述のうち, 最も不適当なものはどれか.

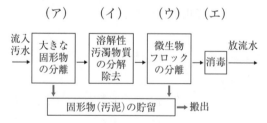

(1)（ア）の操作は,（イ）の操作を容易にすることを目的とする.

(2)（イ）の操作には，（ウ）の操作を容易にする役割もある．

(3)（ア）の操作を一次処理，（イ）の操作を二次処理，（ウ）の操作を三次処理という．

(4)（イ）の操作では，溶解性汚濁物質の微生物フロックへの変換も行われる．

(5)（エ）の操作では，消毒剤と処理水との十分な接触時間が確保される必要がある．

問題 24 分離技術に関する次の記述のうち，最も不適当なものはどれか．

(1) 夾雑物の除去にスクリーンが用いられる．

(2) 汚泥の分離に沈殿法が用いられる．

(3) 油分の除去に浮上分離が用いられる．

(4) 懸濁粒子の除去に砂ろ過が用いられる．

(5) 色度の除去に精密ろ過膜が用いられる．

問題 25 独立栄養細菌に関する次の記述のうち，最も不適当なものはどれか．

(1) 独立栄養細菌は，従属栄養細菌に比べると増殖速度が速い．

(2) 硝化細菌は，化学独立栄養細菌である．

(3) 硫黄細菌は，硫黄や無機硫黄化合物を酸化または還元することでエネルギーを獲得している．

(4) 鉄酸化細菌は，Fe^{2+} を Fe^{3+} に酸化する．

(5) 藍藻（シアノバクテリア）は，光合成を行うことでエネルギーを獲得している．

問題 26 下図に示す条件で処理している生物反応槽がある．処理水の BOD 濃度（mg/L）として，正しい値は次のうちどれか．ただし，HRT は生物反応槽の水理学的滞留時間である．

生物反応槽

流入汚水	有効容量　：50m³	処理水
BOD量：30kg/日	BOD除去率：95%　HRT　：6時間	

(1) 5.0

(2) 7.5

(3) 10

(4) 13

(5) 15

問題 27 学校施設関係の浄化槽における処理対象人員の算定に関する次の記述のうち，最も不適当なものはどれか．

(1) 高等学校には，類似用途として高等専門学校，予備校を含む．

(2) 学習塾は，小学校に準じる．

(3) 幼稚園は，延べ面積から算定する．

(4) 大学に学生食堂が併設されている場合は，その部分を一般飲食店として処理対象人員に加えて算定する．

(5) 小学校の処理対象人員には，あらかじめ教職員，その他の従業員も含まれている．

問題 28 浄化槽の単位装置に用いられる設計諸元とその単位の組み合わせとして，最も不適当なものは次のうちどれか．

	単位装置	設計諸元	単位
(1)	回転板接触槽	BOD 面積負荷	$g/(m^2 \cdot 日)$
(2)	接触ばっ気槽	BOD 容積負荷	$kg/(m^3 \cdot 日)$
(3)	接触ばっ気槽	ばっ気強度	$m^3/(m^3 \cdot 時)$
(4)	沈殿槽	水面積負荷	$m^2/日$
(5)	散水ろ床	散水負荷	$m^3/(m^2 \cdot 日)$

問題 29 荒目スクリーンに関する次の記述のうち，最も不適当なものはどれか．

(1) 汚水の通過速度は，日平均汚水量に対し 0.5 ～ 1.0m/ 秒程度とする．

(2) 荒目スクリーンには，し渣の水切りや搬出を容易とするため，し渣カゴなどを設ける．

(3) 処理対象人員が500人以下の場合には，荒目スクリーンと沈砂槽の代わりにばっ気型スクリーンを用いてもよい．

(4) 案内板は，スクリーン設置部の水路段差及び水路とスクリーンの取付部に汚物等の堆積が生じにくくするために設けられる．

(5) 汚水や汚物等の滞留を生じないよう，スクリーンへの流入水路の勾配及び形状に注意し，必要に応じてオーバーフローの開口部を設ける．

問題30 浄化槽における汚水の特殊な流入及び設置条件に関する次の記述のうち，最も不適当なものはどれか．

(1) 事前調査結果から，生物反応槽を複数の室に分割し，汚水の排出特性に合わせて，一部の室のみを運転させる方法を選択することができる．

(2) 事前調査結果から，生物反応槽及び沈殿槽を複数の系列に分割し，汚水の排出特性に合わせて，一部の系列のみを運転させる方法を選択することができる．

(3) 気温が低下する地域では，槽内の水面の深さが設置場所の凍結深度以下になるように設置する．

(4) 気温が低下する地域では，コンクリートで埋め戻しを行うことが多い．

(5) 流入汚水量を的確に把握するためには，上水使用量が明らかになる機器や自家井戸の場合には上水管途中に積算流量計等を設けることが望ましい．

問題31 生物ろ過槽に充填（じゅうてん）する担体を選定する際，重要となる特性として，最も不適当なものは次のうちどれか．

(1) 比熱

(2) 耐摩耗性

(3) 生物の付着性

(4) 強度

(5) 大きさ

問題 32 下図は，ある戸建て住宅における 24 時間の汚水量の変動を示している．

この図に関する次の記述のうち，最も不適当なものはどれか．

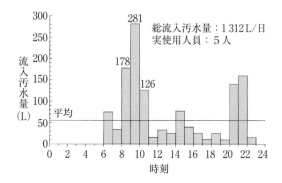

(1) 汚水の排出時間は，17 時間である．

(2) 24 時間平均流入汚水量は，約 55 L/ 時である．

(3) ピーク係数は，約 7 である．

(4) 1 日，1 人当たりの汚水量は，約 262L である．

(5) 8 時から 11 時までの 3 時間における汚水量は，総流入汚水量の 40%
強を占めている．

問題 33 浄化槽の処理対象人員の算定に便器数が用いられる建築用途において，総便器数を用いる場合（A）と大便器数，小便器数のそれぞれを用いる場合（B）がある．建築用途と算定方法の組み合わせとして，最も不適当なものは次のうちどれか．

	建築用途	算定方法
(1)	競輪場・競馬場・競艇場	A
(2)	遊園地・海水浴場	B
(3)	公衆便所	A
(4)	プール・スケート場	B
(5)	駐車場・自動車車庫	B

問題 34 ばっ気槽における酸素要求量（kg/日）は次式で示される.

$O_2 = a \times Lr + b \times Sa$

O_2 ：酸素要求量（kg-O_2/日）

a ：除去 BOD に係る係数（kg-O_2/kg-BOD）

Lr ：除去 BOD 量（kg-BOD/日）

b ：MLVSS の酸素要求に係る速度係数（kg-O_2/(kg-MLVSS・日)）

Sa ：槽内 MLVSS 量（kg）

設計人員を 1 000 人とし，流入 BOD 濃度 200 mg/L，流入汚水量 200 L/（人・日），ばっ気槽容量 100 m³，MLVSS 平均濃度 2 500 mg/L，BOD 除去率 90 % とした場合の酸素要求量（kg/日）として，最も近い値は次のうちどれか.

なお，a = 0.5，b = 0.07 とする.

(1) 25.5

(2) 30.5

(3) 35.5

(4) 40.5

(5) 45.5

問題 35 建築物の用途別によるし尿浄化槽の処理対象人員算定基準（JIS A 3302：2000）の店舗関係において，汚濁負荷が高い場合の算定式を用いる飲食店として，最も適当なものは次のうちどれか.

(1) ファミリーレストラン

(2) ファストフード店

(3) ビヤホール

(4) ラーメン専門店

(5) 焼き肉店

問題 36 流量調整槽に関する次の記述のうち，最も不適当なものはどれか.

(1) 撹拌用のブロワは二次処理装置用と兼用することができる.

(2) 流量調整比を 1 に近づけるほど，安定した処理水質が得られる.

（3）槽の底部は傾斜を設けるとともに釜場を設けることが望ましい.

（4）流入汚水量の時間変動だけではなく，水質の時間変動も緩和できる.

（5）原水ポンプ槽が前置される場合もある.

問題37 回分式活性汚泥方式の浄化槽に用いる付属機器類として，最も不適当なものは次のうちどれか.

（1）汚泥界面計

（2）汚泥返送装置

（3）余剰汚泥引抜装置

（4）上澄水排出装置

（5）散気装置

問題38 嫌気ろ床槽に関する次の記述のうち，最も不適当なものはどれか.

（1）固形物の分離と，分離した固形物を一定期間貯留する機能を有する.

（2）槽内にろ材を充填することにより，固形物の捕捉効果が期待できる.

（3）嫌気性生物の働きによって，汚泥の減量化が期待できる.

（4）構造基準では，BOD 除去率は 0 ％として取り扱われている.

（5）槽内の短絡流の形成を防止するため，ろ材の充填率は 20 ％以下とする.

問題39 下図は，浄化槽の設置形態を示したものである. 二重スラブ式として，最も適当なものは次のうちどれか.

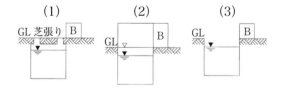

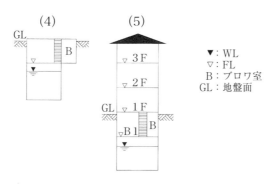

▼：WL
▽：FL
B：ブロワ室
GL：地盤面

問題40 みなし浄化槽（単独処理浄化槽）の槽内の状況を撮影した次の写真のうち，平面酸化床を撮影したものとして，最も適当なものはどれか．

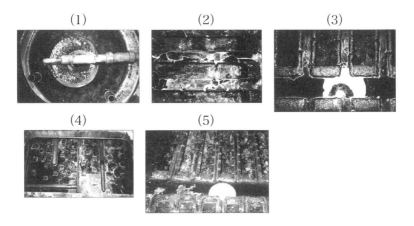

(1)　　　　(2)　　　　(3)

(4)　　　　(5)

問題41 浄化槽の図面に関する次の記述のうち，最も不適当なものはどれか．

(1) 図面は第一角法あるいは第三角法で作製される．
(2) 尺度には，縮尺，現尺，倍尺があり，同一図面で異なる尺度を用いてもよい．
(3) 同じ形の形体が繰り返される場合には，途中の形体を省略することができる．
(4) 寸法をセンチメートル単位で表示する場合には，単位記号を付けない．
(5) 角度の表示に用いられる正接とは，水平長さに対する垂直長さの比をいう．

問題42 断面図では，切断部分の材料を示すために切断した部分にハッチングを施すのが一般的であるが，縮尺 1/20 または 1/50 程度の場合に用いられる材料構造とその表示記号を示す組み合わせとして，誤っているものは次のうちどれか．

	材料構造	表示記号
(1)	壁一般	━━ ▬
(2)	軽量壁一般	////
(3)	普通ブロック壁	///
(4)	木材	░░░
(5)	割栗	///

問題43 図面に付記される寸法補助記号とその意味の組み合わせとして，正しいものは次のうちどれか．

補助記号　　　意味

(1)　　　C ── 45°の面取り

(2)　　　φ ── 半径

(3)　　　⌒ ── 球の半径

(4)　　　t ── 円弧の長さ

(5)　　　R ── 直径

問題44 図とそれを表す図面記号の組み合わせとして，最も不適当なものは次のうちどれか．

図　　　　　　　記号

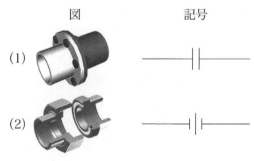

(1)

(2)

(3)

(4)

(5)

問題 45 下図の単線結線図（一部）に用いられている（ア）〜（オ）の図示記号のうち，配線用遮断器として正しいものはどれか．

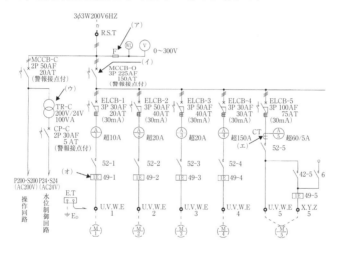

破砕装置	No.1 汚水ポンプ	No.2 汚水ポンプ	撹拌ブロワ	No.1 ばっ気ブロワ
1.5KW	3.7KW	3.7KW	2.2KW	11.0KW

(1) （ア）

(2) （イ）

(3) （ウ）

(4) （エ）

(5) （オ）

放流ポンプ槽を設ける理由として，最も適当なものは次のうちどれか．

(1) 消毒槽流出水を水位が高い放流先に排出する．
(2) 処理水の消毒を確実に行う．
(3) 流入汚水の流量変動を緩和する．
(4) 処理水を長時間滞留させる．
(5) 処理水質を安定化させる．

問題 47 工場生産浄化槽の設置工事において，埋め戻し前に水張りを行う目的として，最も不適当なものは次のうちどれか．

(1) 槽本体を重くし，槽の安定性，水平の状況を確認する．
(2) 埋め戻し時に槽の位置がずれないようにする．
(3) 埋め戻し時の土圧による槽本体の変形を軽減する．
(4) 槽本体の漏水の有無を確認する．
(5) 埋め戻し土の量を軽減する．

問題 48 くい打ち工事に関する次の記述のうち，最も不適当なものはどれか．

(1) PC（プレストレスト・コンクリート）ぐいは，RC（鉄筋コンクリート）ぐいよりも曲げモーメントへの抵抗力が小さい．
(2) くい打ち機械は比較的大型のものが多いため，作業スペースを広くとる必要がある．
(3) くい打ち工事は著しい騒音や振動が生じる作業であるため，政令によって特定建築作業に指定されている．
(4) 住宅地域や病院・学校等の指定地域内で作業する場合は，騒音や振動について規制を受ける．
(5) くい先が所定の深さに達して，必要とする支持力が確保される．

問題 49 下図のように崖下に浄化槽を設置する場合の土圧のかかり方として，最も適当なものは次のうちどれか.

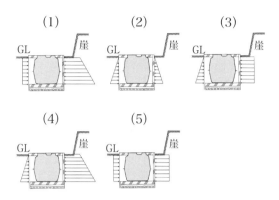

問題 50 浄化槽の設置工事における基礎工事の工程として，①目潰し砂利地業，②割栗石地業，③捨てコンクリートの打設がある．①～③の工事の順序として，最も適当なものは次のうちどれか.

(1) ①→②→③
(2) ②→①→③
(3) ②→③→①
(4) ③→①→②
(5) ③→②→①

問題 51 保守点検において透視度を測定する対象と測定の目的の組み合わせとして，最も不適当なものは次のうちどれか.

測定対象　　　　　　　　　　　目的
(1) 沈殿分離槽の流出水 ──── 固液分離機能の判断
(2) 嫌気ろ床槽の流出水 ──── 死水域の有無の推定
(3) ばっ気槽の槽内水 ───── 清掃時期の判断
(4) 接触ばっ気槽の槽内水 ── 逆洗時期の判断
(5) 沈殿槽の流出水 ────── BOD 濃度の予測

問題 52 下図に示す性能評価型浄化槽で，流量調整移送水量や循環水量が過大となった場合に観察される現象として，最も不適当なものは次のうちどれか．

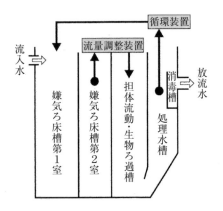

(1) 嫌気ろ床槽の水位が著しく上昇し，短絡流が形成され処理機能が低下する．

(2) 嫌気ろ床槽で分離・貯留されていた固形物が担体流動・生物ろ過槽へ流出する．

(3) 担体流動・生物ろ過槽のばっ気量が不足する．

(4) 生物ろ過槽のろ過速度が速くなり，SS 捕捉機能が不安定になる．

(5) 処理水槽の水位が著しく低下し，分離・貯留されていた固形物が二次処理装置へ逆流する．

問題 53 凝集分離装置の急速撹拌槽の点検項目として，最も不適当なものは次のうちどれか．

(1) 槽内の撹拌状況の確認

(2) 凝集剤の注入状況の確認

(3) フロックの形成状況の確認

(4) 撹拌装置の作動状況の確認

(5) pH の測定

問題 54 ばっ気沈砂槽等での異常な状態とその対策の組み合わせとして，最も不適当なものは次のうちどれか．ただし，散気装置・排砂装置の破損や閉塞はないものとする．

	異常な状態		対策
(1)	ばっ気沈砂槽以降の単位装置に土砂が堆積している．	————	散気装置への空気供給量を増加させる．
(2)	排砂槽から土砂が流出する．	————	排砂ポンプの吐出量を少なくする．
(3)	排砂槽に糞塊が滞留する．	————	散気装置への空気供給量を増加させる．
(4)	ばっ気沈砂槽に堆積した土砂が十分に排出されない．	————	排砂ポンプの稼働時間を長くする．
(5)	排砂ポンプの揚水量が十分でない．	——	空気配管の空気漏れを修理する．

問題 55 接触ばっ気槽の接触材が閉塞する原因として，最も不適当なものは次のうちどれか．
(1) 計画に対して実負荷量が著しく高い．
(2) 接触材の比表面積が大きい．
(3) 逆洗後のはく離汚泥の移送が行われていない．
(4) 逆洗管が破損している．
(5) 槽内のばっ気強度が過大である．

問題 56 活性汚泥の色相を3種類に分類した場合，それらの色相とばっ気槽の溶存酸素との関係として，最も適当なものは次のうちどれか．

	溶存酸素		
	適量	やや不足	不足
(1)	茶褐色	灰褐色	黒褐色
(2)	灰褐色	茶褐色	黒褐色

(3)	茶褐色	黒褐色	灰褐色
(4)	黒褐色	茶褐色	灰褐色
(5)	黒褐色	灰褐色	茶褐色

問題 57 流量調整槽の水位が警報水位に達する原因として，最も不適当なものは次のうちどれか．

(1) 槽内の撹拌装置の故障

(2) フロートスイッチの作動不良

(3) 計量調整移送装置の移送水量の減少

(4) 汚水の突発的な過大流入

(5) マグネットスイッチの破損

問題 58 浄化槽における鉄電解方式によるリン除去装置の保守点検作業として，最も適当なものは次のうちどれか．

(1) 鉄電極の防食塗装

(2) 鉄電極付着物の薬液洗浄

(3) 陽極，陰極の配線の組み換え

(4) 鉄電極の重量測定

(5) 鉄電極の交換

問題 59 保守点検の技術上の基準において，溶存酸素量が適正に保持されるようにすることと規定されている単位装置として，誤っているものは次のうちどれか．

(1) 接触ばっ気室

(2) 回転板接触槽

(3) ばっ気槽

(4) 硝化槽

(5) 脱窒槽

問題60 嫌気ろ床槽の保守点検に関する次の文章中の［　　］内の語句のうち，最も不適当なものはどれか.

嫌気ろ床槽の主な機能は，［(1) 固液分離］と［(2) 汚泥の貯留］である. 他の一次処理装置よりも［(3) 嫌気性分解］が進行しやすい. そのため，保守点検の技術上の基準では，「［(4) 死水域］が生じないようにし，及び［(5) 好気性生物の反応が生じないよう］にすること」となっている.

問題61 原水ポンプ槽の保守点検作業として，最も不適当なものは次のうちどれか.

(1) ばっ気型スクリーンについては，ばっ気用の散気管から発生した気泡が荒目スクリーンに付着した汚物に当たり，汚物が破壊されていることを確認する.

(2) フロートスイッチやケーブルを引き上げて，絡みついた夾雑物を取り除く.

(3) 計量調整移送装置では，せきや計量調整移送装置内に付着，堆積した汚物の状況を点検する.

(4) 移送水量は，流入汚水の時間変動よりも大きくならないように調整する.

(5) 常用ポンプの起動水位と停止水位の間隔は，可能な限り大きく設定する.

問題62 有機系塩素剤に関する次の記述のうち，最も不適当なものはどれか.

(1) 代表的な成分として，塩素化イソシアヌール酸がある.

(2) 無機系塩素剤に比べて，重量当たりの有効塩素量が少ない.

(3) 無機系塩素剤の錠剤に比べて，膨潤して崩壊しにくい.

(4) 無機系塩素剤の錠剤に比べて，一般に溶解速度が遅い.

(5) 無機系塩素剤と混合すると，有害かつ爆発性のガスが発生する.

問題63 下記に示す設計条件の硝化液循環活性汚泥方式の浄化槽において，窒素除去に必要なBOD量を除去T-N量の3倍とした場合，必要なメタノー

ル溶液添加量（L/日）として，最も近い値は次のうちどれか．

　ただし，添加するメタノール溶液1L当たりのBOD量は0.32kgとする．

〔条件〕

　　計画汚水量　　　　　　：100 m³/日

　　流入汚水のBOD濃度：200 mg/L

　　流入汚水のT–N濃度：100 mg/L

　　放流水のT–N濃度　　：　20 mg/L

　　(1)　　4.0

　　(2)　12.5

　　(3)　25.0

　　(4)　31.3

　　(5)　75.0

問題 64 新規に運転する場合，あるいは引き継ぐ場合の保守点検に関する次の記述のうち，最も不適当なものはどれか．

　(1)　新規に運転する場合は，使用開始後なるべく早い時期に保守点検を実施する．

　(2)　保守点検を引き継ぐ場合は，当該施設における過去の維持管理状況に関する資料の入手を試みる．

　(3)　保守点検を引き継ぐ場合は，構造・容量に関する資料に不足があれば，浄化槽メーカなどから資料を入手する．

　(4)　新規に運転する場合は，大型浄化槽では，運転方法を理解するため，処理機能が安定するまで工事業者やメーカと共同運転することが望ましい．

　(5)　保守点検を引き継ぐ場合は，前任者の立ち会いのもと，施設全体の点検を行い，不明な点は十分に確認しておく．

問題 65 ある集合住宅用の浄化槽（長時間ばっ気方式）において，汚泥発生量に関する実績は①〜③のとおりであった．

　①　日平均流入汚水量は200 m³/日である．

② ばっ気槽の汚泥濃度を一定に維持するため，週1回の保守点検時に余剰汚泥を汚泥濃縮槽へ移送して2倍に濃縮した後，汚泥貯留槽へ移送している．

③ 流入汚水量100 m³当たり0.4 m³の汚泥を系外に搬出している．

汚泥濃縮槽への汚泥移送量（m³/週）として，最も近い値は次のうちどれか．

なお，汚泥濃縮槽からの脱離液に汚泥の混入はないものとする．

(1)　2.8

(2)　5.6

(3)　8.4

(4)　11.2

(5)　14.0

問題66 流入汚水あるいは流入管きょに関する次の記述のうち，最も不適当なものはどれか．

(1) 流入管きょに付着した異物等は後段に悪影響を及ぼさないよう，必ず洗い流さずに引き出す．

(2) スクリーンが閉塞すると，流入汚水がオーバーフローし，し渣の除去が不十分となったり，汚水が流入管きょに滞留したりする．

(3) 流入管きょと建物からの排水管との接合部分を調べ，屋内の給排水設備から水を流すなどして，特殊な排水や雨水等が接続されていないことを確認する．

(4) 点検の順序は，放流水及び消毒槽（室）から流入管に向かって，汚水の処理工程の順序と逆方向に進める．

(5) 流入汚水の水量変動は建築用途等により様々に変化する．

問題67 処理水中の濃度が高い場合，消毒時の塩素消費量が増加する水質項目として，最も不適当なものは次のうちどれか．

(1) アンモニア性窒素

(2) 亜硝酸性窒素

(3) 硝酸性窒素

(4) BOD

(5) 硫化物

工場生産浄化槽に関する次の文章中の ［　　］ 内の語句のうち，最も不適当なものはどれか．

工場生産浄化槽の材料を分類すると，FRP，［(1) ジシクロペンタジエン］，［(2) ポリプロピレン］ などがある．［(1) ジシクロペンタジエン］ は，［(3) ガラス繊維を含まない樹脂］ で，FRP より ［(4) 耐衝撃性に劣る］ が，製造上での成形性がよく，焼却したときの ［(5) 残渣（さ）が少ない］ などの特徴を有している．

RC 製浄化槽に関する次の文章中の ［　　］ 内の語句のうち，最も不適当なものはどれか．

浄化槽の材料であるコンクリートは，［(1) 硬化］ に必要な水分が ［(2) 蒸発］ してできる ［(3) 空隙］ や ［(4) 塩化カルシウム］ の生成によって生じる毛管空隙等のため ［(5) 透水性］ がある．

FRP 製浄化槽の修理に関する次の記述のうち，最も不適当なものはどれか．

(1) 修理箇所の油分は，シンナーやアセトンなどの溶剤で除去する．

(2) 溶剤は引火性及び毒性があるので，浄化槽内部で用いる場合は，換気をしながら作業を行う．

(3) 応力白化を生じている場合は，その面をグラインダで粗（あら）くし，樹脂を含浸したガラスマットを積層する．

(4) 樹脂の硬化に要する時間は条件によって異なるが，常温において 20 分以上である．

(5) 硬化を速めるための赤外線ランプやヒータでの加熱は，強度を低下させる．

問題71 下図に示す水中ポンプのA，B及びCの交換部品の名称の組み合わせとして，最も適当なものは次のうちどれか．

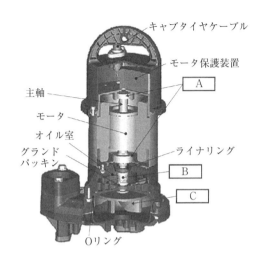

	A	B	C
(1)	羽根車	メカニカルシール	軸受（ベアリング）
(2)	メカニカルシール	羽根車	軸受（ベアリング）
(3)	メカニカルシール	軸受（ベアリング）	羽根車
(4)	軸受（ベアリング）	メカニカルシール	羽根車
(5)	軸受（ベアリング）	羽根車	メカニカルシール

問題72 浄化槽の配管設備に関する次の記述のうち，最も不適当なものはどれか．

(1) 浄化槽には，汚水管，汚泥移送管，空気配管等がある．

(2) 配管には，鋼管，塩化ビニル管，ポリエチレン管等がある．

(3) 管形としては，円形管に限定されている．

(4) 塩化ビニル管は，軽量で加工しやすい．

(5) 浄化槽では，塩化ビニル管が最も多く用いられている．

２室構造の接触ばっ気槽に関する次の記述のうち，最も不適当なものはどれか．

(1) 第１室の処理機能が悪化した場合は，流路を切り替えて第２室から第１室の順番で処理することにより，処理機能が改善できる．

(2) BOD 負荷が低い場合，槽の DO が過度に高くなるのを抑制するため，空気供給量を減少させることがある．この場合，槽内の撹拌が不十分で汚泥が過剰に堆積することがある．

(3) BOD 負荷が低い場合，第１室において BOD 除去が進むと，第２室での BOD 負荷が低くなり，硝化反応が進行する．

(4) BOD 負荷が高い場合，空気供給量を増加させて対応するが，生物膜の肥厚化が速くなり，逆洗頻度を増加させる必要がある．

(5) 多量の油脂が混入したことによって処理機能に障害を生じた場合，槽内は白濁し，水面にはスカム状に油脂が蓄積していることがある．

長時間ばっ気方式のばっ気槽において槽内の活性汚泥を採取し，SV_{30} を測定したところ，いったん沈殿した汚泥が 20 分程度で下の写真のように浮上した．このとき考えられるばっ気槽内の状況として，最も適当なものは次のうちどれか．なお，活性汚泥の色相は褐色であった．

(1) 硝化反応が進行している．

(2) メタン発酵が進行している．

(3) ミミズが大量に発生している．

(4) ミジンコが大量に発生している．

(5) サカマキ貝が大量に発生している．

問題75 下図は，ある浄化槽の通日調査の結果を示したものである．その結果に関する次の記述のうち，最も不適当なものはどれか．

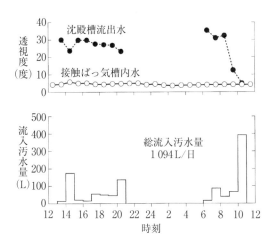

(1) 時間最大汚水量は，約400 L/時である．

(2) 実使用人員を5人とすると，ほぼ計画どおりに汚水が流入している．

(3) 汚水流入のピーク時に，沈殿槽からSSの流出が生じている．

(4) 午後の時間帯は，流入汚水量の変動にかかわらず，安定した処理水質が得られている．

(5) 接触ばっ気槽内水の浮遊汚泥量は少ないと考えられる．

問題76 分離ばっ気方式のみなし浄化槽（処理対象人員5人）のばっ気室において，MLSS濃度が上昇しない傾向が認められた．その原因として，最も不適当なものは次のうちどれか．

(1) 浄化槽の使用人員が，計画処理対象人員に比べてきわめて少ない．

(2) トイレの洗浄水量が多い．

(3) 沈殿分離室に活性汚泥が自然移送されていない．

(4) ばっ気量が過大である．

(5) 放流水中に汚泥が混入している．

硫化水素に関する次の記述のうち，最も不適当なものはどれか．

(1) 硫黄を含んだタンパク質の嫌気性分解によって生じる．

(2) 空気より軽い気体である．

(3) 特有の腐敗臭（腐卵臭）を有する無色の気体である．

(4) 労働安全衛生法上の許容濃度は 10 ppm である．

(5) 化学式は H_2S である．

問題78 殺虫剤に関する次の記述のうち，最も不適当なものはどれか．

(1) マイクロカプセル剤は，速効性を損なうことなく，残効性を高めることができる．

(2) 浮遊粉剤は，ボウフラの再発生を抑制する．

(3) ジクロルボス樹脂蒸散剤は，浄化槽の槽内水中の微生物に悪影響を及ぼす．

(4) アカイエカ，チカイエカ，チャバネゴキブリは，一般的な殺虫剤に対して抵抗性がある．

(5) 殺虫剤の濃度を上げる場合には，人畜毒性や経済性の考慮が必要である．

問題79 感染経路に関する下表中の ［ ア ］〜［ オ ］に入る語句の組み合わせとして，最も適当なものは次のうちどれか．

感染経路		病原体の伝搬	主な事例
水平感染	飛沫感染	咳やくしゃみの飛沫	［ エ ］
	［ ア ］	感染者や病原体付着物に接触	流行性角結膜炎
	空気感染	［ ウ ］	結核，麻しん
	［ イ ］	水や食物の摂取	腸チフス
	媒介動物感染	動物や衛生害虫の表面や内部	［ オ ］
垂直感染	母子感染	母親から子供へ	B 型肝炎

	ア	イ	ウ	エ	オ
(1)	媒介物感染	接触感染	汚染ガス	インフルエンザ	日本脳炎
(2)	媒介物感染	接触感染	飛沫核	コレラ	風しん
(3)	接触感染	媒介物感染	飛沫核	インフルエンザ	日本脳炎

| (4) | 接触感染 | 媒介物感染 | 汚染ガス | マラリア | 風しん |
| (5) | 接触感染 | 媒介物感染 | チリやホコリ | コレラ | 風しん |

問題80 浄化槽の臭気に関する次の記述のうち，最も不適当なものはどれか．

(1) 有機酸は臭気の原因物質の一種である．

(2) 浄化槽から臭気が逆流しないよう，宅内配管との接合部にトラップ付きインバート升を設ける．

(3) 沈殿分離槽や嫌気ろ床槽では，高水温期に臭気物質の発生が多くなる傾向がある．

(4) 生物反応槽では，処理機能の悪化により硫化水素が発生することがある．

(5) 沈殿槽では，蓄積した汚泥やスカムが臭気物質を吸着するため，異臭は発生しない．

問題81 水質試験項目に関する次の記述のうち，最も適当なものはどれか．

(1) 総アルカリ度は，水中に含まれるすべてのアルカリ成分を水酸化カルシウム（$Ca(OH)_2$）に換算して mg/L で表したものである．

(2) ヘキサン抽出物質は，主として揮発しにくい鉱物油，動植物性油脂類を表す．

(3) 大腸菌群のなかには，病原性のものは存在しない．

(4) SS測定では，含まれる懸濁物質の粒子径が5 mm以下の試料をガラス繊維ろ紙を用いてろ過する．

(5) 生し尿中には，アンモニア性窒素が200～400 mg/L程度含まれている．

問題82 ア～オの水質試験項目のうち，試料採取後直ちに測定しなければならない項目をすべてあげている組み合わせとして，最も適当なものは次のうちどれか．

ア．透視度

イ．pH

ウ．水温

エ．浮遊物質

オ．残留塩素

(1) エ

(2) ア，オ

(3) イ，ウ，エ

(4) ア，イ，ウ，オ

(5) ア，イ，ウ，エ，オ

問題 83 浄化槽（みなし浄化槽を除く）における水質管理に関する次の記述のうち，最も適当なものはどれか．

(1) 処理機能を水質に着目して評価するために行う水質管理の内容は，流入汚水の判定と各単位装置の機能判定に大別される．

(2) 処理水質は，BOD 濃度と COD 濃度の両方について判定される．

(3) 生活排水の pH は，一般に中性から弱アルカリ性を示すが，硝化反応が進行すると酸性側に変化する．

(4) ばっ気槽中の溶存酸素濃度は酸素供給量のみで定まる．

(5) 便器の洗浄水と浄化槽放流水の塩化物イオン濃度を測定することで流入汚水の BOD 濃度を推定することができる．

問題 84 水質試験を行うための試料の採取に関する次の記述のうち，最も不適当なものはどれか．

(1) 浄化槽では，流入汚水の時間変動が大きいことから，精密に機能評価するためには原則として1時間ごとの連続採水を行い，混合試料を作成して流入汚水試料とする．

(2) 嫌気ろ床槽や沈殿分離槽等の流出水は，汚水の最大流入時を含む，できるだけ長時間にわたって採水することが望ましい．

(3) ばっ気槽内の活性汚泥は，最適な1か所から採取する．

(4) 浄化槽の処理機能を評価するためには，沈殿槽の流出水で判定する．

(5) 大腸菌群の試験には，消毒槽の流出水を用いる．

問題85 し尿，便器の洗浄水及びみなし浄化槽（単独処理浄化槽）の放流水の塩化物イオン濃度をそれぞれ5 500 mg/L，100 mg/L及び250 mg/Lとするときのし尿の希釈倍率（倍）として，正しい値は次のうちどれか．

なお，し尿中の塩化物イオンは，みなし浄化槽の処理過程においては除去されないこととする．

(1) 30
(2) 32
(3) 34
(4) 36
(5) 38

問題86 ポリエチレンびんを試料容器として用いる水質試験項目として，最も不適当なものは次のうちどれか．

(1) pH
(2) ヘキサン抽出物質
(3) 全窒素
(4) SS
(5) BOD

問題87 浄化槽の臭気，色，発泡等の外観に関する次の記述のうち，最も不適当なものはどれか．

(1) 処理水が着色している場合は，入浴剤やトイレの芳香洗浄剤の流入が考えられる．
(2) 排水路底部にミズワタの群体がみられる場合は，処理水質が良好と考えられる．
(3) 放流先の升に黒色の汚泥が多量に堆積している場合は，浄化槽からの汚泥の流出が考えられる．
(4) 発泡は，汚濁物質が分解して低分子化する過程で，ばっ気の物理的な力が加わって生じる場合がある．
(5) 腐敗臭やし尿臭が強い場合は，空気供給量の不足に伴い生物処理が不

十分と考えられる.

問題88 水質検査の結果より，水質評価を行う場合の留意点に関する次の記述のうち，最も不適当なものはどれか.
(1) 移動平均から，バラツキの時間変動が明らかになる.
(2) 代表値やバラツキが統計的に信頼できるように，多くのデータを集積する.
(3) データをグラフ化することにより，傾向や変化が明らかになる.
(4) 単位装置の機能を評価するために，単位装置ごとの水質を明らかにする.
(5) 同様な使用状況，規模，処理方式の施設の水質データを参照する.

問題89 ATU–BOD に関する次の記述のうち，最も不適当なものはどれか.
(1) ATU–BOD は，硝化を抑制した測定方法である.
(2) 硝酸性窒素濃度は，ATU–BOD に影響しない.
(3) ATU–BOD は，BOD より高い値を示す.
(4) ATU–BOD は，C–BOD ともいう.
(5) ATU–BOD は，アリルチオ尿素を添加して測定する.

問題90 30 分間汚泥沈殿率（SV_{30}）に関する次の記述のうち，最も不適当なものはどれか.
(1) SV_{30} は，活性汚泥の沈降性の指標である.
(2) 浄化槽では，SV_{30} は汚泥返送量等を決定する指標である.
(3) みなし浄化槽（単独処理浄化槽）では，SV_{30} は清掃時期判断の指標の一つである.
(4) SV_{30} は，沈殿槽における実際の沈降状況を忠実に再現している.
(5) 月ごとに測定している SV_{30} の数値が低下した場合，ばっ気室や沈殿室底部における汚泥堆積の可能性がある.

問題 91 清掃の技術上の基準に示されたみなし浄化槽（単独処理浄化槽）の清掃の方法と単位装置または設備を下表に示す．清掃の方法として，誤っている単位装置または設備をすべてあげているものは次のうちどれか．

ただし，使用の休止にあたって清掃をする場合を除く．

清掃の方法	単位装置または設備
汚泥，スカムなどの全量を引き出し	(a) スロット型沈殿室 (b) 腐敗室
汚泥，スカムなどの適正量を引き出し	(c) 消毒室 (d) 接触ばっ気室
機能を阻害しないように洗浄	(e) 散水ろ床 (f) 平面酸化床
洗浄もしくは掃除	(g) インバート升 (h) 散気装置

- (1) (a)
- (2) (c)
- (3) (b)，(f)
- (4) (d)，(h)
- (5) (e)，(g)

問題 92 分離ばっ気方式のみなし浄化槽（処理対象人員5人，ばっ気室容量 0.45 m³）を清掃する際，ばっ気室の SV_{30} は70％であった．このばっ気室混合液をばっ気状態のまま引き出し，水張りを行った後の混合液の SV_{30} をおおむね10％としたい．このときのばっ気室からの汚泥引き出し量(m^3) として，最も近い値は次のうちどれか．

- (1) 0.1
- (2) 0.2
- (3) 0.3
- (4) 0.4
- (5) 0.5

問題 93 性能評価型浄化槽の夾雑物除去槽における清掃方法に関する次の記述のうち，最も不適当なものはどれか.

(1) スカムなど浮上物を全量引き出す.

(2) 流入管，流出管及び壁面等に付着した汚泥等を取り除きながら，槽内水を全量引き出す.

(3) 槽内の変形及び破損の有無を確認する.

(4) 二次処理装置の逆洗水を用いて槽内を洗浄しながら水張りを行う.

(5) 水位が変動する型式については，低水位まで水張りを行う.

問題 94 浄化槽の使用の休止にあたって清掃をしたときに行った作業内容として，誤っているものは次のうちどれか.

(1) 嫌気ろ床槽第1室の汚泥，スカム，中間水等を全量引き出した.

(2) 沈殿分離槽の汚泥，スカム，中間水等を全量引き出した.

(3) 担体流動槽の汚泥，スカム，中間水等を全量引き出した.

(4) 嫌気ろ床槽の張り水に水道水を使用した.

(5) 接触ばっ気槽の洗浄に使用した水を沈殿分離槽の張り水として使用した.

問題 95 共同住宅に設置されている小型浄化槽において，清掃時期の判断を行う者として，最も適当なものは次のうちどれか.

(1) 浄化槽清掃業者

(2) 浄化槽の使用者

(3) 浄化槽検査員

(4) 浄化槽行政担当者

(5) 浄化槽の保守点検業者

問題 96 清掃の記録票に記載する項目として，最も不適当なものは次のうちどれか.

(1) 処理方式，処理対象人員及び実使用人員

(2) 清掃後の放流水の DO

(3) 前回の清掃実施日

(4) 保守点検業者への連絡事項

(5) 清掃汚泥の処分先

問題97 汚泥貯留槽の清掃に関する次の記述のうち，最も不適当なものはどれか．

(1) 汚泥の引き出しにあたっては，受け入れ先との事前の調整が必要である．

(2) 汚泥の引き出し後，水張りを行う．

(3) 汚泥の引き出しが容易に行えるよう，事前に撹拌(かくはん)装置を運転する．

(4) 汚泥の引き出しポンプを利用できることがある．

(5) 付帯設備の稼働状況等を考慮し，清掃に適切な時間帯を検討する．

問題98 汚泥貯留槽にSS濃度 20 000 mg/L の汚泥が 4 m³ 貯留されており，バキューム車で全量引き出した．その後，槽内を水道水 1 m³ で洗浄し，洗浄排水を全量引き出したところ，バキューム車のタンク内のSS濃度は 18 000 mg/L になった．引き出した洗浄排水のSS濃度（mg/L）として，正しい値は次のうちどれか．

(1) 1 000

(2) 2 000

(3) 5 000

(4) 10 000

(5) 20 000

問題99 清掃時の洗浄水を一次処理装置等の張り水に使用できる単位装置として，最も不適当なものは次のうちどれか．

ただし，使用の休止にあたって清掃をする場合を除く．

(1) 消毒室

(2) 多室型腐敗室

(3) 接触ばっ気室

(4) ばっ気室

(5) 変形二階タンク型一次処理装置

問題 100 し尿処理施設に関する次の記述のうち，最も不適当なものはどれか．

(1) 浄化槽汚泥は，その大部分がし尿処理施設に搬入されている．

(2) し尿処理施設に搬入される浄化槽汚泥の量は，くみ取りし尿量に比べて少ない．

(3) し尿処理施設に搬入されるくみ取りし尿は，簡易水洗便所が普及している地域においては，量の増加や希薄化の傾向が認められる．

(4) 海洋投入処分の禁止により，地域によってはし尿処理施設での受け入れ量に増加する傾向が認められた．

(5) し尿処理施設について，老朽化や処理能力不足等の課題が指摘されている．

【問題1】 メタンの地球温暖化係数は，地球温暖化対策推進法施行令第4条において「25」と定められている．これは，メタン1トン分の温室効果の強さが二酸化炭素25トン分に相当することを表している．

答　(2)

【問題2】 題意より，

河川水の存在量＝2兆〔m^3〕

年間流出量＝$4.3×10^{13}$〔m^3/年〕＝43兆〔m^3/年〕

平均滞留時間は次式で求めることができる．

$$\frac{河川の存在量〔m^3〕}{年間流出量〔m^3/年〕}=\frac{2兆〔m^3〕}{43兆〔m^3/年〕}×365〔日/年〕=16.98〔日〕$$

したがって，最も近いのは (3) 2週間である．

答　(3)

【問題3】

(2) 富栄養湖における溶存酸素は表層飽和であり，深層水では減少する．

(3) 貧栄養湖のほうが透明度は高い．

(4) 富栄養湖では珪藻類，藍藻類が多量に発生し，貧栄養湖では主として珪藻類が少量発生する．

(5) アオコは富栄養湖で発生する．

答　(1)

【問題4】 ウイルスは，DNAまたはRNAの［(5) いずれか一方］を有する．

答　(5)

【問題5】 自浄作用は，自然の作用で浄化されるものである．蓄積性のある物質が食物連鎖により生物濃縮されることは自浄作用とは異なる．

答　(3)

【問題6】 ベルヌーイの式では，「速度水頭＋位置水頭＋圧力水頭＝全水頭」が成立する．

したがって，式の第一項 $\rho=\frac{v^2}{2}$ は ［(3) 速度水頭］が適当である．

答　(3)

【問題7】精密ろ過膜では無機イオンを除去することはできず，分離対象物質としては［ア　懸濁粒子］が正しい．また，［イ　限外ろ過膜］の分離対象物としてはタンパク質が適当であり，［ウ　ナノろ過膜］は2nmより小さい粒子や二価イオンを分離できるとされている．逆浸透膜は［エ　無機イオン］を分離対象とし，浸透圧より大きな圧力を加えて分離を行うことから，操作圧力は［オ　1～10MPa］のものが必要となる．

答　(3)

【問題8】同化作用とは，摂取した栄養源を分解して新しい細胞を合成することであり，異化作用は栄養源を分解することでエネルギーを得ることである．それゆえ，(5)の生物作用は，異化作用が適当である．

答　(5)

【問題9】粒径の2乗に比例して速く沈降するので，粒子の直径が2倍になると沈降速度は4倍の24m/日となる．

答　(5)

【問題10】
(1) 原生動物の大きさは，30～100μm前後のものが多い．
(3) 原生動物は，微小後生動物に捕食される
(4) 光合成を行う下等植物の総称は藻類である．
(5) 原生動物は，水温や溶存酸素濃度，生物体に対する栄養塩の割合などの環境条件によって出現種類が異なる．負荷がきわめて高いと，匍匐型のOicomonas属が出現する．

答　(2)

【問題11】浄化槽法第1条（目的）により，「浄化槽工事業者の登録制度および浄化槽清掃業の許可制度を整備」することが正しい．

答　(2)

【問題12】法第4条第1項の規定による放流水の水質の技術上の基準は，平成17年の改正（平成18年2月施行）で定められた．

答　(1)

【問題13】イとエが誤りである．
イ．みなし浄化槽の新設は禁止されている．ただし，下水道法の事業計画により定められた予定処理区域内の者が排出するものについては，この限りでな

いとされている（浄化槽法第３条の２）.

エ．「いかなる場合でも」は誤り．みなし浄化槽について，都道府県知事はその
まま放置すれば生活環境の保全および公衆衛生上重大な支障が生ずるおそ
れのある状態にあると認められるものに対し，除却その他生活環境の保全お
よび公衆衛生上必要な措置をとるよう，助言または指導をすることができる.
また，相当の期限を定めて勧告・命令も可能となっている.

答（3）

【問題 14】イとオが誤りである.

イ．令和元年度に初めて，合併処理浄化槽の基数が単独処理浄化槽の基数を上
回った.

オ．処理対象人員 20 人以下の浄化槽が，全体の 90％以上を占めている.

答（3）

【問題 15】浄化槽管理者は，浄化槽の使用開始後３か月を経過した日から５か
月以内に，指定検査機関が行う水質検査を受けなければならない.

答（4）

【問題 16】浄化槽管理者は，当該浄化槽の使用の休止に当たって当該浄化槽の
清掃をしたときは，環境省令で定めるところにより，当該浄化槽の使用の休止
について都道府県知事に届け出ることができる（浄化槽法第 11 条の２）.す
なわち，届け出なければならないわけではない.

答（2）

【問題 17】浄化槽管理士は，浄化槽の保守点検の業務に従事する者の国家資格
として規定されているものであり，清掃の業務は含まれていない.

答（1）

【問題 18】水質に関する検査結果は，浄化槽管理者ではなく，指定検査機関が
都道府県知事に報告しなければならない（浄化槽法第７条第２）.

答（5）

【問題 19】事業場に設置されている浄化槽であっても，浄化槽汚泥は一般廃棄
物に分類される.

答（4）

【問題 20】浄化槽の清掃とは，浄化槽内に生じた汚泥，スカム等の引出し，そ
の引出し後の槽内の汚泥等の調整ならびにこれらに伴う単位装置および附属機

器類の洗浄，掃除等を行う作業をいう（浄化槽法第2条第4号）．清掃の際に引き出された汚泥は一般廃棄物に該当し，その処理は廃棄物処理法の規定に基づいて行われなければならない．

答 (5)

【問題21】 みなし浄化槽の流入BOD負荷量〔g/（人・日）〕は，水洗便所汚水の性状より次式で求められる．

$$50〔L/（人・日）〕×260〔mg/L〕＝13〔g/（人・日）〕$$

一方，浄化槽の流入BOD負荷量〔g/（人・日）〕は次式により求められる．

$$50〔L/（人・日）〕×260〔mg/L〕＋30〔L/（人・日）〕×600〔mg/L〕$$
$$＋120〔L/（人・日）〕×75〔mg/L〕＝40〔g/（人・日）〕$$

したがって，倍率は，

$$\frac{浄化槽の流入BOD負荷量}{みなし浄化槽の流入BOT負荷量}＝\frac{40}{13}≒3〔倍〕$$

答 (4)

【問題22】 飽和溶存酸素濃度は，水温が低いほど大きくなる．

答 (2)

【問題23】 （イ）と（ウ）の操作を二次処理という．

答 (3)

【問題24】 色度の除去には活性炭吸着装置が用いられる．

答 (5)

【問題25】 独立栄養細菌は，従属栄養細菌に比べて増殖速度が遅い．

答 (1)

【問題26】 滞留時間は次式で定義される．

$$T＝\frac{V}{Q}$$

ここで，

　T：生物反応槽の水理学的滞留時間〔時間または日〕

　V：生物反応槽の有効容量〔m³〕

　Q：流入汚水量〔m³/時または m³/日〕

題意より，

$$Q = \frac{50\,[\mathrm{m}^3]}{6\,[\mathrm{m}^3/時]} \times 24\,[時間] = 200\,[\mathrm{m}^3/日]$$

流入 BOD 濃度は次式により求められる.

$$流入BOD濃度 = \frac{流入BOD濃度\,[\mathrm{kg}/日]}{流入汚水量\,[\mathrm{m}^3/日]} \div 1000$$

$$= \frac{30}{200} \div 1000 = 150\,[\mathrm{mg/L}]$$

BOD 除去率が 95% であるとき, 処理水の BOD 濃度は次式により求められる.

$$150\,[\mathrm{mg/L}] \times \frac{100-95}{100} = 7.5\,[\mathrm{mg/L}]$$

答 (2)

【問題27】 幼稚園の処理対象人員は定員から算定される.

答 (3)

【問題28】 沈殿槽に用いられる設計諸元は水面積負荷であり, 沈殿槽の水面積 1 m² 当たり 1 日に流入する日平均汚水量をいう. このため, 単位は m³/(m²·日) が正しい.

答 (4)

【問題29】 荒目スクリーンにおける汚水の通過速度は, 流入時間最大汚水量に対し 0.3 ～ 0.4 m/秒程度とするのが標準である.

答 (1)

【問題30】 気温が低下する地域では, 流入管の土被りは凍結深度に合わせた深さとする. ただし, 実際には土被りを大きくすることは難しいので, 流入管の上部に保温材を巻く, あるいは透水性のよい砂などで埋め戻しを行うことが多い. コンクリートで埋め戻しを行うのは間違いである.

答 (4)

【問題31】 担体の選定に当たって, 比熱は考慮する必要がない.

答 (1)

【問題32】 ピーク係数は汚水量の時間変動の大きさを表す指標の一つで, 時間最大流入汚水量と 24 時間平均流入汚水量との比をいう. したがって, 設問の場合, ピーク係数は以下のようになる.

281〔L/時〕÷55〔L/時〕≒5.1

答 (3)

【問題33】 遊園地・海水浴場の算定式は以下のとおり.

$$n=16c$$

ここで，n：人員〔人〕

c：便器数（個）

したがって，総便器数を用いる算定方法（A）が正しい.

答 (2)

【問題34】 題意より，

$$Lr=1\,000〔人〕×200〔L/(人・日)〕×200〔mg/L〕×0.9$$
$$=36×10^6〔mg/日〕=36〔kg/日〕$$
$$Sa=100〔m^3〕×2\,500〔mg/L〕=250\,000〔mg・m^3/L〕=250〔kg〕$$

これらの数値を与えられた式に代入して，

$$O_2=0.5×36+0.07×250=18+17.5=35.5〔kg-O_2/日〕$$

答 (3)

【問題35】 汚濁負荷が高い場合の算定式を用いる建築用途には，中華料理専門店，焼肉店，洋食系料理専門店，料理の種類が未定の店舗などがある.

答 (5)

【問題36】 ブロワを二次処理装置用と兼用すると，槽内の水位の変動に伴って生物処理装置のばっ気装置や沈殿槽のエアリフトポンプなどに影響を及ぼすおそれがある.したがって，専用のブロワを設ける必要がある.

答 (1)

【問題37】 回分式活性汚泥方式の浄化槽に，沈殿槽や汚泥返送装置は不要である.

答 (2)

【問題38】 構造基準では，夾雑物の除去と貯留機能を付加させるため，ろ材の充填率は第1室がおおむね40％，第2室以降はおおむね60％と定められている.

答 (5)

【問題39】 二重スラブ式としては（4）が正しい.ちなみに，(1) はスラブ掛型，(2) は上屋掛型，(3) は開放型，(5) はビル地下型である.

答 (4)

【問題 40】 平面酸化床を撮影した写真は（4）が適当である．ちなみに，（1）は全ばっ気方式，（2）（3）（5）は散水ろ床を撮影したものである．

答 (4)

【問題 41】 寸法はミリメートル単位で記入し，単位記号を付けない．他の単位を用いる場合には単位が明示される．

答 (4)

【問題 42】 （4）の表示記号は，コンクリートまたは鉄筋コンクリートを表すものである．

答 (4)

【問題 43】 （1）以外の補助記号の正しい意味は以下のとおり．（2）直径，（3）円弧の長さ，（4）板の厚さ，（5）半径

答 (1)

【問題 44】 各図面記号の名称は以下のとおり．（1）フランジ，（2）ユニオン，（3）ベンド，（4）90°エルボ，（5）管の段違い．

（5）の図はフレキシブル継手であるから，（5）が不適当である．

答 (5)

【問題 45】 配線用遮断器は（イ）が正しい．その他の図示記号の意味は以下のとおり．（ア）ヒューズ，（ウ）変圧器，（エ）変流器，（オ）サーマルリレー．

答 (2)

【問題 46】 放流ポンプ槽は消毒後の処理水が自然流下で放流できない場合に設ける．

（2）記述は消毒槽の機能である．

（3）流量調整槽がこの役割を果たす．

（4）放流ポンプ槽に処理水を滞留させる意味はない．

（5）放流ポンプ槽に処理水質を安定化させる効果はない．

答 (1)

【問題 47】 水張りには，埋め戻し土の量を軽減する効果はない．

答 (5)

【問題 48】 PC ぐいは，RC ぐいよりも曲げモーメントへの抵抗力が大きい．

答 (1)

【問題 49】 通常の土圧の場合，断面図左側は (2) (3) (4) のような土圧がかかる．このため (1) と (5) は不適当である．

(2) は，断面図右側の崖下に，通常の数倍にもなる土圧が表現されていない．また，(3) は埋設深さに関係なく均等に土圧がかかっているように表現されている．したがって，(2) と (3) も不適当である．

以上より，(4) が適当である．

答 (4)

【問題 50】 まず，地盤を強固にするため割栗石を敷いて突き固める．次に，割栗石の隙間に目潰し用の砂利を敷きつめ，さらに突き固める．その後に施工する捨てコンクリートは強度的な意味はないが，墨出しを行うために必要であり，掘り過ぎた高さの調整もこれで行う．

答 (2)

【問題 51】 ばっ気槽の槽内水は活性汚泥混合液であるため，透視度の測定はほぼ不可能である．なお，ばっ気槽の活性汚泥濃度が増加した場合，沈殿槽から余剰汚泥として汚泥濃縮して貯留設備へ移送し，濃縮後に，清掃を実施する．

答 (3)

【問題 52】 処理水槽の水位が下がる場合は循環水量が過大である可能性が高く，固形物が二次処理装置へ逆流することは考えにくい．

答 (5)

【問題 53】 急速撹拌槽では，二次処理水と凝集剤，pH 調整剤が十分に混合されているかを点検する．フロックの形成状況の確認は，緩速撹拌槽で行う．

答 (3)

【問題 54】 ばっ気沈砂槽以降の単位装置に土砂が堆積している場合は，土砂の沈殿分離が不十分なため流出していると考えられるので，空気供給量を減らして，ばっ気沈砂槽内の撹拌流速を低下させる必要がある．

答 (1)

【問題 55】 ばっ気強度が過大である場合，接触材に生物が付着しにくくなるため，閉塞する原因としては不適当である．

答 (5)

【問題 56】 汚泥の色は酸化の程度を表しており，以下に示すような傾向がある．

色　相	茶褐色　白っぽい　灰褐色　黒褐色
DO の程度	適量 → 微量 ───────→ 嫌気(0 mg/L)

答（1）

【問題 57】 流量調整槽で撹拌装置の故障が発生した場合には，異常な臭気の発生や底部への汚泥堆積，スカム発生の原因となる．しかし，水位上昇の原因としては不適当である．

答（1）

【問題 58】 保守点検作業には，電源ランプの確認，警報ランプの確認，定期的な鉄電極の交換がある．中でも鉄電極は，鉄イオンが溶出することによって常時減耗していくので，定期的な交換が欠かせない．なお，電極表面に酸化膜が発生するのを防止するため，極性転換を１日に１回行う機構となっている．

答（5）

【問題 59】 保守点検の技術上の基準で以下のように規定されており，回転板接触槽の記述はない．

　七　接触ばっ気室または接触ばっ気槽，硝化用接触槽，脱窒用接触槽および再ばっ気槽にあっては，溶存酸素量が適正に保持されるようにし，および死水域が生じないようにすること．

　八　ばっ気タンク，ばっ気室またはばっ気槽，流路，硝化槽および脱窒槽にあっては，溶存酸素量および混合液浮遊物質濃度が適正に保持されるようにすること．

答（2）

【問題 60】 保守点検の技術上の基準では，「死水域が生じないようにし，および［(5) 異常な水位の上昇が生じないよう］にすること」となっており，(5) が不適当である．

答（5）

【問題 61】 常用ポンプの起動・停止の水位は，一般に 15 〜 20 cm 程度にする．

答（5）

【問題 62】 一般に，無機系塩素剤は有効塩素量が少なく（50 〜 70％程度），有機系塩素剤は有効塩素量が多い（70 〜 90％）．

答（2）

【問題 63】 メタノール必要添加量は，以下のように算出する．

BOD/N 比が 3 になるように BOD 源を添加する場合，必要な全 BOD 量は，

$100〔m^3/日〕× (100 - 20)〔mg/L〕×10^{-3}×3＝24〔kg/日〕$

このうち，流入 BOD 量は，

$100〔m^3/日〕×200〔mg/L〕×10^{-3}＝20〔kg/日〕$

したがって，必要な添加 BOD 量は，

$24 - 20＝4〔kg/日〕$

添加するメタノール溶液 1 L は BOD 量 0.32 kg に相当するので，

$4〔kg/日〕÷0.32〔kg/L〕＝12.5〔L/日〕$

答 (2)

【問題 64】 浄化槽が新設された場合，竣工検査に合格すれば浄化槽管理者に引き渡されるが，このまま運転しても差し支えない状況になっているかどうかの事前確認が必要である．そのためには，使用開始直前の保守点検を行い，その結果によって使用を開始することができるかどうかを決めなければならない．

答 (1)

【問題 65】 流入汚水量 100 m³ 当たり 0.4 m³ の汚泥を系外に搬出しているので，日平均汚水量が 200 m³/日の場合，0.8 m³/日の汚泥を搬出していることになる．汚泥濃縮槽で 2 倍に濃縮されているため，1 週間当たりの余剰汚泥移送量は以下のように算出できる．

$0.8〔m^3/日〕× 2〔倍〕× 7〔日/週〕＝11.2〔m^3/週〕$

答 (4)

【問題 66】 配管内に停滞した異物を掃除するときには，浄化槽に流入しないように注意が必要である．

答 (1)

【問題 67】 塩素消費量が増加する水質項目は処理水中の被酸化物質であるから，窒素化合物が酸化されて生じた最終生成物である硝酸性窒素は不適当である．

答 (3)

【問題 68】 ジシクロペンタジエンは〔(4) 耐衝撃性に優れる〕とされている．

答 (4)

【問題 69】 コンクリートは，〔(4) 水酸化カルシウム〕の生成によって生じる毛管空隙などのため透水性がある．

答 (4)

【問題70】赤外線ランプやヒーターで加熱して硬化を速めても，強度は低下しない．

答（5）

【問題71】Aは主軸を支えるものなので「軸受」が適当である．「メカニカルシール」は回転側と固定側の間の動きを妨げることなく水漏れを制限する装置であり，Bが適当である．Cは液体を揚水するためのものであり「羽根車」が適当である．

答（4）

【問題72】浄化槽に接続する流入管と放流管には，硬質塩化ビニル管（PVC），鉄筋コンクリート管などの不透水性の円形管や卵形管を使用するのが望ましい．

答（3）

【問題73】接触ばっ気槽第1室の処理機能が悪化した場合，さまざまな原因が考えられるが，流路を第2室から第1室に順番を切り替えても処理機能が改善されることはない．また，第2室から沈殿槽に移流しているため，流路を切り替えること自体が困難である．処理機能が悪化した原因を調べ，状況に応じた対策（空気量の調整や逆洗など）を実施する必要がある．

答（1）

【問題74】シリンダー内で脱窒現象によって発生した窒素ガスによって浮上したものと考えられ，ばっ気槽内で硝化反応が進行していると考えられる．

答（1）

【問題75】流入汚水量が多い10時の時間帯に，接触ばっ気槽内水と同程度の透視度の処理水が流出していることから，接触ばっ気槽内水の浮遊物質量が多いと考えられる．

答（5）

【問題76】（3）以外は，原因として適当である．ばっ気室より沈殿分離室に活性汚泥が自然移送されていないことは，MLSSが上昇しない原因としては不適当である．

答（3）

【問題77】 硫化水素は空気よりも重い気体である．このため，空間の底部に滞留する傾向がある．

答 (2)

【問題78】 ジクロルボス樹脂蒸散剤は，浄化槽の槽内水中の微生物に影響を与えることなく，3か月近くにわたって成虫を駆除することが可能である．

答 (3)

【問題79】 水平感染とは感染源（人や物）から周囲に広がるもので，接触感染，飛沫感染，空気感染，媒介物感染の四つに大きく分類される．

- ［ア　接触感染］は感染者（源）に接触して感染するもの
- ［イ　媒介物感染］は汚染された水，食品，血液などを介して感染するもの
- 空気感染は［ウ　空気中を漂う微細な粒子（飛沫核）を吸い込む］ことにより感染するもの
- 飛沫感染の主な事例として，［エ　インフルエンザ，かぜ］などがある
- 媒介動物感染の主な事例として，蚊を介して感染する［オ　日本脳炎］などがある

答 (3)

【問題80】 沈殿槽では，蓄積した汚泥あるいはスカムが嫌気性微生物により分解され，臭気物質が生成される場合がある．

答 (5)

【問題81】

(1) 総アルカリ度は，水中に含まれる炭酸塩，炭酸水素塩，水酸化物などのアルカリ成分すべてを，これと当量の炭酸カルシウム（$CaCO_3$）〔mg/L〕で表したものである．

(3) 大腸菌群は一般的に非病原性ではあるが，病原性のものも存在する．

(4) SS測定は，粒子径2mm以下の物質を定量するものであり，ガラス繊維ろ紙法と遠心分離法がある．

(5) 生し尿中には，炭酸アンモニウムなどの形で2 000〜4 000 mg/L程度含まれている．

答 (2)

【問題82】 現場測定項目には，気温，水温，透視度，pH，DO，残留塩素，SV_{30} があり，試料採取後直ちに測定しなければならない（DOをウインクラー

アジ化ナトリウム変法で測定する場合には，固定操作を行い冷蔵することで保存が可能となる）．

　したがって，最も適当な組み合わせは（4）ア，イ，ウ，オである．

答（4）

【問題83】

(1) 水質評価の内容として，処理水質が基準値を満足しているか否かの判定と，施設の処理機能が正常に作動しているかを判定することに大別される．

(2) 環境省関係浄化槽法施行規則により，放流水のBOD濃度20 mg/L以下，BOD除去率90%以上と規定されている．BODの評価が最低限必要であり，これ以外の項目の評価が必要な場合もある．

(4) ばっ気槽中の溶存酸素濃度は，ばっ気によって供給された酸素のうち，BOD除去と生物の呼吸によって消費されたもの以外の残存したものといえる．

(5) 塩化物イオンは各種の処理工程において除去されないため，浄化槽に流入したものはそのままの状態で流出する．みなし浄化槽では，希釈倍率により流入状況を把握するための指標として有効といえる．

答（3）

【問題84】
ばっ気槽内の活性汚泥は，本来ならば均一濃度になっているはずである．しかしながら，撹拌が十分に行われていないなど，槽内で濃度差が生じていることもあるため，異なる数か所から採取して混合する．

答（3）

【問題85】
希釈倍率は，次式によって算出する．

$$希釈倍率 = \frac{（し尿のCl^{-} - 洗浄水のCl^{-}濃度）〔mg/L〕}{（放流水のCl^{-}濃度 - 洗浄水のCl^{-}濃度）〔mg/L〕}$$

$$= \frac{5\,500 - 100}{250 - 100} = \frac{5\,400}{150} = 36〔倍〕$$

答（4）

【問題86】
ヘキサン抽出物質はガラスびんを試料容器として用いる．なお，pH，SS，BOD，全窒素は，ガラスびんまたはポリエチレンびんのどちらを用いてもよい．

答（2）

【問題87】排水路の外観は長期的な情報を与えてくれるもので，排水路底部に
ミズワタの群体がある場合やヘドロが堆積している場合は，処理機能の低下な
どが推定される．

答 (2)

【問題88】移動平均はデータの変化の傾向をつかみやすくするものであり，細
かい変化は読み取れないため，バラツキの時間変動の把握には不適当である．

答 (1)

【問題89】BOD 測定の際に硝化抑制剤（ATU：アリルチオ尿素）を添加する
ことにより，硝化を抑えて測定することができる．この方法によって，測定さ
れた BOD を ATU–BOD といい，有機物質を主とした BOD として扱う．この
ため，ATU–BOD は BOD より低い値を示す．

答 (3)

【問題90】実際の浄化槽では，1 L のメスシリンダーを用いた場合よりも沈降
速度が速いため，SV_{30} が高く，メスシリンダー内で上澄み水があまり得られ
ない場合でも，実際の浄化槽では十分な上澄み水が得られていることもある．
このため，沈殿槽などの汚泥界面の高さとの関係を把握する必要がある．

答 (4)

【問題91】スロット型沈殿室の清掃の方法は，汚泥やスカムなどの適正量の引
き出しが正しい．

答 (1)

【問題92】ばっ気室に残す混合液量を x〔m³〕とすると次の関係式が成り立つ．

　　0.45〔m³〕$: x$〔m³〕$= 70$〔％〕$: 10$〔％〕

　これを x について解くと，

　　$x = 0.064$〔m³〕

　ばっ気室からの汚泥引き出し量〔m³〕は次式によって算出する．

　　$0.45 - 0.064 = 0.386 \fallingdotseq 0.4$〔m³〕

答 (4)

【問題93】夾雑物除去槽では，水道水などを用いて水張りを行う．

答 (4)

【問題94】使用の休止に当たっては，槽内の洗浄に使用した水は引き出し，張
り水として再使用しないこととされている．

答 (5)

【問題 95】保守点検の結果から清掃時期が判断されるため，浄化槽の保守点検業者が適当である．

答 (5)

【問題 96】清掃の記録票に，清掃後の放流水の DO を記載する必要はない．

答 (2)

【問題 97】汚泥貯留槽の汚泥，スカム，中間水などの引き出しは全量とし，水張りは行わない．

答 (2)

【問題 98】まず，3 種類の汚泥質量〔g〕を算出する．貯留汚泥の質量は，

$20\,000〔mg/L〕× 4〔m^3〕＝80\,000〔mg·m^3/L〕＝80\,000〔g〕$

洗浄排水の SS 濃度を x〔mg/L〕とすると，洗浄排水に含まれる汚泥質量は，

$x〔mg/L〕× 1〔m^3〕＝x〔mg·m^3/L〕＝x〔g〕$

バキュームタンクの汚泥質量は，

$18\,000〔mg/L〕× 5〔m^3〕＝90\,000〔mg·m^3/L〕＝90\,000〔g〕$

「貯留汚泥＋洗浄排水＝バキュームタンク」の関係であるから，

$80\,000＋x＝90\,000〔g〕$

$x＝10\,000〔g〕$

したがって，洗浄排水の SS 濃度は

$10\,000〔g〕÷ 1〔m^3〕＝10\,000〔g/m^3〕＝10\,000〔mg/L〕$

答 (4)

【問題 99】清掃の技術上の基準に，以下のように定められている．

「槽内の洗浄に使用した水は，引き出すこと．ただし，嫌気ろ床槽，脱窒ろ床槽，消毒タンク，消毒室または消毒槽以外の部分の洗浄に使用した水は，一次処理装置，二階タンク，腐敗室または沈殿分離タンク，沈殿分離室もしくは沈殿分離槽の張り水として使用することができる.」

答 (1)

【問題 100】し尿処理施設に搬入される浄化槽汚泥の量は，くみ取りし尿に比べて多い．

答 (2)

午前
- 浄化槽概論
- 浄化槽行政
- 浄化槽の構造及び機能
- 浄化槽工事概論

問題1 水循環と水資源に関する次の文章中の［ ア ］〜［ エ ］に入る語句の組み合わせとして，最も適当なものはどれか．

　地球上の水は，降水と［　ア　］を繰り返しながら循環している．地球上の年降水総量は約577千km³/年であるが，このうちの約21%が［　イ　］に降る．国土面積に年平均降水量（mm/年）を乗じた値を［　ウ　］で除した我が国の値は，世界平均よりも［　エ　］．

	ア	イ	ウ	エ
(1)	蒸発散	陸地	全人口	少ない
(2)	潮流	海洋	人口密度	少ない
(3)	蒸発散	海洋	人口密度	多い
(4)	潮流	海洋	全人口	多い
(5)	蒸発散	陸地	全人口	多い

問題2 次の文章中の［　　　］内の語句のうち，最も不適当なものはどれか．

　河川や湖沼等の水環境に排出された汚濁物質は，［(1) 希釈］，拡散及び沈殿等の［(2) 物理的］作用によりその濃度が低下するとともに，生物学的あるいは［(3) 化学的］作用を受けて分解され，徐々に［(4) 無機化］や安定化が起こる．このような現象を［(5) 生物濃縮］という．

問題3 機能が十分に発揮されていない浄化槽の放流水が, 放流先の水域に与える影響として, 最も不適当なものは次のうちどれか.
(1) 重金属による魚介類の汚染
(2) 大腸菌群数の増加
(3) トリハロメタン生成能の増加
(4) 有機物質による汚濁の進行
(5) 閉鎖性水域における富栄養化

問題4 流量 10 000 m³/日, BOD 1 mg/L の河川に, 1 000 m³/日の浄化槽処理水を放流し, 混合後の河川水の BOD を 2 mg/L 以下に保つための処理水 BOD の最大値 (mg/L) として, 正しい値は次のうちどれか.
　ただし, 浄化槽処理水は河川に放流された直後に, 河川水と完全に混合されるものとする.
(1) 　1
(2) 　6
(3) 　8
(4) 　10
(5) 　12

問題5 次の文章中の [　　] 内の語句のうち, 最も不適当なものはどれか.
　生態系における生物は, 生産者, 消費者, 分解者に大別される. 生産者としては, [(1) 光合成] による有機物質生産を担う植物がその代表である. 消費者は, 動物にみられるように, 生産者が生産した有機物質を炭素源及び [(2) エネルギー源] 等として利用する. 分解者は, 死んだ生命体や排出物を分解して [(3) 無機化] する役割をはたしている. 分解者の代表的なものとしては, 細菌や [(4) ウイルス] があげられる. また, [(5) ミミズ] などの土壌生物も有機物質の分解に寄与している.

問題6 損失水頭に関する次の文章中の [　　] 内の語句のうち, 最も不適当なものはどれか.

[115]

水面の高さに差のある二つの水槽をパイプで結ぶと，水面の高い水槽から低い水槽へ向かって水が流れる．一定時間，定常状態が継続すると仮定すると，二つの水槽の水位差に相当する［(1) 水頭の損失］が生じていることになる．これは，管への流入，［(2) 管壁での摩擦］及び管からの流出等によって生じたものである．二つの水槽の水位差が大きいほど管を流れる流速は［(3) 大きく］なることから，損失水頭は［(4) 大きく］なる．また，水槽を結ぶパイプが太いほど損失水頭が［(5) 大きく］なる．

問題7 生活排水中に排出される可能性のあるものを，BOD濃度が高い順に並べた場合，最も適当な組み合わせは次のうちどれか．

問題8 生物学的窒素除去において生じる硝化と脱窒に関する次の記述のうち，最も不適当なものはどれか．
(1) アンモニア性窒素は，酸化されると亜硝酸性窒素あるいは硝酸性窒素になる．
(2) 硝化細菌は，一般的な従属栄養細菌よりも増殖速度が小さい．
(3) 硝化細菌は，通常，嫌気条件下では増殖しない．
(4) 脱窒には，水素供与体が必要である．
(5) 脱窒とは，通常，脱窒細菌によってアンモニア性窒素が菌体内に取り込まれて除去されることをいう．

問題9 塩素消毒に関連する反応式として，最も不適当なものは次のうちどれか．
(1) Cl_2 + H_2O $\leftrightarrows$ $HClO$ + HCl

(2) HClO $\leftrightarrows$ H$^+$ + Cl + O$^-$

(3) NH$_4$$^+$ + HClO → NH$_2$Cl + H$_2$O + H$^+$

(4) NH$_2$Cl + HClO → NHCl$_2$ + H$_2$O

(5) NHCl$_2$ + HClO → NCl$_3$ + H$_2$O

問題 10 メタン生成反応を簡略に示すと，以下の反応式のようにグルコースからバイオガス（CH$_4$ と CO$_2$ の混合気体）が生成される．9 g のグルコースから生成されるメタンの量（g）として，正しい値は次のうちどれか．

ただし，H，C，O の原子量は，それぞれ 1，12，16 とする．

$$C_6H_{12}O_6 \rightarrow 3CH_4 + 3CO_2$$

(1) 1.2

(2) 2.4

(3) 3.6

(4) 4.8

(5) 6.0

問題 11 浄化槽法の目的に関する次の文章中の [ ] 内の記述のうち，誤っているものはどれか．

この法律は，[(1) 浄化槽の構造]，保守点検，清掃及び製造について規制するとともに，浄化槽工事業者の登録制度及び [(2) 浄化槽清掃業の許可制度] を整備し，浄化槽設備士及び浄化槽管理士の [(3) 資格] を定めること等により，公共用水域等の水質の保全等の観点から浄化槽による [(4) し尿及び雑排水] の適正な処理を図り，もって [(5) 生活環境の保全] 及び公衆衛生の向上に寄与することを目的とする．

問題 12 浄化槽法の制定及び改正の経緯に関する次の文章中の [ ] 内の記述のうち，誤っているものはどれか．

浄化槽法の制定以前，構造については [(1) 建築基準法] により，維持管理（保守点検，清掃）については，[(2) 廃棄物の処理及び清掃に関する

法律］によって規制されていた．また，設置等の手続きについては両法によるなど，制度の体系がきわめて複雑なものとなっていた．こうした状況を受けて，一元的に規制・強化することなどを目指し，昭和58年に浄化槽法が成立した．

平成12年には，[(3) 単独処理浄化槽の新設を原則禁止] とする改正が行われた．

平成17年には，浄化槽法の目的に，公共用水域等の水質保全が明記され，[(4) 放流水の水質に係る基準の創設] や適正な [(5) 工事] を確保するための監督規定の強化が行われた．

令和元年には，既存の単独処理浄化槽から浄化槽に転換を促す措置や浄化槽台帳の整備等の浄化槽普及と管理の強化を目指す改正が行われた．

問題13 浄化槽法で定められている型式認定に関する次の記述のうち，正しいものはどれか．
- (1) 工場において試験的に製造される浄化槽は，型式認定が必要である．
- (2) 国土交通大臣が定めた構造方法を用いる浄化槽は，型式認定が不要である．
- (3) 型式認定は，国土交通大臣の認定を受ければよく，環境大臣の認定は不要である．
- (4) 型式認定の有効期間は，処理方式や処理対象人員によって異なる．
- (5) 製造業者は，型式認定取得後1年以内に，浄化槽に一定の表示を付さなければならない．

問題14 浄化槽工事に関する次の記述のうち，正しいものはどれか．
- (1) 浄化槽工事は，条例で定める浄化槽工事の技術上の基準に従って行わなければならない．
- (2) 浄化槽工事を営もうとする者は，業を営む区域を管轄する都道府県知事の登録を受けなければならない．
- (3) 浄化槽工事業者は，営業所ごとに浄化槽管理士を置かなければならない．

(4) 浄化槽工事業の登録の有効期限は10年である.

(5) 建設業法に基づく土木工事業,建築工事業または水道施設工事業の許可を受けている建設業者は,都道府県知事への届出により,浄化槽工事業を行うことができる.

問題 15 浄化槽管理士及び浄化槽設備士に関する次の記述のうち,誤っているものはどれか.

(1) 浄化槽設備士は,浄化槽工事を実地に監督する者の資格である.

(2) 浄化槽管理士は,浄化槽の保守点検及び清掃の業務に従事する者の資格である.

(3) 浄化槽設備士講習では,管工事施工管理に係る技術検定に合格していることが受講資格となっている.

(4) 浄化槽管理士講習では,受講資格として特別な要件の定めはない.

(5) 浄化槽設備士は,その職務を行うときは,国土交通省令で定める浄化槽設備士証を携帯していなければならない.

問題 16 浄化槽の保守点検の記録に関する次の文章中の [ア] ～ [ウ] に入る語句の組み合わせとして,正しいものはどれか.

浄化槽管理者は,自ら保守点検を行った場合においてその記録を [ア] 年間保存しなければならない.

また,委託した場合は,委託を受けた者が記録を2部作成し,1部を [イ] に対して交付し,1部を自ら [ウ] 年間保存しなければならない.

なお,交付を受けた [イ] は,その記録を [ウ] 年間保存しなければならない.

	ア	イ	ウ
(1)	3	都道府県知事	3
(2)	3	浄化槽管理者	3
(3)	5	都道府県知事	3
(4)	5	浄化槽管理者	5
(5)	5	都道府県知事	5

問題17 浄化槽の清掃に関する次の記述のうち，誤っているものはどれか．

(1) 浄化槽内に生じた汚泥やスカムを引き出した後に，し尿処理施設に運搬する行為も，浄化槽の清掃に含まれる．

(2) 浄化槽の清掃の技術上の基準は，環境省令で定められている．

(3) 浄化槽管理者が自ら浄化槽を清掃する場合においても，浄化槽の清掃の技術上の基準に従う必要がある．

(4) 全ばっ気方式の浄化槽は，環境省令で清掃の回数の特例が定められている．

(5) 浄化槽の清掃を受託した者は，清掃の記録を3年間保存しなければならない．

問題18 保健所を設置する市の市長の職務として，誤っているものは次のうちどれか．

(1) 指定検査機関の指定

(2) 浄化槽清掃業の許可

(3) 浄化槽保守点検業の登録

(4) 浄化槽清掃業者に対する改善命令

(5) 浄化槽の設置届の受理

問題19 浄化槽の水質に関する検査についての次の記述のうち，誤っているものはどれか．

(1) 新たに設置された浄化槽は，使用開始後3か月を経過した日から5か月以内に水質に関する検査を受けなければならない．

(2) 浄化槽管理者が自ら保守点検を実施している浄化槽においても，水質に関する検査を受けなければならない．

(3) 水質に関する検査の項目，方法その他必要な事項は，環境大臣が定める．

(4) 浄化槽管理者は，定期検査に係る手続きを，当該浄化槽を設置する浄化槽工事業者に委託することができる．

(5) 水質検査の項目には，透視度や生物化学的酸素要求量が含まれる．

問題20 一般廃棄物処理計画に関する次の記述のうち，誤っているものはどれか.

(1) 一般廃棄物処理計画は，都道府県がその区域内について定める.

(2) 一般廃棄物処理計画は，廃棄物の処理及び清掃に関する法律に基づき策定する.

(3) 一般廃棄物処理計画は，ごみに関する計画と生活排水に関する計画から構成される.

(4) 生活排水処理基本計画には，下水道で処理する区域及び人口等についても，浄化槽等と併せて記述する.

(5) 生活排水処理基本計画には，住民に対する広報・啓発活動に関することも含まれる.

問題21 図Aは，流入汚水量Q，容量Vの反応槽のフローシートで，この滞留時間をTとする. 下に示すフローシートのうち，それぞれの反応槽における滞留時間の合計が3Tとなるものとして，正しいものはどれか.

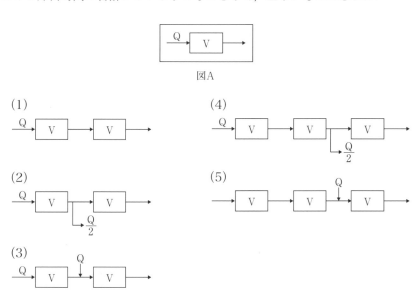

図A

標準活性汚泥方式と長時間ばっ気方式の特徴を比較した次の表のうち，最も不適当な項目はどれか.

	項　目	標準活性汚泥方式	長時間ばっ気方式
(1)	BOD 容積負荷	大きい	小さい
(2)	ばっ気時間	短い	長い
(3)	汚泥返送率	小さい	大きい
(4)	汚水量に対する送風量	少ない	多い
(5)	余剰汚泥生成量	少ない	多い

問題 23 槽内の混合特性に関する次の記述のうち, 最も適当なものはどれか.
(1) 流れに垂直な断面全体で流速が一様な流れを完全混合流という.
(2) 槽内全体で非常に混合が激しく，濃度が均一になるような流れをピストン流あるいはプラグ流や押し出し流という.
(3) 槽内に死水域があれば，実滞留時間は短くなる.
(4) 押し出し流では，入口にトレーサーを投入した瞬間に流出側でトレーサーが検出される.
(5) 完全混合流では，入口に投入したトレーサーは滞留時間が経過した時点ですべて流出する.

問題 24 活性汚泥を入れた反応槽に，1.8 g のブドウ糖（$C_6H_{12}O_6$）を投入して分解させた. 80% のブドウ糖が分解され，そのうちの 80% が炭酸ガス（CO_2）まで分解されるとき，炭酸ガスの発生量（g）として，長も近い値は次のうちどれか.

ただし，ブドウ糖と炭酸ガスの分子量はそれぞれ 180, 44, また, 炭素の原子量は 12 とする.
(1) 1.0
(2) 1.5
(3) 1.7
(4) 2.0
(5) 2.5

問題25 活性汚泥法と生物膜法の特徴を比較した次の表のうち，最も不適当な項目はどれか．

	項　目	活性汚泥法	生物膜法
(1)	増殖速度の遅い微生物	生息しにくい	生息しやすい
(2)	微小後生動物	生息しにくい	生息しやすい
(3)	生物量の制御	制御しやすい	制御しにくい
(4)	低濃度汚水の処理	対応が可能	対応が困難
(5)	発生汚泥量	比較的多い	比較的少ない

問題26 下図のエアリフトポンプにおいて，揚水量 Q，ポンプに吹き込む必要空気量 Qa，揚程 H，浸水深さ Hs，全損失水頭 hl とすると，下記の関係式が成り立つ．このエアリフトポンプの特性に関する次の記述のうち，誤っているものはどれか．

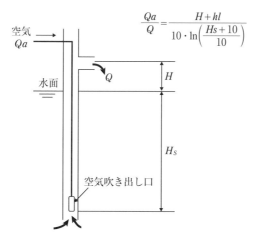

$$\frac{Qa}{Q} = \frac{H + hl}{10 \cdot \ln\left(\frac{Hs + 10}{10}\right)}$$

(1) $\dfrac{Qa}{Q}$ は，空気量と揚水量の比である．

(2) $(H + hl)$ が一定の場合，Hs が増加すると $\dfrac{Qa}{Q}$ は減少する．

(3) Hs と Q が一定の場合，H を増加させるには Qa を増加させる必要がある．

(4) Q と $(H+hl)$ が一定の場合，Hs が減少すると，Qa も減少する．

(5) Qa が一定の場合，このエアリフトポンプが設けられた槽内水位が低下すると，Q も減少する．

問題 27 戸建て住宅から排出される標準的な汚水の水量・水質に係る数値として，最も不適当なものは次のうちどれか．ただし，濃度に関しては日間平均値とする．

(1) 汚水の BOD 負荷量　　　：　40 g/(人・日)

(2) 汚水の BOD 濃度　　　　：200 mg/L

(3) 汚水量　　　　　　　　　：200 L/(人・日)

(4) 水洗便所汚水の BOD 負荷量：　13 g/(人・日)

(5) 台所排水の BOD 濃度　　　：260 mg/L

問題 28 浄化槽に前置された油脂分離槽に関する次の記述のうち，最も不適当なものはどれか．

(1) 油脂が多い汚水を排出すると考えられる建築物の用途は，ファーストフード店，焼き肉店，ラーメン店等である．

(2) 浄化槽に多量の油脂が流入すると，BOD 負荷量の増大及び設備類への付着による機能低下が生じる．

(3) 浄化槽に多量の油脂が流入すると，酸素溶解効率の低下が起こり，処理水質が悪化する．

(4) 油脂分離槽には，通常，浮上分離等の重力分離を原理とした装置が用いられる．

(5) 油脂分離槽で分離された油脂の分解を目的として，油脂分離槽内をばっ気する．

問題 29 凝集分離法に関する次の記述のうち，最も不適当なものはどれか．

(1) アルミニウムイオンとアルカリ度が反応するため，リン除去には理論必要量以上のアルミニウムが必要である．

(2) 生物処理水中のアルカリ分の大部分は，ナトリウムイオンと推測され

ている．

(3) 注入濃度当たりのアルカリ度の消費量は，硫酸アルミニウムよりもPAC（ポリ塩化アルミニウム）の方が少ない．

(4) 無機凝集剤（陽イオン）を添加することにより，水中で負に帯電して互いに反発し合って分散している微細な粒子は，フロックを形成する．

(5) オルトリン酸を含む水に消石灰を加えると，結晶物質であるヒドロキシアパタイトが形成される．

問題 30 マンホール及びマンホール蓋に関する次の記述のうち，最も不適当なものはどれか．

(1) 槽の天井部分には，保守点検や清掃，装置の補修交換が容易かつ安全にできる大きさと数のマンホール及び密閉できる蓋を設ける必要がある．

(2) マンホールの大きさは，処理対象人員にかかわらず，内接する円の直径が 60 cm 以上と規定されている．

(3) マンホール蓋の材質としては，球状黒鉛鋳鉄，ねずみ鋳鉄，ポリエステル・レジン・コンクリートが用いられている．

(4) 蓋が軽量の場合は，槽内への転落等の事故防止のため，回転ロック式または施錠装置付きの構造とする必要がある．

(5) マンホール蓋は，保守点検時に容易に持ち上げることができる必要があるため，1 枚当たりの重量は 15 kg 以下が望ましい．

問題 31 以下の4枚の写真は，嫌気ろ床と担体流動及び生物ろ過を組み合わせた方式の各単位装置に充填されているろ材や担体を撮影したものである．単位装置とろ材あるいは担体の組み合わせとして，最も適当なものは次のうちどれか．

写真1

大きさ：φ165 mm
比表面積：60 m²/m³

写真2

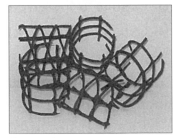

大きさ：φ75 mm×L75 mm
比表面積：63 m²/m³

写真3

大きさ：φ15〜20 mm×L15 mm
比表面積：60 m²/m³

写真4

大きさ：φ15〜20 mm×L15 mm
比表面積：950 m²/m³

	嫌気ろ床槽 第1室のろ材	嫌気ろ床槽 第2室のろ材	担体流動部 の担体	生物ろ過部 の担体
(1)	写真1	写真3	写真2	写真4
(2)	写真1	写真2	写真4	写真3
(3)	写真2	写真1	写真3	写真4
(4)	写真2	写真3	写真4	写真1
(5)	写真3	写真4	写真2	写真1

問題32 構造基準（建設省告示第1292号，最終改正平成18年1月国土交通省告示第154号に定める構造方法）に定める嫌気ろ床槽に関する次の記述のうち，最も不適当なものはどれか．

(1) 有効容量は，処理対象人員から求める．

(2) 2室に区分する場合，有効容量は第2室より第1室を大きくする．

(3) 2室に区分する場合，ろ材充填率は第2室より第1室を大きくする．

(4) ろ床の汚泥捕捉性の強弱によって，ろ材の充填位置を変える必要がある．

(5) 一般にろ床洗浄装置（逆洗装置）は設けられていない．

問題 33 浄化槽における金属の腐食に関する①～③の説明について，正誤の組み合わせが正しいものは次のうちどれか．

① 浄化槽で腐食しやすい部分は，水に接したり，発生するガスに触れたりする部分がすべて該当する．

② 汚泥貯留部で有機物質の嫌気性分解に伴って発生するメタンガスは腐食性の強いガスである．

③ 消毒装置から発生する塩素ガスは腐食性の強いガスである．

	①	②	③
(1)	正	正	正
(2)	正	誤	誤
(3)	正	誤	正
(4)	誤	正	正
(5)	誤	誤	正

問題 34 接触ばっ気槽において，ばっ気撹拌によって汚水と生物膜を効果的に接触させるため考慮すべき項目として，最も不適当なものは次のうちどれか．

(1) 接触材受け面から槽底部までの距離

(2) 接触材のピッチ

(3) 水かぶり

(4) 散気装置の位置

(5) 接触材の比重

問題 35 構造基準（建設省告示第1292号，最終改正平成18年1月国土交通省告示第154号に定める構造方法）に定める告示第1第三号（脱窒ろ床接触ばっ気方式）の処理対象人員31～50人のフローシートとして，正しいものは次のうちどれか．

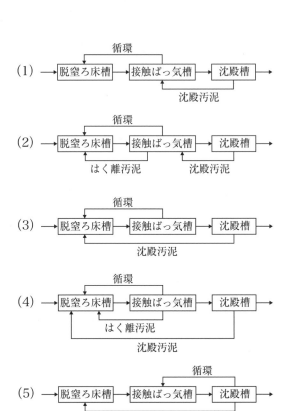

(1) → 脱窒ろ床槽 → 接触ばっ気槽 → 沈殿槽 →
　　　　　　循環（脱窒ろ床槽←接触ばっ気槽）
　　　　　　沈殿汚泥

(2) → 脱窒ろ床槽 → 接触ばっ気槽 → 沈殿槽 →
　　　　　　循環
　　　　　　はく離汚泥　　沈殿汚泥

(3) → 脱窒ろ床槽 → 接触ばっ気槽 → 沈殿槽 →
　　　　　　循環
　　　　　　沈殿汚泥

(4) → 脱窒ろ床槽 → 接触ばっ気槽 → 沈殿槽 →
　　　　　　循環
　　　　　　はく離汚泥
　　　　　　沈殿汚泥

(5) → 脱窒ろ床槽 → 接触ばっ気槽 → 沈殿槽 →
　　　　　　　　　　　　循環
　　　　　　沈殿汚泥

問題 36 以下の３枚の写真は，嫌気ろ床と生物ろ過を組み合わせた方式の浄化槽の各マンホールから槽内を撮影したものである．流入側から放流側に向かって順に並べた場合，最も適当な組み合わせは次のうちどれか．

写真１	写真２	写真３
	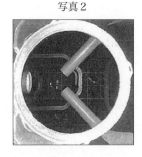	

流入側 ——————————→ 放流側

(1) 写真1 　　　写真2 　　　写真3
(2) 写真1 　　　写真3 　　　写真2
(3) 写真2 　　　写真1 　　　写真3
(4) 写真2 　　　写真3 　　　写真1
(5) 写真3 　　　写真2 　　　写真1

問題37 小型浄化槽における薬剤筒に関する次の記述のうち，最も不適当なものはどれか．

(1) 薬剤筒の容量は，点検頻度に見合った期間，消毒剤が保持できる大きさとする．

(2) 薬剤の保持期間に，薬剤筒上部の消毒剤が順次下部に送られる形状とする．

(3) スリット状の開口部は，消毒剤が流出しない程度まで，できるだけ広くする．

(4) 薬剤筒の支持は，薬剤筒を垂直にしっかり固定するとともに，薬剤筒の脱着が容易かつ確実にできる方法及び設置位置とする．

(5) 薬剤筒の材質は，耐食性，耐久性の優れたものとする．

問題38 浄化槽の設計上の指標とその算出方法に関する組み合わせとして，最も適当なものは次のうちどれか．

指　標　　　　　　　　　　算出方法

(1) BOD-MLSS 負荷 ………… $\dfrac{流入BOD量 (kg/日)}{ばっ気槽の容量 (m^3)}$

(2) 汚泥返送比 ……………… $\dfrac{日平均汚水量 (m^3/日)}{汚泥返送量 (m^3/日)}$

(3) 水面積負荷 ……………… $\dfrac{沈殿槽の水面積 (m^2)}{日平均汚水量 (m^3/日)}$

(4) 越流負荷 ………………… $\dfrac{日平均汚水量 (m^3/日)}{越流せきの長さ (m)}$

[129]

（5）ばっ気強度　………………　$\dfrac{\text{ばっ気槽の容量}(\text{m}^3)}{\text{空気供給量}(\text{m}^3/\text{時})}$

問題39 構造基準（建設省告示第1292号，最終改正平成18年1月国土交通省告示第154号に定める構造方法）に定める小型浄化槽の接触ばっ気槽（告示第1第一号，第二号）の有効容量と室区分に関する次の記述において，［　ア　］～［　オ　］に入る数字の組み合わせとして，最も適当なものはどれか．

$5 \leqq n \leqq 10$　　　　　　$V = 1.0 + 0.2(n-5)$

$11 \leqq n \leqq [$　ア　$]$　　$V = [$　イ　$] + 0.16(n-10)$

ただし，$5.2\,\text{m}^3$（［　ウ　］人槽）を超える場合［　エ　］室に区分し，第1室の容量は全容量のおおむね［　オ　］とする．

n：処理対象人員（人）　　V：有効容量（m³）

	ア	イ	ウ	エ	オ
(1)	50	2.0	20	2	3/5
(2)	100	3.0	30	3	1/2
(3)	50	2.0	30	2	3/5
(4)	50	3.0	30	3	3/5
(5)	100	2.0	20	2	1/2

問題40 宿泊施設関係の処理対象人員算定基準に関する次の記述のうち，最も不適当なものはどれか．

（1）観光地やスキー場における宿泊施設は流量が大きく変動するため，流量調整機能について十分な検討を行う必要がある．

（2）ビジネスホテルは，主として宿泊が中心であるため，一般に厨房排水量が少なく，流入BOD濃度は高い．

（3）民宿等で浴場が共用の場合は，汚水量が低減する傾向があるので，実態に合わせて汚水量を減じることができる．

（4）汚水量のなかには温泉排水を含めない．したがって，浴槽の温泉排水は浄化槽流入管きょとは別に排除しなければならない．

（5）処理対象人員は，あらかじめ従業員数も含めて算定している．

問題 41 配管図に用いられる配管の名称とその図示記号の組み合わせとして，最も不適当なものは次のうちどれか.

　　　配管の名称　　　　図示記号
(1) 汚水排水管　　　　—— OD ——
(2) 厨房排水管　　　　—— KD ——
(3) 排水管　　　　　　————————
(4) 雨水排水管　　　　—— RD ——
(5) 通気管　　　　　　- - - - - - - - -

問題 42 SHASE-S 001-2005 に示されている升の名称と図示記号の組み合わせとして，正しいものは次のうちどれか.

　　　名　称　　　　　図示記号

(1) 雨水ます ———————— □

(2) トラップます ———— ⊠

(3) ためます ———————— [T]

(4) 浸透ます ———————— ◎

(5) 公共ます ———————— ⊙

問題 43 図示記号 ——\|—— が示す弁の形状として，最も適当なものは次のうちどれか.

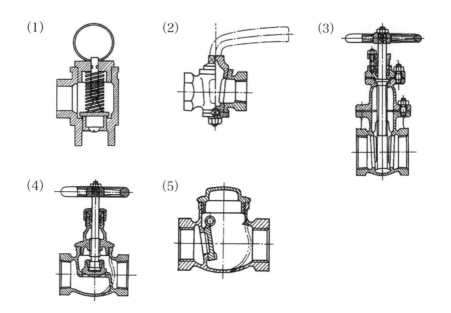

(1)　(2)　(3)

(4)　(5)

問題 44　製図−製図用語（JIS Z 8114：1999）に示されている図面の種類とその定義の組み合わせとして，最も不適当なものは次のうちどれか.

　　図　面　　　　　　　　　　　　定　義
（1）一般図───構造物の平面図・立面図・断面図等によって，その形式・一般構造を表す図面
（2）工程図───浄化槽の処理工程を表すフロー図
（3）装置図───各装置の配置，製造工程の関係等を示す図面
（4）配管図───構造物，装置における管の接続・配置の実態を示す系統図
（5）組立図───部品の相対的な位置関係，組立てられた部品の形状等を示す図面

問題 45　下図に示す No. 1 の升から浄化槽本体の流入管までは 13 000 mm である．GL から浄化槽の流入管底までの深さ（mm）として，最も近い値は次のうちどれか.

　　ただし，管の勾配は 1/100 とし，升の幅は無視するものとする.

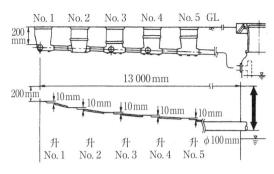

（水位高低図）

(1) 380

(2) 430

(3) 480

(4) 530

(5) 580

問題 46 水替え工事における注意点に関する次の記述のうち，最も不適当なものはどれか．

(1) 掘削した地層が粘土層の場合は，釜場排水工法を適用する．

(2) 地層の状態，透水係数，地下水位の状況等を事前に調査する．

(3) 天気予報に注意する．

(4) 周囲に地盤沈下を生じることがある．

(5) 掘削が深くなると，浸透水で釜場の底部の土砂が噴き出すことがある．

問題 47 底版コンクリート工事に関する次の記述のうち，最も不適当なものはどれか．

(1) 掘り過ぎた場合，高さの調整は底版コンクリートで行う．

(2) 浄化槽が2槽以上になる場合，底版は一体構造とする．

(3) 底版は，上部の荷重を地盤に伝える役割がある．

(4) コンクリートの表面は，平滑かつ水平に仕上げる．

(5) コンクリートの打設後，急激な乾燥や温度変化を受けないように養生する．

構造例示型の小型浄化槽に水準目安線を設ける目的として，最も不適当なものは次のうちどれか．

(1) 嫌気ろ床槽内のろ材閉塞による水位の上昇の確認
(2) 浄化槽本体の水平の確認
(3) 漏水の有無の確認
(4) 適正なばっ気量の確認
(5) 異常な流入汚水量の有無の確認

問題 49 浄化槽工事の試運転時におけるチェック事項として，最も不適当なものは次のうちどれか．

(1) 管きょ及び移流管の位置を確認するため，管底と水面との落差が適切であるかチェックする．
(2) 升の位置及び種類を確認するため，起点，屈曲点，合流点等に適切な升が設置されているかチェックする．
(3) ばっ気装置の変形，破損，固定及び稼働状況を確認するため，空気の出方や水流に片寄りがないかチェックする．
(4) 接触ばっ気槽の稼働状況を確認するため，槽内水の MLSS 濃度をチェックする．
(5) 消毒装置の変形，破損及び固定状況を確認するため，薬剤筒の傾き，消毒装置の変形や破損がないかチェックする．

問題 50 戸建て住宅の浄化槽におけるピット工事に関する次の記述のうち，最も不適当なものはどれか．

(1) かさ上げの高さが 30 cm を超える場合は，かさ上げ工事は行わずに，ピット工事を行う．
(2) ピット内部は，維持管理作業が容易に行えるスペースを確保する．
(3) ピットの内部は，モルタルなどで雨水勾配をとって仕上げ，雨水の排水パイプを流入側の升に接続しておく．
(4) チェッカープレートの枠を構成する部材は，取り外し可能な構造とする．

(5) 立上げ部分は，コンクリートブロック構造または現場打ちの鉄筋コンクリート構造とする．

午 後
- 浄化槽の点検・調整及び修理
- 水質管理
- 清掃概論

問題 51 浄化槽の通常の使用状態に関する次の記述のうち，最も不適当なものはどれか．

(1) 処理対象人員に見合った人数で使用されていること．

(2) みなし浄化槽(単独処理浄化槽)では，流入汚水量が 40 〜 60 L/(人・日)で使用されていること．

(3) 浄化槽では，計画流入汚水量に見合った流入汚水量で使用されていること．

(4) 浄化槽内の水温が，適正な範囲に保たれた状態で使用されていること．

(5) 浄化槽では，処理水の透視度が 5 cm 以上で使用されていること．

問題 52 単位装置と主な点検内容の組み合わせとして，最も不適当なものは次のうちどれか．

単位装置	主な点検内容
(1) 地下砂ろ過床	微小後生動物の発生状況
(2) 多室型腐敗室	流出水の透視度
(3) 接触ばっ気室	室内表層水の流れ方
(4) ばっ気室	室内水の溶存酸素濃度
(5) 沈殿分離室	室内のスカム，堆積汚泥の蓄積状況

問題 53 流量調整槽からの移送水量の調整に関する次の記述のうち，最も不適当なものはどれか．

(1) 移送水量の調整は，流量調整槽へ返送する水量を調整することで行う．

(2) 流入汚水量は日々変動するため，点検の都度，せき高を調整する．

(3) 移送水量の設定が適切であっても，流入汚水量が多い時間帯には，流量調整槽の水位は高くなる．

(4) 流量調整槽に汚水の流入がない時間帯では，流量調整槽の水位の変化から移送水量が把握できる．

(5) 三角せきにおいて，せき高が同じ場合，せきの角度が大きいほど移送水量は多くなる．

問題54 活性汚泥法の沈殿槽での汚泥浮上やスカムの発生状況と，その原因の組み合わせとして，最も不適当なものは次のうちどれか．

　　　　　　　発生状況　　　　　　　　　　　　　原　因

(1) 黒色がかった比較的多量の ――― 沈殿槽底部の汚泥の嫌気化
　　汚泥塊の浮上

(2) 灰褐色の汚泥塊の浮上 ―――――― 沈殿槽底部での硝化の進行

(3) 細分化した汚泥の全面浮上 ――― 活性汚泥の解体

(4) 雲状のふわっとした多量の ――― 活性汚泥の膨化
　　汚泥の浮上

(5) 全面にばっ気槽の汚泥と ――――― 放線菌の多量発生
　　同色のスカムの発生

問題55 性能評価型小型浄化槽の槽内の状況を撮影した次の写真のうち，循環装置を構成する計量装置の異常を撮影したものとして，最も適当なものはどれか．

(1)

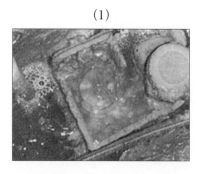

(2)

(3)

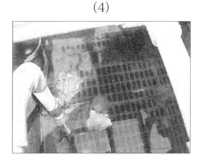

(4)

(5)

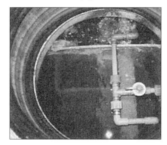

問題 56 汚泥濃縮貯留槽の点検内容として，最も不適当なものは次のうちどれか．

(1) スカム及び堆積汚泥の厚さを測定する．

(2) 脱離液の浮遊物質混入の程度を点検する．

(3) 汚泥返送装置の稼働状況を点検する．

(4) 清掃時期の判断を行う．

(5) 撹拌用散気装置の稼働の必要性を検討する．

問題 57 浄化槽の保守点検の技術上の基準に関する次の記述のうち，最も不適当なものはどれか．

(1) 流量調整タンクまたは流量調整槽及び中間流量調整槽にあっては，ポンプ作動水位及び計量装置の調整を行い，汚水を安定して移送できるようにすること．

(2) ばっ気装置及び撹拌装置にあっては，散気装置が目詰まりしないよう

にし，または機械撹拌装置に異物等が付着しないようにすること．

(3) 駆動装置及びポンプ設備にあっては，常時または一定の時間ごとに，作動するようにすること．

(4) 嫌気ろ床槽及び脱窒ろ床槽にあっては，槽の全体にわたって溶存酸素が常に検出されないようにすること．

(5) 悪臭並びに騒音及び振動により周囲の生活環境を損なわないようにし，及び蚊，はえなどの発生の防止に必要な措置を講じること．

問題58 有効容量 $10\,\mathrm{m}^3$ のばっ気槽において，$400\,\mathrm{L/分}$ の送風量でばっ気した状態では過ばっ気状態にあったため，空気量を減らし，ばっ気強度を $1.5\,\mathrm{m}^3/(\mathrm{m}^3\cdot時)$ で運転することとした．このとき，減少させた空気量（L/分）として，正しい値は次のうちどれか．

(1) 50
(2) 100
(3) 150
(4) 200
(5) 250

問題59 みなし浄化槽（単独処理浄化槽）の散水ろ床の保守点検に関する次の記述のうち，最も不適当なものはどれか．

(1) BOD 負荷の増大を防止するため，一次処理装置の固液分離性を点検する．

(2) ろ床内にし尿腐敗臭を感じた場合は，明らかにろ床の通気不良である．

(3) デッキブラシなどを用いて，散水樋の付着汚泥をろ床に洗い落とす．

(4) ろ床内に過剰な汚泥の蓄積が認められる場合は，清掃時に，ろ床内の汚泥を水で洗い落とし，系外へ引き出す．

(5) 通気を確保するための送気口及び排気管の保守を行う．

問題60 接触ばっ気槽で逆洗操作後，はく離汚泥を槽底部に沈殿させ，槽底部から自給式ポンプを用いて槽内水の移送を行った．このときの移送水及び

嫌気ろ床槽流出水の SS 濃度の経時変化を下図に示す．この図に関する次の記述のうち，最も不適当なものはどれか．

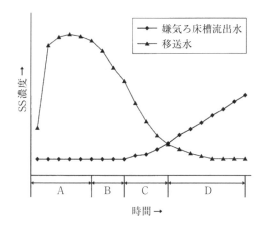

(1) A の時間帯は，接触ばっ気槽内のはく離汚泥等が効率よく移送されている．

(2) B の時間帯は，移送水中の SS 濃度が低下傾向を示しているが，嫌気ろ床槽流出水の SS 濃度に変化がないので移送を継続した方が望ましい．

(3) C の時間帯は，嫌気ろ床槽流出水の SS 濃度が上昇し始めていることから，移送を停止することが望ましい．

(4) 移送水と流出水のSS濃度が同じとなるまでの経過時間(A＋B＋C)は，はく離汚泥量及び汚泥移送量に関係なく，それぞれの浄化槽で定まっている固有の値である．

(5) D の時間帯では，できるだけ早く移送を停止する．

問題 61 ろ過装置の保守点検に関する次の記述のうち，最も不適当なものはどれか．

(1) 通水量を確認し，適正な洗浄頻度等を設定する．

(2) 空気作動弁がある場合には，コンプレッサーの点検を行う．

(3) 定期的にろ材の充填状況を点検し，ろ材の交換または補充を検討する．

(4) 洗浄後，所定のろ過圧力まで回復しない場合には，通水量を減少させる．

(5) ろ過処理水槽底部の砂等の堆積状況から，ろ材の流出の有無を判断する．

問題 62 沈殿分離槽の保守点検に関する次の記述のうち，最も不適当なものはどれか．

(1) 固液分離機能を点検するため，流出水の透視度を測定する．

(2) 固液分離機能の点検は，時間最大流入時を避けて行うことが望ましい．

(3) 多量の汚水が流入し，槽内流速が速くなる場合には，スカムは流出管付近に片寄ることがある．

(4) 汚泥堆積厚の測定方法には，汚泥界面計や MLSS 計を用いる方法と，透明パイプを用いる方法がある．

(5) 清掃時期の判断は，スカム・堆積汚泥の厚さ，二次処理装置への汚泥の流出状況等から行う．

問題 63 単位装置と活性汚泥沈殿率・混合液浮遊物質濃度で維持すべき数値の組み合わせとして，最も不適当なものは次のうちどれか．

単位装置	活性汚泥沈殿率・混合液浮遊物質濃度
(1) ばっ気室	SV_{30} がおおむね 10 % 以上 60 % 以下
(2) 長時間ばっ気方式のばっ気槽	MLSS がおおむね 3 000 〜 6 000 mg/L
(3) 標準活性汚泥方式のばっ気槽	MLSS がおおむね 1 000 〜 3 000 mg/L
(4) 硝化槽	MLSS がおおむね 3 000 〜 6 000 mg/L
(5) 脱窒槽	MLSS がおおむね 1 000 〜 3 000 mg/L

問題 64 小型浄化槽における種汚泥の添加に関する次の記述のうち，最も不適当なものはどれか．

(1) 種汚泥は生物処理機能の立ち上がり期間を短縮するために添加する．

(2) 種汚泥の添加は，使用開始時期にかかわらず，竣工検査終了後すみやかに行う．

(3) BOD 除去型より窒素除去型の方が種汚泥の添加の必要性が高い．

(4) 膜分離活性汚泥法では，運転開始前の種汚泥の添加は必須条件である．

(5) 市販のシーディング剤も利用可能である．

問題 65 脱窒ろ床接触ばっ気方式の 5 人槽の浄化槽において，循環比を 3 と

して運転する場合, 実使用人員が４人であるときの循環水量（L／分）として, 正しい値は次のうちどれか.

ただし, １人１日当たりの汚水量は 240 L とする.

(1) 1.8

(2) 1.9

(3) 2.0

(4) 2.1

(5) 2.2

問題 66 沈殿槽において, 処理水質に影響を及ぼす要因として, 最も不適当なものは次のうちどれか.

(1) 沈殿槽流出水中の SS の有無

(2) 沈殿槽のスカムの生成状況

(3) 沈殿槽底部汚泥の堆積状況

(4) 越流せきの水平の状況

(5) 浄化槽流入汚水の水質

問題 67 ２室構造の接触ばっ気槽の運転管理に関する次の記述のうち, 最も不適当なものはどれか.

(1) 各室の空気供給量の調整は, 循環水流の流速を指標とする.

(2) 頻繁に空気供給量を変化させると, 生物膜がはく離することがある.

(3) 黒色がかった生物膜が多量に採取される部位が多いほど, 閉塞部分が多いと判断される.

(4) 第１室のはく離汚泥は, 第２室で捕捉されるため, 第１室の逆洗において, はく離汚泥の移送は省略できる.

(5) 一般に, 第１室の方が逆洗頻度が高い.

問題 68 浄化槽の流入管きょ及び放流管きょに見られる異常な現象とその原因の組み合わせとして, 最も不適当なものは次のうちどれか.

異常な現象	原　因
(1) 土砂の流入	管の接合部のずれや破損
(2) 管の閉塞	汚物や油脂の付着
(3) 水の停滞	配管勾配の不足
(4) 管きょの陥没	インバート升の閉塞
(5) 雨天時の流入汚水の著しい増加	流入管きょの誤接合

問題 69 FRP 製浄化槽の事故及び修理に関する次の記述のうち，最も不適当なものはどれか.

(1) 地下水位が高い地域に浄化槽が設置されている場合，清掃時に槽が沈下することがある.

(2) 補強リブは，槽の変形による破壊を防止する.

(3) 繰り返して同じ箇所に荷重を受けると，応力白化を起こすことがある.

(4) 槽の肩に重量物を載せると，槽壁がはらみ出して座屈を起こすことがある.

(5) 修理用原材料には，ポリエステル樹脂とガラス繊維が用いられる.

問題 70 モータにより稼働する換気装置の振動や異音の原因として，最も不適当なものは次のうちどれか.

(1) ヒューズの容量不足

(2) ダクトの固定不良

(3) 回転体（羽根）の接触

(4) 異物の噛み込み

(5) 取り付けボルト，ナットの緩み，欠損

問題 71 陸上ポンプが自吸しない場合，その原因と対処方法の組み合わせとして，最も不適当なものは次のうちどれか.

原　因	対処方法
(1) フート弁の閉塞	分解清掃
(2) 呼び水の不足	呼び水の供給

(3) ストレーナの閉塞 ─────── 分解清掃

(4) 軸芯のずれ ───────────── 軸の研磨

(5) ライナリングの摩耗 ─── 交換

問題 72 送風機として電磁式ブロワを用いた場合における散気管からの吐出空気量が減少した原因として，最も不適当なものは次のうちどれか．

(1) 散気管の部分的な目詰まり

(2) 軸受けの破損

(3) ダイアフラムの破損

(4) 配管途中の継手からの漏洩

(5) フィルタの目詰まり

問題 73 浄化槽の管理技術に関する次の記述のうち，最も不適当なものはどれか．

(1) 接触ばっ気槽の BOD 負荷が高い場合，空気供給量を増加させ，逆洗頻度も高める．

(2) ばっ気槽の BOD 負荷が高い場合，MLSS 濃度を低く維持する．

(3) ばっ気槽の BOD 負荷が低い場合，間欠ばっ気を導入する．

(4) 流量調整槽の流入汚水量が少ない場合，連続的に汚水の移送ができるように移送水量を調整する．

(5) レストランや総菜店等が併設されている建築物の場合，油脂分離槽を設置する．

問題 74 生物ろ過槽において水位の上昇が認められ，ろ床部における閉塞が原因と考えられた．そのために実施した次の作業のうち，最も不適当なものはどれか．

(1) 循環水量を増やした．

(2) 担体押さえ面を洗浄した．

(3) 自動逆洗回数を増やした．

(4) 自動逆洗の時間を長くした．

(5) 手動で逆洗を行った．

問題 75 ばっ気槽内の DO に影響を及ぼす要因として，最も不適当なものは次のうちどれか.

(1) 槽内水の水温
(2) 槽内水の水深
(3) 汚水の流入変動
(4) 供給酸素量
(5) 槽内水の pH

問題 76 浄化槽に流入するトイレットペーパー，便座クリーナー，乳児のお尻ふきなどに関する次の記述のうち，最も不適当なものはどれか.

(1) トイレットペーパーの使用量が多い場合，窒素負荷が増加することがある.
(2) みなし浄化槽（単独処理浄化槽）で便座クリーナーの流入量が多い場合，ばっ気室内液等の pH に影響を及ぼすことがある.
(3) みなし浄化槽（単独処理浄化槽）で乳児のお尻ふきの流入量が多い場合，ばっ気室内液等で発泡現象が認められることがある.
(4) トイレットペーパーなどの流入量が多い場合，接触材や散気装置に絡みつき，室内液の旋回流に影響が認められることがある.
(5) トイレットペーパーなどの流入量が多い場合，ろ材押さえ面や移流口等が閉塞し，異常な水位上昇の原因となることがある.

問題 77 悪臭物質とにおいに関する組み合わせとして，最も不適当なものは次のうちどれか.

　　　　　　悪臭物質　　　　　　　　　　　におい
(1) ノルマル酪酸 ———— 刺激的なシンナーのようなにおい
(2) 硫化水素 —————— 腐った卵のようなにおい
(3) イソ吉草酸 ———— むれた靴下のようなにおい
(4) トリメチルアミン —— 腐った魚のようなにおい
(5) アンモニア ———— し尿のようなにおい

問題78 浄化槽における衛生害虫に関する次の記述のうち，最も不適当なものはどれか．

(1) 衛生害虫は，媒介害虫，有害害虫，不快害虫に分類されている．

(2) ユスリカは，放流先の排水溝，河川に発生する場合が多い．

(3) ホシチョウバエの幼虫は，スカムなど体を付着させるものがないと生育できない．

(4) オオチョウバエの成虫は，褐色を帯びた黒灰色で，体長4～5mmである．

(5) 浄化槽で見られる蚊のうち，地下に設置された浄化槽に見られるものは，ほとんどヤブカである．

問題79 手足がぬれているため人体の電気抵抗が2 000 Ωに下がっていた場合，感電して人体に重篤な影響を及ぼす電流である50 mAに達する電圧（V）として，正しい値は次のうちどれか．

(1) 40

(2) 70

(3) 100

(4) 200

(5) 300

問題80 ア～オに示す水系感染症のうち，病原体が原虫である組み合わせとして，最も適当なものは次のうちどれか．

ア．レジオネラ症

イ．腸チフス

ウ．ジアルジア症

エ．アメーバ赤痢

オ．感染性胃腸炎

(1) ア，ウ

(2) ア，オ

(3) イ，エ

(4) イ，オ

(5) ウ，エ

問題81 pH計の取り扱いに関する次の記述のうち，最も不適当なものはどれか．

(1) pH計の校正は，2種類の標準液を用いて行う2点補正法が一般的である．

(2) pHの測定後，電極は乾燥しないように水を入れたキャップをかぶせておく．

(3) 電極が汚れた場合には，塩酸，アルコールなどで洗浄する．

(4) 電極の内部液の補充には，水酸化カリウム溶液を用いる．

(5) 電極の校正に用いる標準液は，できるだけ新しいものを用いる．

問題82 水面積が $3.5\,m^2$ の直方体の原水ポンプ槽で，測定開始時の水位が $1.5\,m$，60分後の水位が $2.5\,m$，この間の原水ポンプ槽からの流出水量が $2.5\,m^3$ の場合，原水ポンプ槽への流入汚水量（$m^3/$時）として正しい値は次のうちどれか．

(1) 1.0

(2) 2.0

(3) 4.0

(4) 6.0

(5) 8.0

問題83 ORPに関する次の記述のうち，最も不適当なものはどれか．

(1) 溶液の酸化力や還元力の強さを表す指標である．

(2) 電極は，白金電極と比較電極から構成されている．

(3) 電極は，定期的に標準液でスパン校正しなければならない．

(4) ORP標準液には，フタル酸水素カリウムにキンヒドロンを加えた液等が用いられる．

(5) 劣化した電極は，電極の表面を軽く研磨して再生する．

問題84 下記の BOD を算出する式における記号の説明について，最も不適当なものは次のうちどれか．

(a) 植種を行わないとき

$$BOD(mg/L) = (DO_1 - DO_2) \times 希釈倍率$$

(b) 植種を行うとき

$$BOD(mg/L) = [(DO_1 - DO_2) - DO_A] \times 希釈倍率$$

$$DO_A = 植種液の BOD(mg/L) \times A/B$$

(1) DO_1：希釈試料を調整してから 15 分後の溶存酸素濃度(mg/L)

(2) DO_2：培養 2 日目の溶存酸素濃度(mg/L)

(3) DO_A：希釈試料中の植種液による溶存酸素の消費量(mg/L)

(4) A：希釈試料中の植種液量(mL)

(5) B：希釈試料量(mL)

問題85 浄化槽放流水に関する一日の平均水質を知りたい場合，混合試料を用いることが最も不適当なものは次のうちどれか．

(1) BOD

(2) 残留塩素

(3) アンモニア性窒素

(4) 全リン

(5) ヘキサン抽出物質

問題86 水温に関する次の記述のうち，最も不適当なものはどれか．

(1) 水温は，生物処理に関与する微生物の活性に影響を与える．

(2) 飽和溶存酸素濃度は，水温が低いほど高い．

(3) 消毒剤の溶解速度は，水温に影響されない．

(4) 水温は，透視度，pH，DO とともに現場測定項目である．

(5) 容器に採取した試料水の水温を計測すると，外気温や直射日光の影響を受ける．

塩素消毒に関する次の記述のうち，最も適当なものはどれか．

(1) 消毒後に残留塩素が検出されれば，放流水中の大腸菌群は検出されることはない．

(2) 処理水中のアンモニア性窒素濃度が高いと，塩素消費量が多くなる．

(3) 放流水中に硝酸塩が存在している場合には，残留塩素の測定試薬と反応して類似の呈色をする．

(4) 一般に，ウイルスの耐塩素性は大腸菌より低い．

(5) 塩素消毒は，クリプトスポリジウムにも効果的である．

通常の使用状態の分離接触ばっ気方式の浄化槽において，除去率の高い順に並べた水質項目の組み合わせとして，最も適当なものは次のうちどれか．

ただし，≒は，ほぼ等しいことを示す．

(1) BOD ≒ SS ＞ COD ＞ 窒素

(2) BOD ＞ COD ＞ 窒素 ＞ SS

(3) SS ＞ 窒素 ＞ COD ＞ BOD

(4) SS ＞ COD ＞ 窒素 ＞ BOD

(5) COD ＞ BOD ＞ SS ≒ 窒素

戸建て住宅において，みなし浄化槽（単独処理浄化槽）から浄化槽（合併処理浄化槽）に入れ替えた場合，その住宅から放流される BOD 負荷の減少量（g/(人・日)）として，最も近い値は次のうちどれか．

ただし，浄化槽の設計条件は以下のとおりとする．

〔条件〕

し尿の BOD 負荷量 ：13 g/(人・日)

雑排水の BOD 負荷畳 ：27 g/(人・日)

みなし浄化槽の BOD 除去率：65 %

浄化槽の BOD 除去率 ：90 %

(1) 18

(2) 23

(3) 28

(4) 32

(5) 36

問題 90 みなし浄化槽（単独処理浄化槽）に関する次の文章中の ［ ア ］〜
［ ウ ］に入る語句の組み合わせとして，最も適当なものはどれか．

［ ア ］は微生物作用によって変化を受けないので，水洗便所における
希釈倍率を算定するのに用いることができる．装置の容量は，［ イ ］を
標準として決定されており，希釈倍率が大きいとばっ気室における滞留時間
が ［ ウ ］なり，処理水の BOD が高くなる可能性がある．

	ア	イ	ウ
(1)	塩化物イオン	20倍希釈	短く
(2)	塩化物イオン	20倍希釈	長く
(3)	塩化物イオン	50倍希釈	短く
(4)	硝酸性窒素	20倍希釈	長く
(5)	硝酸性窒素	50倍希釈	短く

問題 91 小型浄化槽の清掃に関する次の記述のうち，最も不適当なものはど
れか．

(1) 嫌気ろ床槽第1室は，槽内水を含め全量引き出す．

(2) 一次処理装置の第2室は，必ずしも全量引き出す必要はない．

(3) 接触ばっ気槽は，逆洗して沈殿させた汚泥を中心に適正量引き出す．

(4) 沈殿槽は，汚泥，スカムを適正量引き出す．

(5) 夾雑物除去槽は，スカムを適正量引き出す．

問題 92 下図に示すみなし浄化槽（単独処理浄化槽）の二次処理装置及び消
毒室において，清掃の技術上の基準に基づく清掃の仕方として，最も不適当
なものは次のうちどれか．

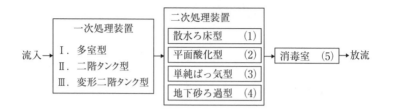

(1) 散水ろ床型 ——— 付着物の引き出し，洗浄

(2) 平面酸化型 ——— 付着物の引き出し，洗浄

(3) 単純ばっ気型 ——— 適正量の引き出し

(4) 地下砂ろ過型 ——— 洗浄

(5) 消毒室 ————— 適正量の引き出し

問題93 構造例示型の小型浄化槽の張り水に関する次の文章中の ［ A ］，
［ B ］ に入る単位装置の組み合わせとして，最も適当なものはどれか．
　　［ A ］ の洗浄に使用した水を ［ B ］ の張り水として使用した．

　　　　　　　　A　　　　　　　　　　B
(1) 嫌気ろ床槽第2室 ——— 嫌気ろ床槽第1室
(2) 脱窒ろ床槽 ————— 接触ばっ気槽
(3) 沈殿分離槽 ————— 消毒槽
(4) 接触ばっ気槽 ——— 嫌気ろ床槽第1室
(5) 消毒槽 ————— 沈殿分離槽

問題94 下図は，嫌気ろ床槽上部を流量調整部としている浄化槽の平面及び
縦断面を模式的に表したものである．このような構造の浄化槽において，嫌
気ろ床槽第1室を全量引き出した場合の清掃汚泥量 （m³） として，正しい
値は次のうちどれか．

　なお，清掃開始時における槽内水位は高水位の状態であり，引き出しの際
のろ床洗浄水量は 0.3 m³，汚泥等の引き出し時には汚水の流入はないもの
とする．

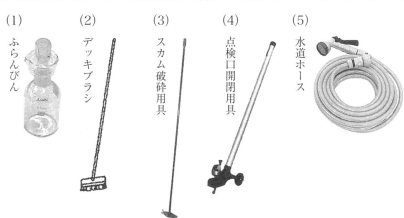

嫌気 ろ床槽 第1室	嫌気 ろ床槽 第2室	接触ばっ気槽	沈殿槽

平　面

高水位

低水位

0.30 m³	0.15 m³		
1.20 m³	0.60 m³	1.50 m³	0.75 m³

縦断面

(1) 1.20

(2) 1.50

(3) 1.65

(4) 1.95

(5) 2.25

問題95 直径 600 mm の点検口がある構造例示型浄化槽の沈殿分離槽第1室の清掃作業で用いられる用具として，最も不適当なものは次のうちどれか．

(1)　ふらんびん

(2)　デッキブラシ

(3)　スカム破砕用具

(4)　点検口開閉用具

(5)　水道ホース

問題96 「小型合併処理浄化槽維持管理ガイドライン・同解説」で示されている小型合併処理浄化槽における清掃内容の記録のうち, 最も不適当なものは次のうちどれか.

(1) 清掃作業対象の単位装置名及び有効容量
(2) 単位装置ごとの引き出し汚泥量及びその合計値（全清掃汚泥量）
(3) 単位装置ごとの張り水の種類及びその量
(4) 汚泥等を引き出した単位装置の内部設備の変形及び破損の有無
(5) 槽内に入って作業を行う場合, 作業空間の窒素濃度の測定結果

問題97 分離接触ばっ気方式のみなし浄化槽（単独処理浄化槽）の清掃作業に関する次の記述のうち, 最も不適当なものはどれか.

(1) 便器の洗浄水を流すなどして流入管の詰まりの有無を判断し, 必要があれば流入管きょを清掃する.
(2) 堆積汚泥を引き出す際, 水道水で薄めたりしないようにする.
(3) 沈殿分離室の汚泥を引き出した後, 内壁や流入管に付着している汚泥を洗浄する.
(4) 内部設備の変形及び破損の有無を確認する.
(5) 消毒室のスカム, 汚泥を沈殿分離室に移送する.

問題98 浄化槽汚泥の輸送技術に関する次の記述のうち, 最も不適当なものはどれか.

(1) 一般的な浄化槽汚泥の含水率は98〜99％程度であり, 汚泥処理処分費用に占める輸送経費を増大させる要因となっている.
(2) 浄化槽汚泥の輸送先がし尿処理施設の場合, 汚泥濃度が低いほど, し尿処理施設における処理に都合がよい.
(3) 浄化槽汚泥の濃縮, 脱水装置は, 多種多様な汚泥に対して安定した処理機能が維持できるように技術開発が行われている.
(4) 浄化槽汚泥の減量化の方法としては, バキューム車によりいったん搬出した汚泥を中継基地等に固定設置された脱水装置で処理し, 次の目的地へ輸送する方法がある.

(5) 近年，従来のバキューム車の替わりに，バキュームタンクを凝集反応タンクと汚泥貯留タンクの2槽構造とし，濃縮装置としてバー式スクリーンを備えた浄化槽汚泥濃縮車が用いられている．

問題 99 清掃時に浄化槽から引き出された汚泥に関する次の文章中の[　　]内の語句のうち，最も不適当なものはどれか．

浄化槽汚泥の性状は，処理方式や建築用途の違いなどによって浄化槽ごとに[(1) 異なる]が，一般的にし尿に比べ，[(2) 塩化物イオン濃度]や[(3) アンモニア性窒素濃度]は低く，かつ変動が[(4) 大きい]．また，BOD 成分の大半が[(5) 可溶性]のものである．

問題 100 くみ取りし尿及び浄化槽汚泥の処理処分方法として，最も多く実施されている方法は次のうちどれか．
(1) し尿処理施設搬入
(2) 下水道投入
(3) メタン化施設搬入
(4) 農地還元
(5) ごみ堆肥化施設搬入

【問題1】地球上の水は,降水と［ア 蒸発散］を繰り返しながら循環している.
年降水量は約577千km³/年であるが,このうち約21%(約119千km³/年)
が［イ 陸地］に降る.国土面積を乗じた年平均降水量は6 500億m³/年となり,
これを［ウ 全人口］で除した1人当たり年平均降水総量は約5 100 m³/(人・
年)となり,世界平均である約16 800 m³/(人・年)よりも［エ 少ない］(3
分の1程度).

答 (1)

【問題2】設問のように自然の作用で浄化されることを,自浄作用という.

答 (5)

【問題3】重金属による魚介類の汚染は,ある特定の有害物質を含む工場排水
により起きたといわれており,生活排水を処理する浄化槽が水域に与える影響
としては不適当である.

答 (1)

【問題4】浄化槽処理水の最大値は次式により求められる.

$$\frac{10\,000〔\text{m}^3/\text{日}〕×1〔\text{mg/L}〕+1\,000〔\text{m}^3/\text{日}〕×A〔\text{mg/L}〕}{10\,000〔\text{m}^3/\text{日}〕+1\,000〔\text{m}^3/\text{日}〕}$$

$$≦2〔\text{mg/L}〕$$

$$\frac{10〔\text{kg/日}〕+1\,000〔\text{m}^3/\text{日}〕×A〔\text{mg/L}〕}{11\,000〔\text{m}^3/\text{日}〕}$$

$$≦2×10^{-3}〔\text{kg/m}^3〕$$

$$10〔\text{kg/日}〕+1\,000〔\text{m}^3/\text{日}〕×A〔\text{mg/L}〕≦22〔\text{kg/日}〕$$

$$1\,000〔\text{m}^3/\text{日}〕×A〔\text{mg/L}〕≦12〔\text{kg/日}〕$$

$$A〔\text{mg/L}〕≦12〔\text{mg/L}〕$$

答 (5)

【問題5】生産者は,植物のほか,海藻や植物プランクトンなど,無機物から
有機物をつくる生物をいう.

　消費者は,動物のほか,動物プランクトンなど,食物に含まれる有機物を取
り入れている生物をいう.

　分解者は,生物の死骸や排出物に含まれる有機物を無機物などに分解してい

る生物（主に菌類や細菌類）をいう．最近では，生物の死骸や排出物に含まれる有機物を取り入れている動物でもあるので，「消費者」としても扱われている．

答（4）

【問題６】二つの水槽を結ぶパイプが細いほど損失水頭が大きくなり，パイプが太いほど損失水頭は小さくなる．

答（5）

【問題７】下表はいくつかの排水のBODを示したものである．BOD濃度が高いのは，食用油＞日本酒＞し尿＞米のとぎ汁の順となる．

項　　目	BOD〔mg/L〕
し　尿	13 000
米のとぎ汁	3 000
ラーメンの汁	25 000
日　本　酒	200 000
合成洗剤	180
食　用　油	1 000 000

答（4）

【問題８】脱窒とは通常，嫌気性条件下において，脱窒菌が遊離している酸素の代わりにNO_2^-あるいはNO_3^-などの結合型酸素を用いて活動することにより，最終的に窒素N_2ガスを発生する反応のことである．

答（5）

【問題９】次亜塩素酸（HClO）は解離して，水素イオンと次亜塩素酸イオンを生成するため，次の反応式となる．

$$HClO \leftrightarrows H^+ + ClO^-$$

答（2）

【問題10】分子量は，グルコース$C_6H_{12}O_6=180$，メタンガス$3CH_4=48$であるから，9gのグルコースから生成されるメタンの量は次式により求められる．

$$9〔g〕 \times \frac{48}{180} = 2.4〔g〕$$

答（2）

【問題11】浄化槽法は，浄化槽の製造，設置，保守点検および清掃の各段階で必要な規制をするものである．したがって，「(1) 浄化槽の構造」は誤りである．

【問題 12】平成 17 年には，公共用水域等の水質の保全等の観点から浄化槽によるし尿及び雑排水の適正な処理を図るため，次の項目について改正が行われた．

　①目的の明確化（「公共用水域等の水質の保全」を明示）

　②浄化槽からの放流水の水質基準の創設

　③浄化槽設置後等の水質検査の検査期間の見直し

　④浄化槽の維持管理に対する都道府県の監督規定の強化

　⑤報告徴収および立入検査に係る規定の整備

　したがって，(5) は「維持管理」が適当である．

答 (5)

【問題 13】

(1) 試験的に製造される場合は除外される．

(2) 国土交通大臣が定めた構造方法を用いる浄化槽であっても，浄化槽を工場において製造しようとする者は，製造しようとする浄化槽の型式について国土交通大臣の認定を受けなければならない．

(4) 処理方法や処理対象人員に関係なく，認定の有効期間は 5 年間で，更新を受けなければその効力を失う．

(5) 製造業者は，認定を受けた浄化槽を販売するときまでに，国土交通省令で定める方式による表示を付さなければならない．

答 (3)

【問題 14】

(1) 浄化槽工事の技術上の基準は，環境省・国土交通省の共同省令の形で定められている．

(3) 浄化槽設備士を置かなければならない．

(4) 浄化槽工事業の登録の有効期間は 5 年間である．

(5) 水道施設工事業は誤りで，管工事業が正しい．

答 (2)

【問題 15】浄化槽の保守点検業務に従事する者として，浄化槽管理士制度が設けられている．清掃の業務は含まれない．

答 (2)

【問題 16】浄化槽管理者は，自ら保守点検を行った場合においてその記録を ［ア 3年間］保存しなければならない．

また，委託した場合は，委託を受けた者（浄化槽管理士または保守点検業者）が記録を２部作成し，１部を ［イ 浄化槽管理者］に対して交付し，１部を自ら ［ウ 3年間］保存しなければならない．

なお，交付を受けた ［イ 浄化槽管理者］は，その記録を ［ウ 3年間］保存しなければならない．

答（2）

【問題 17】し尿処理施設に運搬する行為は浄化槽の清掃には含まれない．清掃の際に引き出された汚泥は一般廃棄物に該当し，その処理は廃棄物処理法の規定に基づいて行われなければならない．この汚泥を引き続き当該清掃業者が収集，運搬または処分する場合には，廃棄物処理法第７条に規定する一般廃棄物処理業の許可が必要となる．

答（1）

【問題 18】浄化槽管理者は，都道府県知事が指定する検査機関（指定検査機関）の行う水質に関する検査を受けることが義務づけられている．指定検査機関は都道府県知事が指定すると，浄化槽法第 57 条に定められている．

答（1）

【問題 19】浄化槽管理者は，定期検査（11 条検査）に係る手続きを，浄化槽の保守点検または清掃を行う関係業者に委託することができる．また，設置後の水質検査（7 条検査）に係る手続きは，浄化槽工事業者に委託することができる．

答（4）

【問題 20】廃棄物処理法により，市町村は管轄区域から生じる一般廃棄物の処理について，一般廃棄物処理計画を策定しなければならない．

答（1）

【問題 21】滞留時間は次式で定義される．

$$T = \frac{V}{Q}$$

（2）の滞留時間は次式で表すことができ，滞留時間の合計は $3T$ となる．

$$\frac{V}{Q}+\frac{V}{\left(Q-\dfrac{Q}{2}\right)}=\frac{3\times V}{Q}=3T$$

答 (2)

【問題 22】 標準活性汚泥方式は，ばっ気槽の容量が少なく，余剰汚泥の生成量が多い．

答 (5)

【問題 23】

(1) 流れに垂直な断面全体で流速が均一な流れをピストン流，プラグ流，押し出し流などと呼ぶ．

(2) 槽内全体で非常に混合が激しく，濃度が均一になるような流れを完全混合流という．

(4) 完全混合流では，入口にトレーサーを投入した瞬間に流出側でも最大濃度となる．

(5) 押し出し流の場合には，トレーサーは計算上の滞留時間が経過した時点ですべて流出する．

答 (3)

【問題 24】 炭素の収支から考えると，ブドウ糖（$C_6H_{12}O_6$）1.8 g 中の炭素量は，

$$1.8\times\frac{12\times6}{180}=0.72\,[\text{g}]$$

である．80％のブドウ糖が分解され，そのうちの80％が炭酸ガスまでに分解されることから，

$$0.72\times0.8\times0.8\fallingdotseq0.461\,[\text{g}]$$

の炭素量に相当する炭酸ガスが発生していることになる．したがって，炭酸ガス発生量は次式のとおりとなる．

$$0.461\times\frac{44}{12}\fallingdotseq1.69\,[\text{g}]$$

答 (3)

【問題 25】 活性汚泥法では，低濃度汚水や低負荷では良好なフロックが形成されないために管理上苦労する．一方，生物膜法は，むしろ低濃度に適している．

答 (4)

【問題26】 Q と $(H+hl)$ が一定の場合，浸水深さ H_S が減少すると必要空気量 Q_a を増加させる必要がある．

答（4）

【問題27】 生活排水の標準的な水量・水質を次表に示す．
　すなわち台所排水の BOD 濃度は 600 mg/L が正しい．

生活排水の標準的な水量・水質

排出源		汚水量〔L/人・日〕	BOD 負荷量〔g/人・日〕	BOD 濃度〔mg/L〕
便汚水	便　所	50	13	260
生活雑排水	台　所	30	18	600
	洗　濯	40	9	75
	風　呂	50		
	洗　面	20		
	掃除雑用	10		
合　計		200	40	200

答（5）

【問題28】 油脂分離槽内をばっ気すると，阻集グリースや堆積残渣が流出するので，行ってはならない．

答（5）

【問題29】 生物処理水中のアルカリ分の大部分は，重炭酸塩 HCO_3^- であると推測されている．

答（2）

【問題30】 マンホールの大きさは，処理対象人員によって次のように規定されている．
　①処理対象人員が 50 人以下の場合は，内接する円の直径が 45 cm 以上
　②処理対象人員が 51 人以上の場合は，内接する円の直径が 60 cm 以上

答（2）

【問題31】 嫌気ろ床槽のろ材は，汚泥を捕捉しやすく，槽内の水流が短絡しにくい形状のものとされている．ろ材は，汚泥を捕捉しやすいと同時に，ろ床底部からろ材間隙水を引き抜くだけで捕捉されている汚泥が脱落しやすいものが，清掃時の作業性からすると好都合である．この点から見て，嫌気ろ床槽に

使用されるろ材として，大きさが小さい写真3と写真4は適当ではない．

　一方，担体流動部の担体としては生物の付着性が高いものが望ましく，写真4が適していることから，生物ろ過部の担体は写真3が適している．

　以上より，(2)の組み合わせが最も適当である．

答　(2)

【問題32】　各室の容量比は，第1室：第2室≒2：1である．なお，ろ材の充填率は第1室がおおむね40％，第2室はおおむね60％と定められている．

答　(3)

【問題33】　浄化槽から発生するガス（消毒装置から発生する塩素ガス，有機物質の嫌気分解に伴って発生する硫化水素などの腐敗性ガス）により金属が腐食する場合がある．また，汚水中に含まれる塩分などで腐食することも考えられる．なお，メタンガスは金属材料に対する腐食性はないため，(3)の組み合わせが正しい．

答　(3)

【問題34】　浄化槽本体と接触材は固定されるため，接触材の比重を考慮する必要はない．接触材が破損しないよう，十分な強度で固定されていることに配慮が必要である．

答　(5)

【問題35】　スロット型の沈殿槽を適用できるのは処理対象人員30人以下である．したがって，沈殿汚泥が接触ばっ気槽に戻るようになっている(1)(2)のフローは正しくない．また，はく離汚泥の移送は接触ばっ気方式と同様であるため，(3)(5)のフローも正しくない．すなわち，(4)が正しいフローシートである．

答　(4)

【問題36】　写真2は流入管が確認され，生物ろ過槽からの洗浄排水用配管と処理水槽からの循環水用の配管も確認できる．

　写真1では，仕切板の両側に嫌気ろ床槽のろ材押さえが確認できる．

　写真3では循環装置の計量箱や消毒装置が確認できる．

　このため，流入側から放流側への流れは写真2→写真1→写真3の順番が適当である．

答　(3)

【問題37】消毒剤と沈殿槽流出水が接触するように設けられた薬剤筒下部のスリット状の開口部は，汚泥などによる閉塞を生じない形状とする．また，消毒剤の溶解量不足だけでなく，過剰な溶解も生じないようにするために，消毒剤と接触する沈殿槽流出水の量が調整できるような構造とする．

答　(3)

【問題38】

(1) BOD–MLSS 負荷は，生物量と BOD 量の関係を示す指標である．

$$BOD\text{–}MLSS\ 負荷 = \frac{BOD量〔kg/日〕}{MLSS量〔kg〕}$$

(2) 汚泥返送比 $= \dfrac{汚泥返送量〔m^3/日〕}{流入汚水量〔m^3/日〕}$

(3) 水面積負荷 $= \dfrac{日平均汚水量〔m^3/日〕}{沈殿槽の水面積〔m^2〕}$

(5) ばっ気強度 $= \dfrac{空気供給量〔m^3/時〕}{ばっ気槽の容量〔m^3〕}$

答　(4)

【問題39】小型浄化槽の接触ばっ気槽の有効容量は，次のとおり定められている．

　　$5 \leq n \leq 10$ のとき　　$V = 1.0 + 0.2 \times (n-5)$

　　$11 \leq n \leq 50$ のとき　$V = 2.0 + 0.16 \times (n-10)$

　ここで，V：有効容量〔m^3〕

　　　　　n：処理対象人員〔人〕

　ただし，$5.2\,\mathrm{m^3}$（30 人槽）を超える場合は２室に区分し，第１室の容量は全容量のおおむね 3/5 とする．

答　(3)

【問題40】ビジネスホテルは，主として宿泊が中心であるため，一般に厨房排水量が少なく，かつ濃度も薄いので，流入 BOD 濃度は高くない．

答　(2)

【問題41】汚水排水管の図示記号は，以下のとおり．

答　(1)

【問題42】 ます類の図示記号は以下のとおり.

名称	図示記号
雨水ます	□ ○
ためます	⊠ ⊗
トラップます	T T
インバートます	◎ ◎
浸透ます	⊡ ⊙
公共ます	公 公

答 (1)

【問題43】 図示記号は逆止弁を表しているから (5) が適当である. その他の弁は以下のとおり.

(1) 安全弁（圧力逃し弁）

(2) ボール弁

(3) 仕切弁（ゲート弁）

(4) 玉形弁（グローブ弁）

答 (5)

【問題44】 工程図は，製作工程の途中の状態または一連の工程全体を表す製作図のことである.

答 (2)

【問題45】 配管の勾配は 1/100 であるから，No. 1 の升と浄化槽本体の流入管の高低差は，

$$13\,000\,(mm) \times 1/100 = 130\,(mm)$$

である. No. 1 升における配管土被り 200 mm，配管内径 100 mm，各升での落差 10 mm×5 か所を加算すると，

$$130 + 200 + 100 + 50 = 480\,(mm)$$

答 (3)

【**問題 46**】釜場排水工法は，のり面が小さく，透水性のよい安定した地盤に適している．ウェルポイント工法は，砂質粘土層などの透水性の悪い地質の場合に適用する．

答（1）

【**問題 47**】掘り過ぎた場合，高さの調整は捨てコンクリートで行う．

答（1）

【**問題 48**】水準目安線では，ばっ気量の確認はできないので，空気の出方や水流に片寄りがないかをチェックする．

答（4）

【**問題 49**】浄化槽工事の試運転では，配管の接合状態の確認，浄化槽の内部設備，ブロワなどの機器類の稼働状況の確認や調整を行う．このため，槽内水のMLSS濃度などを調整することはない．

答（4）

【**問題 50**】ピットの内部は，モルタルなどで雨水勾配をとって仕上げ，雨水の排水パイプ（ドレーン）を放流側の升に接続しておくのが正しい．

答（3）

【**問題 51**】処理水の透視度に関する目安はない．（5）の設問は，「浄化槽内の処理機能が正常な状態で使用されていること」とするのが適当である．

答（5）

【**問題 52**】地下砂ろ過床の点検の目的は，装置内の目詰まり状況を確認することである．

答（1）

【**問題 53**】流量調整槽は，流入汚水の変動を抑制することによって，二次処理装置の機能を安定化するために設けられるもので，日々の変動に対してせき高を調整することはない．

計量調整移送装置は，汚水を定量かつ連続的に二次処理装置へ移送することができるよう，移送部と返送部のせき高を調整する

答（2）

【**問題 54**】灰褐色から灰白色の汚泥が浮上し，臭気を伴わないときは，ばっ気槽の硝化作用の度合いを確かめる．このとき，硝化が進行している場合は，沈殿槽底部の酸素不足から脱窒を生じたと考えられる．

答 (2)

【問題55】（1）は，循環水を計量するための小型計量槽の汚泥付着による目詰まりと推察される．

　その他の写真は，確証はないが次の事象と推察され，計量装置の異常以外の事象と判断される．
(2) 担体流出
(3) 嫌気ろ床槽への逆流・エア漏洩
(4) 担体流動槽への空気供給停止
(5) 水位上昇

答 (1)

【問題56】汚泥濃縮貯留槽に汚泥返送装置はないので，点検内容として不適当である．

答 (3)

【問題57】嫌気ろ床槽と脱窒ろ床槽は，死水域が生じないようにし，異常な水位の上昇が生じないようにすることとされている．

答 (4)

【問題58】ばっ気強度は，散気式ばっ気装置における撹拌強度の指標の一つで，1時間当たりの送風量〔m³〕をばっ気槽の容量〔m³〕で除した値である．

　　ばっ気強度〔m³/（m³・時）〕＝送風量〔m³/時〕÷ばっ気槽容量〔m³〕

　設問の空気量を減らした運転は次式で表すことができる．

　　1.5〔m³/（m³・時）〕＝送風量〔m³/時〕÷10〔m³〕

　　送風量＝1.5×10＝15〔m³/時〕＝15÷60×1 000＝250〔L/分〕

　したがって，減少させた空気量は，

　　400−250＝150〔L/分〕

答 (3)

【問題59】デッキブラシなどを用いて，散水樋の付着汚泥を洗浄し，親樋に押し流しながら洗浄水はサクションホースで吸い上げ，ろ床に落としてはならない．

答 (3)

【問題60】はく離汚泥の移送にあたって注意すべきことは，移送先の流出水中に多量の浮遊物質を混入させてはならないことである．また，汚泥移送装置の

能力が過大である場合や移送継続時間が長い場合は，流入汚水の時間最大汚水量よりも過酷な流入条件となり，嫌気ろ床槽の固液分離機能が働かなくなって，堆積汚泥が流出することがある．このため，経過時間は固有の値という設問の記述は不適当である．

答 (4)

【問題61】洗浄後，所定のろ過圧力または流量に回復していなければ，洗浄時間を長くする．

答 (4)

【問題62】点検は，固液分離機能に大きく影響する時間最大流入時を選んで行うことが望ましい．

答 (2)

【問題63】脱窒槽は，硝化槽と同じく，MLSSがおおむね3 000〜6 000 mg/Lである．

答 (5)

【問題64】小型浄化槽に種汚泥を添加するタイミングは，使用開始時よりも，使用開始後数週間経過したときのほうが望ましい．ただし，膜分離活性汚泥法は，運転開始前に添加が必要である．

答 (2)

【問題65】実流入汚水量に対する循環水量は次式により求められる．

4〔人〕×240〔L/(人・日)〕÷1 440×循環比3≒2.0〔L/分〕

答 (3)

【問題66】沈殿槽に移流する前段の生物処理槽等の処理状況（水質）の影響は考えられる．しかし，浄化槽流入汚水の水質は直接影響しないため，要因として不適当である．

答 (5)

【問題67】第1室の逆洗を実施した場合，はく離汚泥の移送が十分に行われないと，第1室のはく離汚泥が第2室に移行して，第2室の閉塞の原因となる場合がある．逆洗操作で最も注意しなければならないのは，はく離汚泥を多量に次の装置へ流出させないことである．

答 (4)

【問題68】インバート升の閉塞の原因として考えられる現象には，水の停滞や

固形物の堆積などがある.

答 (4)

【問題 69】浄化槽周辺の地下水位が浄化槽の底部より高い位置にある場合,地下水面以下にある浄化槽の容量と同量の水量程度の浮力が浄化槽の底部に作用する.浄化槽が満水時であれば浮上することは少ないが,清掃時に浄化槽が一時的に空になると浮上することがある.そのため,地下水位の高い地域に浄化槽を設置する場合には,あらかじめ浮上防止対策を施す必要がある.

答 (1)

【問題 70】ヒューズの容量が不足していると,保護装置が動作してモータが停止する.換気装置の振動や異音の原因として不適当である.

答 (1)

【問題 71】軸心のずれは,ポンプ部の振動・異音の発生の原因となる.その対処方法として,芯出しを行う.

答 (4)

【問題 72】電磁式ブロワで軸受けが破損した場合,ブロワは起動しない.したがって,吐出空気量が減少した原因としては不適当である.その他の原因としては,マグネットの破損などが考えられる.

答 (2)

【問題 73】ばっ気槽の BOD 負荷が高い場合,MLSS 濃度を高めて運転すると BOD–MLSS 負荷を小さく維持できるため,処理が良好となる.

答 (2)

【問題 74】循環水量が多いと,ろ床部における水量負荷が上がり,さらなる水位上昇につながるおそれがある.

答 (1)

【問題 75】槽内水の pH は,DO に影響を及ぼす要因としては不適当である.反対に,設計時の負荷条件から極端に低負荷となると,硝化の進行により pH の低下を生じることはある.

答 (5)

【問題 76】トイレットペーパーの使用量が多いことによって,著しく固形物量が多くなる例,粘性が高くなる例はあるが,窒素負荷が増大するということはない.

答　(1)

【問題77】 ノルマル酪酸の臭いは，イソ吉草酸と同様に「汗くさい臭い」「むれた靴下臭」と表現される．シンナー臭というと，酢酸エチルなどの臭いがこれに該当する．

答　(1)

【問題78】 浄化槽で発見される蚊の多くは，チカイエカ，アカイエカで，地下に設置された浄化槽の場合は，ほとんどがチカイエカである．

答　(5)

【問題79】 電圧は，オームの法則による以下の式で求めることができる．

電圧〔V〕＝電流〔A〕×抵抗〔Ω〕

$$=\frac{50〔mA〕}{1\,000}×2\,000〔Ω〕=100〔V〕$$

答　(3)

【問題80】 原虫に分類されるのは，赤痢アメーバ，クリプトスポリジウム，ジアルジアなどである．したがって，水系感染症としては，ウのジアルジア症，エのアメーバ赤痢の組み合わせが適当である．

答　(5)

【問題81】 pH計の電極の内部液には，塩化カリウム溶液を用いる．

答　(4)

【問題82】 原水ポンプ槽の水位増加による汚水量は，次式により求められる．

3.5〔m²〕×(2.5−1.5)〔m/時〕＝3.5〔m³/時〕

水位増加分と流出水量の和が原水ポンプ槽への流入汚水量となる．

3.5〔m³/時〕＋2.5〔m³/時〕＝6.0〔m³/時〕

答　(4)

【問題83】 ORP電極にスパン校正はない．ORP標準液で測定したORP値が規定の電位になっていることを確認する．測定した電位が規定値と20 mV以上異なっている場合，金属電極の表面をサンドペーパーなどで軽く研磨するか，希硝酸（1+1）中に数分間浸して電極の再生処理を行う．

答　(3)

【問題84】 DO_2は，培養後の希釈試料の溶存酸素濃度〔mg/L〕のことである．

答　(2)

【問題85】 時間経過に伴って検出されなくなる可能性があるため，残留塩素は直ちに測定する．

答 (2)

【問題86】 消毒剤の溶解速度は水温に影響される．水温が上昇すると，溶解速度も上がる傾向を示す．

答 (3)

【問題87】

(1) 残留塩素が検出される場合には，衛生上の指標である大腸菌群が十分に減少していると判断される．

(3) 残留塩素測定用 DPD 試薬の妨害物質として，亜硝酸性窒素が知られている．

(4) ウイルスの塩素耐性は，大腸菌より高いといわれている．

(5) クリプトスポリジウムの感染型であるオーシスト（成熟卵嚢子）は塩素耐性がある．

答 (2)

【問題88】 分離接触ばっ気方式では，窒素の除去は見込まれていないため，窒素の除去率が一番低い．また，COD は BOD に比べて除去効率が悪く，ある程度濃度が低下すると除去効率が変曲点に達し，BOD 値より COD 値の数値が高くなる．そのため，除去率は BOD ＞ COD である．

これらより，(1) が適当である．

答 (1)

【問題89】 みなし浄化槽の住宅から放流される BOD 負荷量は以下のとおり．

13×(1−0.65)＋27＝31.55〔g/(人・日)〕

浄化槽の住宅から放流される BOD 負荷量は以下のとおり．

(13＋27)×(1−0.9)＝4.0〔g/(人・日)〕

したがって，BOD 負荷の減少量は，

31.55−4.0＝27.55〔g/(人・日)〕

答 (3)

【問題90】 ［ア　塩化物イオン］は，各種の処理工程で除去されないため，浄化槽に流入したものは，そのままの状態で流出する．みなし浄化槽では，標準的な希釈倍率として，［イ　50倍希釈］が用いられる．したがって，希釈倍率

が大きいと洗浄水量が多く，滞留時間が［ウ　短く］なり，処理機能の障害を生ずるおそれがある．

答（3）

【問題91】 夾雑物除去槽は，スカムなどの浮上物を全量引き出す．槽底部からは槽内水と洗浄水を全量引き出す．

答（5）

【問題92】 単純ばっ気型二次処理装置は，全量を引き出す．

答（3）

【問題93】 清掃の技術上の基準に以下の記述がある．

　槽内の洗浄に使用した水は引き出すこと．ただし，嫌気ろ床槽，脱窒ろ床槽，消毒タンク，消毒室または消毒槽以外の部分の洗浄に使用した水は，一次処理装置，二階タンク，腐敗室または沈殿分離タンク，沈殿分離室もしくは沈殿分離槽の張り水として使用することができる．

　設問の（1）（2）（5）の単位装置の洗浄に使用した水は不適当である．また，消毒槽の張り水としても使用できないため（3）も不適当である．

答（4）

【問題94】 嫌気ろ床槽第１室を全量引き出す場合，嫌気ろ床槽第１室の容量のほか，流量調整部（第１室＋第２室），ろ床洗浄水量が含まれる．したがって，清掃汚泥量は次式により算出される．

　　$1.20+(0.30+0.15)+0.3=1.95〔m^3〕$

答（4）

【問題95】 ふらんびん（培養びんとも呼ばれる）はBODの測定に用いる．容量が正確にわかっている$100～300\,mL$の共栓付ガラスびんで，水封でき，共栓を斜めに切り落としたものである．

答（1）

【問題96】 清掃の記録は，清掃作業内容や内部設備の変形・破損の有無が明らかになるような内容とする．なお，槽内作業の酸素欠乏等危険場所では，酸素欠乏症対策だけでなく，硫化水素中毒対策についても配慮すべきである．

答（5）

【問題97】 消毒室の汚泥，スカムは適正量を引き出し，必要に応じ洗浄，掃除等を行う．なお，槽内の洗浄に使用した水についても引き出すこととされている．

答 (5)

【問題98】 浄化槽汚泥の濃度が低いほど，し尿処理施設への投入量が増加するため，機能低下を生じることがある．浄化槽汚泥の投入量が変動すると処理条件が変動するため，機能低下を生じることがある．

答 (2)

【問題99】 浄化槽汚泥は，BOD 成分の大半が SS など［(5) 不溶性］のものである．

答 (5)

【問題100】 くみ取りし尿と浄化槽汚泥の計画処理量のうち，し尿処理施設によって処理されたのは約93%，下水道投入によって処理されたのは約6%とされている（環境省：「一般廃棄物の排出及び処理状況等（平成30年度）について」より）．

答 (1)

令和元年度

浄化槽管理士試験 問題

受験者数 1,048 名／合格者数 213 名／合格率 20.3%
合格基準点 64 点以上

午 前

- 浄化槽概論
- 浄化槽行政
- 浄化槽の構造及び機能
- 浄化槽工事概論

問題 1 水資源に関する次の記述のうち，最も不適当なものはどれか．

(1) 地球上の淡水の量は，氷として存在しているもの(氷河等)が最も多い．

(2) 我が国の年平均降水量は，世界平均より多い．

(3) 我が国の 1 人当たりの年平均降水総量は，世界平均より少ない．

(4) 水資源賦存(ふぞん)量は，降水量から蒸発散量を減じたものに当該地域の面積を乗じた値である．

(5) 我が国の水資源賦存(ふぞん)量の約 50％を人間は利用している．

問題 2 河川に有機汚濁物質が流入した際，大気から供給される酸素量よりも，微生物の生物化学的作用で消費される酸素量の方が多い状態が続いた場合，生じる可能性がある現象として，最も不適当なものは次のうちどれか．

(1) 河川底質が嫌気性状態になる．

(2) メタンガスが発生する．

(3) クロラミンが発生する．

(4) 硫化水素が発生する．

(5) 河川中の水生生物が酸欠で斃死(へいし)する．

問題 3 下図は，我が国の公共用水域における水域群（河川，湖沼，海域）別の水質の推移（BOD または COD 年間平均値）を示したものである．図

中の凡例 ア ～ ウ に対応する水域の組み合わせとして，最も適当なものは次のうちどれか．

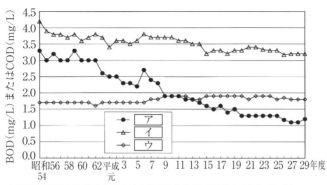

*環境省「平成29年度公共用水域水質測定結果」に掲載された図に基づく.

	ア	イ	ウ
(1)	海域	河川	湖沼
(2)	海域	湖沼	河川
(3)	河川	海域	湖沼
(4)	湖沼	河川	海域
(5)	河川	湖沼	海域

問題 4 環境問題に関連する用語とその説明の組み合わせとして，最も不適当なものは次のうちどれか．

	用　語	説　明
(1)	イタイイタイ病 ————	カドミウム汚染米を長期にわたって摂取したことによって生じた公害病
(2)	水の華 ————————	湖沼中の栄養塩類濃度が増加することによりプランクトン生産量が著しく増大して生じる現象
(3)	トリハロメタン ————	フミン質を含む水道原水の塩素処理で生じる発ガン性のある化学物質の総称

令和元年度

[173]

(4) 水俣病 ———————————— アルキル鉛化合物に汚染された魚介類
　　　　　　　　　　　　　　を摂取したことによって生じた公害病
(5) マイクロプラスチック ——— 生態系への影響が懸念されている微細
　　　　　　　　　　　　　　なプラスチックごみ

問題5 浄化槽に関する次の記述のうち，最も不適当なものはどれか．
(1) 浄化槽に流入する生活雑排水由来の有機汚濁物質の負荷量は，し尿由来の負荷量に比べて大きい．
(2) 浄化槽は個別分散型施設であるため，小河川の流量維持が期待できる．
(3) みなし浄化槽（単独処理浄化槽）は，生活雑排水の混入がないため処理効率が高い．
(4) 浄化槽の規模は，処理対象人員を用いた「人槽」で表し，最も小さいものは5人槽である．
(5) 浄化槽は個別分散型施設であるため，人口の減少に対応しやすい．

問題6 BODとCODに関する次の記述のうち，最も不適当なものはどれか．
(1) BODは，微生物反応で消費された酸素量をmg/Lの単位で表したものである．
(2) 工場排水では，有機物質が含まれていても，BODが検出されない場合がある．
(3) CODは，酸化剤による反応で消費された酸化剤量をmg/Lの単位で表したものである．
(4) 還元性の強い無機物質が含まれる場合，高いCOD値を示す．
(5) BODとCODの比は，有機物質の生分解性の指標となる．

問題7 重量百分率5％の食塩水を表す記述として，最も不適当なものは次のうちどれか．ただし，この溶液の比重は1とする．
(1) 5gの食塩を水に溶かし，さらに水を加えて100gとしたもの
(2) 5gの食塩に水100 mLを加えて溶かしたもの
(3) 蒸発乾固させると5gの食塩が残る100 mLの食塩水

(4) 50 g/L の食塩水

(5) 50 000 ppm の食塩水

問題 8 140 g のアンモニア性窒素が硝酸性窒素まで酸化される際に必要な酸素量（g）として，正しい値は次のうちどれか．ただし，硝化反応は以下に示すとおりであり，水素，窒素，酸素の原子量はそれぞれ 1，14，16 とする.

$$NH_4^+ + 2O_2 \rightarrow NO_3^- + H_2O + 2H^+$$

(1) 120

(2) 160

(3) 320

(4) 490

(5) 640

問題 9 下図は異なる太さのパイプをつなぎ，地点①から水を流して地点②で流出させ，測定点 A，B，C における水頭を測定している．図中の ア ～ エ に入る用語の組み合わせとして，最も適当なものは次のうちどれか．

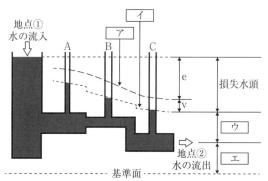

注）e：摩擦等によるエネルギーの損失分
　　v：運動エネルギーの損失分

	ア	イ	ウ	エ
(1)	エネルギー線	動水勾配線	速度水頭	位置水頭
(2)	動水勾配線	エネルギー線	速度水頭	圧力水頭
(3)	エネルギー線	動水勾配線	圧力水頭	位置水頭

- (4) 動水勾配線　　　エネルギー線　　　圧力水頭　　　位置水頭
- (5) エネルギー線　　　動水勾配線　　　速度水頭　　　圧力水頭

問題10 同一機種のブロワ4台を5月1日から6月30日まで連続稼働させたとき，合計消費電力量は234キロワット時（kWh）であった．このブロワ1台の電力（W）として，最も近い値は次のうちどれか．
- (1)　10
- (2)　20
- (3)　40
- (4)　80
- (5) 160

問題11 浄化槽法第1条に規定されている，浄化槽法の目的に関するア〜オの記述について，誤っているものをすべてあげている組み合わせは次のうちどれか．
- ア．浄化槽の設置，保守点検，清掃及び製造について規制すること
- イ．浄化槽製造業者の登録制度を整備すること
- ウ．浄化槽清掃業者の許可制度を整備すること
- エ．浄化槽設備士及び浄化槽管理士の資格を定めること
- オ．浄化槽汚泥の処分に関すること
- (1)　ア，ウ
- (2)　ア，オ
- (3)　イ，エ
- (4)　イ，オ
- (5)　ウ，エ

問題12 浄化槽法における浄化槽の定義に含まれるものとして，正しいものは次のうちどれか．
- (1) 個別の住宅に設置されたし尿及び雑排水を処理する施設で，終末処理場を有する公共下水道に放流しているもの

(2) 一般廃棄物処理計画に従って市町村が設置したし尿処理施設

(3) 農業集落におけるし尿及び雑排水を処理する農業集落排水施設

(4) 個別の住宅に設置されたし尿のみを処理する施設

(5) 工場または事業場に設置された工場廃水を処理する施設

問題 13 浄化槽管理者の義務として，誤っているものは次のうちどれか.

(1) 浄化槽の保守点検と清掃をしなければならない.

(2) 浄化槽の使用開始の日から 30 日以内に，環境省令で定める事項を記載した報告書を都道府県知事に提出しなければならない.

(3) 浄化槽管理者に変更があったときは，変更の日から 30 日以内に，環境省令で定める事項を記載した報告書を都道府県知事に提出しなければならない.

(4) 毎年1回，指定検査機関の行う水質に関する検査を受けなければならない.

(5) 浄化槽の使用を廃止したときは，廃止した日から 60 日以内にその旨を都道府県知事に届け出なければならない.

問題 14 浄化槽の保守点検または清掃に関する次の記述のうち，正しいものはどれか.

(1) 浄化槽の保守点検は，浄化槽を使用する直前から行わなければならない.

(2) 浄化槽の保守点検を業とする者は，環境大臣の許可を受けなければならない.

(3) 浄化槽管理者は，自ら保守点検を行った場合はその記録を5年間保存しなければならない.

(4) 浄化槽管理者から保守点検または清掃の委託を受けた者は，保守点検または清掃の記録を2部作成し，1部を浄化槽管理者に交付し，1部を自ら5年間保存しなければならない.

(5) 浄化槽管理者が自ら浄化槽を清掃する場合は，浄化槽法の清掃の技術上の基準に従う必要はない.

浄化槽法施行規則第1条の2に規定する「放流水の水質の技術上の基準」として，正しいものは次のうちどれか.

	BOD 濃度	BOD 除去率
(1)	10 mg/L 以下	95％以上
(2)	20 mg/L 以下	90％以上
(3)	30 mg/L 以下	85％以上
(4)	60 mg/L 以下	70％以上
(5)	90 mg/L 以下	65％以上

問題 16 浄化槽法施行規則で定められている浄化槽の保守点検・清掃の回数に関する次の記述のうち，誤っているものはどれか.

(1) 保守点検の回数は，通常の使用状態における回数である.

(2) 環境大臣が定める浄化槽は，法令上の保守点検回数の規定にかかわらず，環境大臣が定める回数とする.

(3) 消毒剤の補給は，法令上の保守点検回数の規定にかかわらず，必要に応じて行うものとする.

(4) 戸建て住宅に設置される浄化槽の保守点検回数は，処理方式によらず同一である.

(5) 清掃の回数は，みなし浄化槽（単独処理浄化槽）を含めたすべての浄化槽について，毎年1回である.

問題 17 生活排水処理に関する次の記述のうち，誤っているものはどれか.

(1) 下水道は，し尿及び生活雑排水に加え，雨水も処理対象として含まれるほか，工場廃水も処理対象となる.

(2) コミュニティ・プラントは，浄化槽法に基づく浄化槽に位置付けられている.

(3) 浄化槽は，水洗便所を使用し，公共下水道以外に放流する場合に設置が義務付けられている.

(4) 浄化槽には，各戸に設置するもの以外に集合処理形式のものがある.

(5) 浄化槽汚泥は，し尿処理施設において処理できる.

問題 18 浄化槽管理士に関する次の記述のうち，正しいものはどれか.

(1) 浄化槽管理士は，浄化槽の設置工事にあたり，必ず立ち会い，設置が適切であることを確認しなければならない.

(2) 浄化槽管理士は，浄化槽の保守点検及び清掃に従事する者の資格である.

(3) 国土交通大臣は，浄化槽管理士が浄化槽法または同法に基づく処分に違反したときは，浄化槽管理士免状の返納を命ずることができる.

(4) 浄化槽管理士は，浄化槽法第 7 条及び第 11 条に規定する浄化槽の水質に関する検査を行うための資格である.

(5) 浄化槽管理士でなければ，浄化槽管理士またはこれに紛らわしい名称を用いてはならない.

問題 19 浄化槽に関連する事項とそれに対応する法律の組み合わせとして，誤っているものは次のうちどれか.

(1) 浄化槽の設置における建築確認 ———— 浄化槽法

(2) 水質汚濁に係る環境基準 ———————— 環境基本法

(3) 浄化槽の設置の届出 ——————————— 浄化槽法

(4) 浄化槽の構造基準 ———————————— 建築基準法

(5) 浄化槽汚泥の収集，運搬 ————————— 廃棄物の処理及び清掃に関する法律

問題 20 技術管理者に関する次の記述のうち，誤っているものはどれか.

(1) 技術管理者は，規模の大きな浄化槽の保守点検を自ら行う者の資格である.

(2) 処理対象人員が 501 人以上の浄化槽には，技術管理者を置かなければならない.

(3) 技術管理者は，浄化槽管理者が任命する.

(4) 浄化槽管理者は，当該浄化槽における技術管理者の業務を行うことができる.

(5) 技術管理者の設置義務違反に対しては，罰則の規定がある.

汚水処理は基本的に（A）固形物の分離操作，（B）微生物による反応を利用する操作，及び（C）処理水の消毒操作からなる．これらの操作に関する次の記述のうち，最も不適当なものはどれか．

(1) (A)の操作は，固形物の大きさや沈降速度を利用している．

(2) (A)の操作は，(B)の操作の前や後に用いられる．

(3) (B)の操作では，微生物の同化作用によって固形物が生成する．

(4) (B)の操作で反応に関与するのは，有機物質のみである．

(5) (C)の操作で用いられる次亜塩素酸塩は，強い酸化力で病原微生物を不活化する．

問題 22 水の混合状態が完全混合とみなすことができる装置として，最も不適当なものは次のうちどれか．

(1) 容量が小さく，滞留時間の極端に長いばっ気槽

(2) バッフルによって迂回流構造となっている消毒槽

(3) 長さが幅に比べてあまり長くないばっ気槽

(4) トレーサーを流入部に投入した瞬間に，流出口で最大濃度となる槽

(5) 循環流を十分に維持できている接触ばっ気槽

問題 23 凝集処理に関する次の記述のうち，最も不適当なものはどれか．

(1) 生物処理水中に硫酸バンドを添加した場合，不溶性の水酸化アルミニウムが生成され，それが水中の微細粒子を吸着する．

(2) 水中で正に帯電している微細な粒子は，無機凝集剤（陽イオン性）を添加することにより，フロックが形成しやすくなる．

(3) リンを含む生物処理水中にアルミニウム塩を添加すると，不溶性のリン酸アルミニウムを形成して沈殿する．

(4) 凝集剤の注入量は，一般的にはジャーテストによって求められる．

(5) 凝集は生物処理水中に残存している色度成分の除去にも有効である．

問題 24 活性汚泥が入った回分式反応槽に汚水を添加して培養を行った．この反応槽内の溶解性 BOD 濃度と培養時間の関係を調べたところ，培養開始

時の溶解性 BOD 濃度が 1/2 になる時間, 1/2 から 1/4 になる時間, 1/4 から 1/8 になる時間, 1/8 から 1/16 になる時間はすべて 9 時間であった. いま, 42 L の活性汚泥が入った反応槽に溶解性 BOD 1 000 mg/L の汚水を 8 L 添加して培養を開始し, 36 時間経過した. このときの反応槽内の溶解性 BOD 濃度 (mg/L) として, 最も適当な値は次のうちどれか. ただし, 汚水を添加する前の溶解性 BOD 濃度は 0 mg/L とする.

- (1) 5
- (2) 10
- (3) 16
- (4) 32
- (5) 63

問題 25 下図は, 回分式の好気性生物反応槽における有機物質の分解と微生物の増殖の関係を表している. この図の ア ～ ウ に入る語句の組み合わせとして, 最も適当なものは次のうちどれか.

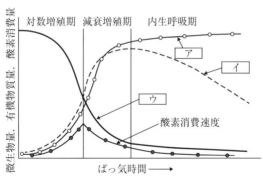

	ア	イ	ウ
(1)	残留有機物質量	微生物量	累積酸素消費量
(2)	累積酸素消費量	残留有機物質量	微生物量
(3)	微生物量	残留有機物質量	累積酸素消費量
(4)	累積酸素消費量	微生物量	残留有機物質量
(5)	微生物量	累積酸素消費量	残留有機物質量

問題 26 オキシデーション・ディッチ方式に関する次の記述のうち，最も不適当なものはどれか．

(1) 水深が深いので，設置面積を小さくできる．
(2) 長時間ばっ気方式の変法の一つである．
(3) 好気ゾーンと嫌気ゾーンを形成することができる．
(4) 処理条件によっては，窒素が除去できる．
(5) 汚泥が沈殿しない流速が必要である．

問題 27 ばっ気槽が，流入 BOD 負荷量 30 kg/日，送風量 2.8 m³/分，ばっ気強度 1.4 m³/(m³·時) で運転されている場合，BOD 容積負荷 (kg/(m³·日)) として，正しい値は次のうちどれか．

(1) 0.10
(2) 0.15
(3) 0.20
(4) 0.25
(5) 0.30

問題 28 浄化槽に関する用語とその説明の組み合わせとして，最も不適当なものは次のうちどれか．

	用　語	説　明

(1) 水密構造 ———— 水圧に耐えて水を通さない構造
(2) グレーチング ——— 点検蓋等に用いられる鋼材を格子状に組んだもの
(3) 土かぶり ———— 埋設物の上を覆っている土の深さ
(4) 臭突 ————— 臭気物質を外へ排出するための管
(5) マンホール ——— 点検口を密閉するための蓋

問題 29 回転板接触方式における回転板の表面積及び必要枚数は，下式で記述される．

$$回転板の表面積 = \frac{流入汚水のBOD負荷量}{BOD面積負荷}$$

[182]

$$\text{回転板の必要枚数} = \frac{\text{回転板の表面積}}{\text{回転板1枚当たりの表面積}}$$

流入汚水のBOD負荷量2 kg/日をBOD面積負荷5 g/(m²·日)で処理するとき，直径2 mの回転板の必要枚数（枚）として，最も近い値は次のうちどれか．

- (1) 64
- (2) 80
- (3) 96
- (4) 112
- (5) 128

問題30 処理対象人員算定基準（JIS A 3302：2000）では，対象とする建築物から排出される汚濁負荷量〔汚水の量(L/日)及びBODの量(kg/日)〕を，住宅の1人1日当たりの汚濁負荷量で除した人員数を基本としている．処理対象人員に関する次の記述のうち，最も適当なものはどれか．

- (1) 汚水の量に基づく人員数を基本とする．
- (2) BODの量に基づく人員数を基本とする．
- (3) 汚水の量に基づく人員数とBODの量に基づく人員数のうち，小さい方を採用する．
- (4) 汚水の量に基づく人員数とBODの量に基づく人員数の平均値を採用する．
- (5) 汚水の量に基づく人員数とBODの量に基づく人員数のうち，大きい方を採用する．

問題31 性能評価試験の試験方法に関する下表の〔　　〕内の記述のうち，誤っているものはどれか．

試験方法の種類		試験槽の形状	規模（処理水量）
恒温短期評価試験方法	家庭用浄化槽	[(1) 現物（最小製品）または現物と同一形状の試作品]	[(2) 0.5 m³/日まで]
	一般浄化槽	[(3) 現物（最小製品）またはモデルプラント]	10 m³/日まで
現場設置試験方法	現場評価試験1	現物	[(4) 制限なし]
	現場評価試験2	現物	[(5) 2 m³/日まで]

問題 32 構造例示型浄化槽のホッパー型沈殿槽に関する次の記述のうち，最も不適当なものはどれか．

(1) 処理対象人員 31 人以上の浄化槽に設置される．

(2) ホッパーは水平面に対し 60 度以上の勾配とする．

(3) 有効水深は水面からホッパー部の上端までの水深をいう．

(4) 沈殿槽内における水面の日平均上昇速度を表すものが，水面積負荷である．

(5) スカムスキマが設置されている．

問題 33 構造基準（建設省告示第 1292 号，最終改正平成 18 年 1 月国土交通省告示第 154 号に定める構造方法）の第 6 に示された処理方式と処理対象人員の組み合わせとして，誤っているものは次のうちどれか．

　　　　処理方式　　　　　　処理対象人員

(1) 回転板接触方式 ────── 51 人以上

(2) 接触ばっ気方式 ────── 51 人以上

(3) 長時間ばっ気方式 ───── 101 人以上

(4) 散水ろ床方式 ────── 501 人以上

(5) 標準活性汚泥方式 ───── 501 人以上

問題 34 ある浄化槽の二次処理水の COD を低減するため，5 種類の粒状活性炭による COD 吸着特性を求めたところ，下図に示す COD の平衡濃度

（mg/L）と平衡吸着量（g-COD/kg-粒状活性炭）の関係が得られた．この結果に基づくと，COD 50 mg/L の二次処理水 100 L を COD の平衡濃度 10 mg/L とするための必要量が最も少ない粒状活性炭は，（1）～（5）のうちどれか．

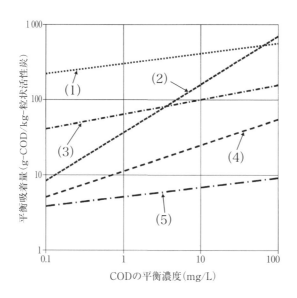

問題 35 流入側の点検升に関する次の記述のうち，最も不適当なものはどれか．
(1) 屋内への臭気の進入を防止するため，すべてトラップ升にしなければならない．
(2) 雨水等が入らないように密閉できる蓋を設けなければならない．
(3) 起点，屈曲点，合流点に設けなければならない．
(4) 直線部分においても管路の点検や清掃が行える間隔で設けなければならない．
(5) 内径は，原則 30 cm 以上とし，円形または角形にしなければならない．

問題 36 浄化槽に関する用語とその説明の組み合わせとして，最も不適当なものは次のうちどれか．

用　語	説　明
(1) 比表面積 ———————	接触材やろ材の見かけの体積 1 m³ 当たりの表面積
(2) ドラフトチューブ ———	旋回流形成のためにばっ気槽の中心部に設ける縦型の円筒
(3) センターウェル ———	ホッパー型沈殿槽で流入水を均等に分散させるための筒
(4) 水かぶり ———————	接触ばっ気槽における接触材押え面と最大汚水流人時の水面との距離
(5) 釜場 ——————————	水や汚泥の引き出しなどのために水槽等の底部に設けるくぼみ

問題 37 下図に示す構造の間欠定量ポンプに関する記述として，最も適当なものは次のうちどれか．

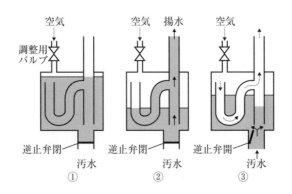

(1) 間欠定量ポンプに接続されているブロワは，運転・停止のタイマ制御が行われている．

(2) 空気配管途中の調整用バルブの開度を調整することにより，単位時間当たりの移送水量を調整する．

(3) このタイプは，水面の上に設置しても揚水することができる．

(4) ポンプ内に汚水を流入させるためには，空気の供給を止める必要がある．

(5) このポンプの1サイクルは，①，③，②の順である．

問題 38　鉄電解方式のリン除去型小型浄化槽に関する次の記述のうち，最も不適当なものはどれか．
(1) 鉄電極に直流電流を通電する．
(2) 陽極から鉄イオンが溶出する．
(3) 溶出した鉄イオンは還元される．
(4) 鉄イオンとリン酸イオンが反応してリン酸鉄となる．
(5) 鉄電極は定期的な交換が必要である．

問題 39　下に示すア～オの汚泥脱水機のうち，ろ布を使用する脱水機の組み合わせとして，最も適当なものは次のうちどれか．
　ア．多重円盤型脱水機
　イ．加圧脱水機
　ウ．遠心濃縮型脱水構
　エ．ロータリードラムスクリーン
　オ．ベルトプレス
(1) ア，ウ
(2) イ，エ
(3) イ，オ
(4) ウ，エ
(5) エ，オ

問題 40　生物処理による窒素除去方法について，構造基準（建設省告示第1292号，最終改正 平成18年1月国土交通省告示第154号に定める構造方法）に示す処理方式及び大臣認定浄化槽における次の記述のうち，最も不適当なものはどれか．
(1) BOD除去，硝化，脱窒を同一反応槽で行う方法として，大臣認定浄化槽には間欠ばっ気法がある．
(2) 脱窒とそれに伴うBOD除去を同一反応槽で行い，硝化は別の反応槽

で行う方法として，脱窒ろ床接触ばっ気方式，硝化液循環活性汚泥方式がある．

(3) BOD 除去，硝化，脱窒を別々の反応槽で行う方法として，三次処理脱窒・脱リン方式がある．

(4) 構造基準告示で示される窒素除去型浄化槽の放流 T-N の性能は，すべて T-N20mg/L に設定されている．

(5) 構造基準告示で示される窒素除去型浄化槽は，すべて好気条件と嫌気条件を組み合わせた生物処理による硝化・脱窒反応を利用している．

問題 41 浄化槽の図面に関する次の記述のうち，最も不適当なものはどれか．

(1) 各種図面は，正しく施工が行われるように設計図書とともに設計者が作成する．

(2) 建築基準法施行規則では，届出書類に図画を添付するよう規定されている．

(3) 図面の書き方は，JIS で詳細に定められている．

(4) 図面はすべての構造が分かるように，1 枚にまとめて記載する必要がある．

(5) 浄化槽管理士は，トラブル発生時に備え主要な図面の見方を理解しておかなければならない．

問題 42 図面中に用いられた実線の一般的な使用用途として，最も不適当なものは次のうちどれか．

(1) 見える部分の外形線

(2) 引出線

(3) 対象物の一部を取り去った境界を表す線

(4) 寸法補助線

(5) 断面の位置を表す線

問題 43 下図に示す寸法等の記入方法に関する名称として，最も不適当なものは次のうちどれか.

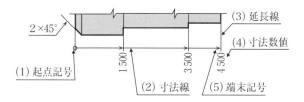

(3) 延長線
(4) 寸法数値
2×45°
(1) 起点記号
(2) 寸法線
(5) 端末記号

問題 44 電気関係の図示記号と写真の組み合わせとして，最も不適当なものは次のうちどれか.

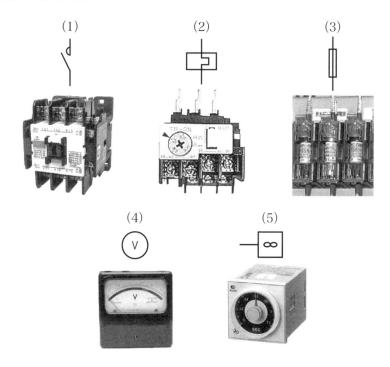

(1)　　　　　　(2)　　　　　　(3)

(4)　　　　　　(5)

問題 45 以下の平面図及び断面図に示された単位装置の立体図（矢印Eの方向に斜め上から見たもの）として，最も適当なものは次のうちどれか. なお，平面図及び立体図ではマンホールを含む上部構造を省略している.

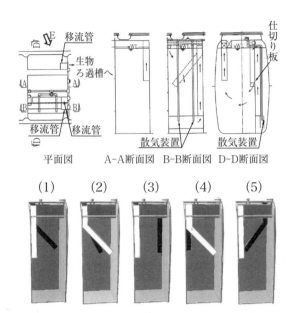

移流管
生物ろ過槽へ
移流管　移流管
仕切り板
散気装置　散気装置

平面図　　A-A断面図　B-B断面図　D-D断面図

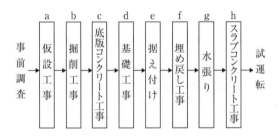

(1)　　(2)　　(3)　　(4)　　(5)

問題 46　工場生産浄化槽の試運転に至るまでの一般的な工事の手順を示した下図において，順序が逆転している手順をすべてあげている組み合わせは次のうちどれか．

事前調査 → a 仮設工事 → b 掘削工事 → c 底版コンクリート工事 → d 基礎工事 → e 据え付け → f 埋め戻し工事 → g 水張り → h スラブコンクリート工事 → 試運転

(1) a と b, c と d
(2) a と b, f と g
(3) a と b, g と h
(4) c と d, f と g
(5) c と d, g と h

問題47 水替え工事と山留め工事を示す下図において, 最も不適当な名称は次のうちどれか.

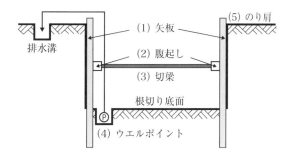

問題48 ブロワの据え付けに関する次の記述のうち, 最も不適当なものはどれか.

(1) なるべく直射日光を避け, 風通しがよい場所に設置する.

(2) 浄化槽の水面より高い場所に設置する.

(3) 軽量ブロックの上に設置する.

(4) なるべく浄化槽に近い場所に設置する.

(5) なるべく寝室から離れた場所に設置する.

問題49 浄化槽を屋外に地上設置する場合の注意点として, 最も不適当なものは次のうちどれか.

(1) 地震時の転倒や振動に対して安全な構造とする.

(2) FRP製浄化槽は紫外線による劣化が生じにくいため, 耐光性塗料の塗布を必要としない.

(3) 点検口の周囲に鉄骨鋼材等で補強した点検歩廊を設けるなど, 作業空間を十分にとる.

(4) 槽が複数となる場合には, フレキシブルパイプなどを用いて接続する.

(5) 原水ポンプ槽を設ける場合には, 移送水量を調整できる装置を備える.

問題50 工場生産浄化槽の工事の記録に必要な写真の内容として, 最も不適当なものは次のうちどれか.

(1) 掘削作業主任者が工事を実地に監督している状況

(2) 栗石地業を行っている状況

(3) 水締めを行っている状況

(4) 捨てコンクリートを打っている状況

(5) スケールをあてて，嵩上げの高さを確認している状況

午 後

- 浄化槽の点検・調整及び修理
- 水質管理
- 清掃概論

問題 51 下図に示す（ア）～（ウ）の浄化槽のフローシートのうち，浄化槽法施行規則第6条において，通常の使用状態における保守点検の回数が1週間に1回以上と規定されている処理方式を表すフローシートとして，正しいものは次のうちどれか.

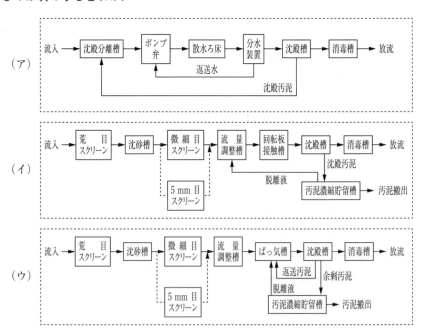

(1) ア

(2) イ

(3) ウ

(4) ア，イ

(5) イ，ウ

問題 52 接触ばっ気槽の逆洗時期の判断に関する次の記述のうち，最も不適当なものはどれか．

(1) 槽底部の堆積汚泥の増加が認められる．

(2) 槽内水に多量のはく離汚泥が認められる．

(3) 接触材の保持汚泥の大部分に黒色化が認められる．

(4) 槽内の各部における DO に大きな差が認められる．

(5) 槽内水の pH の低下が認められる．

問題 53 COD 30 mg/L，水量 50 m³/日の二次処理水について，1 800 kg の活性炭を充填した活性炭吸着装置を用いて三次処理を行い，180 日間運転した．その期間の平均 COD は 10 mg/L であった．活性炭 1 kg 当たりの COD 吸着量（g-COD/kg-活性炭）として，正しい値は次のうちどれか．

(1) 50

(2) 75

(3) 100

(4) 125

(5) 150

問題 54 流量調整槽の保守点検に関する次の記述のうち，最も不適当なものはどれか．

(1) 槽内に異常な臭気やスカムの発生が認められたときは，撹拌装置の作動不良がないかを確認する．

(2) 常用ポンプは低水位で 1 台が起動し，高水位で 2 台目が起動すること（2 台同時運転）を確認する．

(3) 自動脱着式の揚水ポンプでは，水位を下げて運転したとき，上部水面に異常な水流がないことを確認する．

(4) レベルスイッチのケーブルの絡み付きや異物等の付着がないかを確認する．

(5) 設計水量ではなく，実際の流入状況に合わせて移送水量を設定する．

問題 55 膜分離型小型浄化槽（処理対象人員 50 人以下）の保守点検項目として，最も不適当なものは次のうちどれか．

(1) 膜透過水の外観

(2) 機器類の作動状況

(3) 膜分離槽内の DO

(4) 活性汚泥の SV

(5) 膜透過水量

問題 56 回転板接触槽の点検結果とその結果に対応するための保守作業の組み合わせとして，最も不適当なものは次のうちどれか．

	点検結果	保守作業
(1)	回転板にビニル袋や木の葉等の異物が認められた．	異物を取り除いた．
(2)	生物膜が白色を呈し，腐敗臭を発生していた．	通気口の開口率を上げた．
(3)	ミミズ類（貧毛類）の異常増殖による付着生物膜の急激なはく離が認められた．	回転板を洗浄し，はく離汚泥を汚泥処理設備に移送した．
(4)	第 1 室の水位が異常に上昇していた．	移流管の閉塞を解消した．
(5)	回転板の閉塞が確認された．	回転速度を下げた．

問題 57 下記の条件における接触ばっ気ろ過方式の流量調整槽において，24 時間均等移送を行った場合の計量調整移送装置（分水計量装置）の三角せきの高さ（cm）として，最も近い値は次のうちどれか．

〔条件〕

• 流入条件

実使用人員 500 人，1 人 1 日当たりの汚水量 200 L
- 汚泥濃縮貯留槽からの脱離液の移送量と移送先
    1 日 4 回，500 L/ 回，流量調整槽に移送
- 砂ろ過装置からの逆洗排水の移送量と移送先
    1 日 2 回，3 m³/ 回，流量調整槽に移送
- 三角せきのせき高（cm）と移送水量（m³/ 時）の関係（下図）

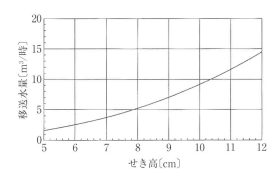

(1)　7.5

(2)　8.5

(3)　9.5

(4)　10.0

(5)　10.5

問題58 浄化槽の各単位装置における溶存酸素量と混合液浮遊物質濃度について，維持することが望ましい数値の大小関係の組み合わせとして，最も適当なものは次のうちどれか．ただし，ばっ気槽は標準活性汚泥方式におけるものとする．

	溶存酸素量	混合液浮遊物質濃度
(1)	ばっ気槽＞硝化槽＞脱窒槽	ばっ気槽＜硝化槽＜脱窒槽
(2)	ばっ気槽＞硝化槽≒脱窒槽	ばっ気槽≒硝化槽≒脱窒槽
(3)	ばっ気槽≒硝化槽＞脱窒槽	ばっ気槽＜硝化槽≒脱窒槽
(4)	ばっ気槽＞硝化槽≒脱窒槽	ばっ気槽＞硝化槽＞脱窒槽
(5)	ばっ気槽≒硝化槽＞脱窒槽	ばっ気槽≒硝化槽＜脱窒槽

消毒室の保守点検項目として，最も不適当なものは次のうちどれか．

(1) 消毒剤と処理水の接触状況

(2) 消毒剤の溶解状況

(3) 薬剤筒の固定状況

(4) 塩化物イオンの測定

(5) 消毒室底部の汚泥等の堆積状況

問題 60 ばっ気室における発泡現象に関する次の文章中の ［　　］ 内の語句のうち，最も不適当なものはどれか．

　ばっ気室における発泡は，便所で用いられる ［(1) 洗浄剤］ に起因する例もあるが，汚濁物質が分解して低分子化したものが ［(2) 蓄積］ した場合に ［(3) ばっ気］ によって発泡する例が多い．一般に，空気供給量が ［(4) 多い］ 場合，または，MLSS 濃度が ［(5) 高い］ 場合に発泡しやすい．

問題 61 生物膜法に用いるホッパー型沈殿槽の汚泥移送ポンプの運転に関する次の記述のうち，最も不適当なものはどれか．

(1) ポンプの稼働時刻は，できるだけ流入汚水量の少ない時間帯に設定する．

(2) 沈殿槽底部に汚泥が長時間滞留するとスカムとなるおそれがあるので，1 日に何回かに分けて移送する．

(3) 生物反応槽の浮遊汚泥が増加した後に，ポンプを自動運転に切り替える．

(4) 移送汚泥の濃度が低下したらポンプの運転が停止するように，ポンプの 1 回当たりの稼働時間を設定する．

(5) エアリフトポンプを用いている場合は，空気抜きから汚泥が吹き出さないようにする．

問題 62 管きょの異常とそれによって生じる障害の組み合わせとして，最も不適当なものは次のうちどれか．

	管きょの異常	障　害
(1)	インバート升から浄化槽本体までの配管の勾配がほとんどない．	汚物の堆積

(2) 放流管が逆勾配である． ―――――――――― 地下水の混入

(3) トラップ升の封水がきれている． ―――― 宅内への衛生害虫の侵入

(4) 流入管と浄化槽本体の接合部に ――――― 汚水の漏れ
    亀裂がある．

(5) 流入管の起点付近の土かぶりが ――――― 配管の破損
    5 cm である．

令和元年度

問題 63 ばっ気槽（室）の SV_{30} に関する次の記述のうち，最も不適当なものはどれか．

(1) みなし浄化槽（単独処理浄化槽）では，SV_{30} が清掃時期の判断の目安として用いられる．

(2) SV_{30} は，汚泥の沈降性の良否を判断する指標となる．

(3) SV_{30} が高い場合には，沈殿槽の汚泥界面の位置や処理水の SS を確認する必要がある．

(4) SV_{30} は，実際の沈殿槽における沈降状態をそのまま再現している．

(5) SV_{30} は，汚泥返送率に影響を受ける．

問題 64 凝集剤として硫酸バンドを，凝集助剤としてポリマーを使用している凝集分離装置において発生する不具合とその対策の組み合わせとして，最も不適当なものは次のうちどれか．

発生する不具合	対策
(1) 急速撹拌槽でのスカムの発生	スカムを移送する．
(2) 緩速撹拌槽でのフロックの微細化	撹拌強度を上げる．
(3) 薬剤貯留槽でのゼリー状のポリマーの残留	ポリマー粉末を少量ずつ水に溶解させる．
(4) 凝集剤注入配管の閉塞	定期的に配管系統を洗浄する．
(5) 貯留した凝集剤の効力の低下	溶解させた凝集剤を長期間保存しない．

問題65 MLSS 濃度は，流入汚水の SS 濃度，返送汚泥の SS 濃度，汚泥返送率と次式で示す関係がある．このとき，汚泥返送率を求める式として，正しいものは次のうちどれか．

〔MLSS 濃度を求める式〕

$$C_A = \frac{100 \times C_i + R \times C_r}{100 + R}$$

- C_A：MLSS 濃度（mg/L）
- C_i：流入汚水の SS 濃度（mg/L）
- C_r：返送汚泥の SS 濃度（mg/L）
- R：汚泥返送率（%）

(1) $R = \dfrac{100 \times (C_i - C_A)}{C_A - C_r}$

(2) $R = \dfrac{100 \times (C_A - C_r)}{C_i - C_A}$

(3) $R = \dfrac{100 \times (C_i - C_r)}{C_A - C_i}$

(4) $R = \dfrac{C_i - C_A}{100 \times (C_A - C_r)}$

(5) $R = \dfrac{C_A - C_r}{100 \times (C_i - C_A)}$

問題66 自動荒目スクリーンの保守点検項目として，最も不適当なものは次のうちどれか．

(1) 水路内の固形物の堆積状況
(2) 臭気の発生状況
(3) し渣の蓄積状況
(4) し渣除去装置の作動状況
(5) 排砂ポンプの稼働状況

問題 67 下表は，全ばっ気型のみなし浄化槽（単独処理浄化槽）の実態調査結果を示している．この表から推定される次の記述のうち，最も不適当なものはどれか．

項　目	平均値	標準偏差	変動係数（%）
放流水の BOD（mg/L）	89	86	97
放流水の COD（mg/L）	52	41	79
放流水の SS（mg/L）	125	122	98
MLSS（mg/L）	1 780	1 980	111
流入汚水量（L/（人・日））	54	43	80

(1) BOD は，大部分の浄化槽が基準値を満たしていると推定される．
(2) BOD は変動係数が大きいので，処理機能にばらつきがあることを示している．
(3) BOD に比べて COD は低いと推定される．
(4) SS からみると汚泥の流出が疑われる施設が多い．
(5) 便器洗浄水量の平均値は設計水量に近いが，水量の変動は大きいと推定される．

問題 68 RC 製浄化槽の事故に関する次の文章中の［　　　］内の語句のうち，最も不適当なものはどれか．

RC 製浄化槽は，［(1) 外力］に対して十分な強度を有し，土圧や水圧による亀裂や破損事故はきわめて少ない．また，浄化槽自体の重量も大きいため，［(2) 浮上事故］が起こることもほとんどない．しかし，コンクリートの［(3) 打ち込み］が不十分であったり，コンクリートの［(4) 継目の処置］が不完全であったりすると，漏水事故を引き起こすことがある．いずれも，施工時における［(5) 埋め戻し工事］において，漏水が確認された段階で修理しなければならない．

問題 69 下図に示す 3 つの送風機（A，B，C）を修理したが，電動機の回転方向が逆転していた．その場合においても，排気口から排気されていた送

風機として，最も適当なものは次のうちどれか．なお，図中の矢印は正常に
回転している場合の方向を示す．

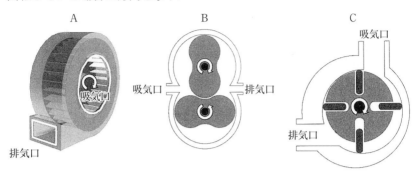

（1） A

（2） B

（3） C

（4） A，B

（5） B，C

問題 70 　ルーツ式ブロワに発生した異常とその結果生じる現象の組み合わせ
として，最も不適当なものは次のうちどれか．

　　　　　ブロワの異常　　　　　　　　　現　　象

（1）　防振ゴムの破損 ——————— 異常な発熱

（2）　フィルタの目詰まり ————— 吐出空気量の減少

（3）　ベルトの張り過ぎ・緩み ——— ベルトの破損

（4）　タイミングギヤーの破損 ——— 空気が吐出しない

（5）　ベアリングの破損 ————— 異音の発生

問題 71 　流量調整槽の移送ポンプの自動制御装置に関する次の文章中の
［　　　］内の語句のうち，最も不適当なものはどれか．

　流量調整槽の移送ポンプの自動制御装置には，フロートスイッチと［(1)
リレー］が組み合わされて使用されている．故障の事例として多いのは，
［(2) スケールの付着］による動作不良やスイッチ接点の［(3) 錆つき］で

ある．また，フロートスイッチは，本体が［(4) 水密構造］になっているため，内部の［(5) 点検・修理］が不可能であり，新品と交換して，再度作動状態を点検する．

問題 72 モータの異常とその原因に関する次の組み合わせのうち，最も不適当なものはどれか．

　　　　　モータの異常　　　　　　　　原　　因

(1) 起動しない ――― 固定子と回転子の接触

(2) 回転方向が逆 ――― 端子の誤接続

(3) 軸受けの過熱 ――― 軸の芯出し不良

(4) モータの振動 ――― 取り付けナットの緩み

(5) モータの過熱 ――― コンデンサの不良

問題 73 戸建て住宅に設置されているみなし浄化槽（単独処理浄化槽）の機能が低下している場合の原因として，最も不適当なものは次のうちどれか．

(1) 雨が降ると，放流先水路の水位が上昇し，水路から槽内への逆流が認められる．

(2) 自宅で塾を週2日の割合で開催しており，開催日には便所の使用回数がその他の日の10倍程度まで増加する．

(3) 流入管路の途中に雨水排除管が接続されている．

(4) 処理対象人員が5人で，1日当たりの流入汚水量が250Lである．

(5) 尿糖の排泄量が多い．

問題 74 浄化槽への多量な油脂分の混入による影響として，最も不適当なものは次のうちどれか．

(1) T-N 負荷量を増加させる．

(2) BOD 負荷量を増加させる．

(3) スクリーンの閉塞をもたらしやすい．

(4) レベルスイッチの誤作動をもたらしやすい．

(5) 臭気の発生をもたらしやすい．

図 1 に示す夾雑物除去槽と嫌気ろ床槽からなる一次処理装置の写真を図 2，図 3 に示す．流入バッフル内の水位は夾雑物除去槽の水位より 20 cm 程度高かった．また，嫌気ろ床槽流入口兼汚泥引き出し管内の水位は嫌気ろ床槽の水位よりも 20 cm 程度高かった．

図 1 に示す①〜⑥のうち，閉塞していると考えられる部位の組み合わせとして，最も適当なものは次のうちどれか．

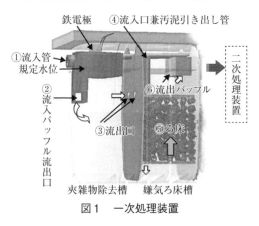

図 1　一次処理装置

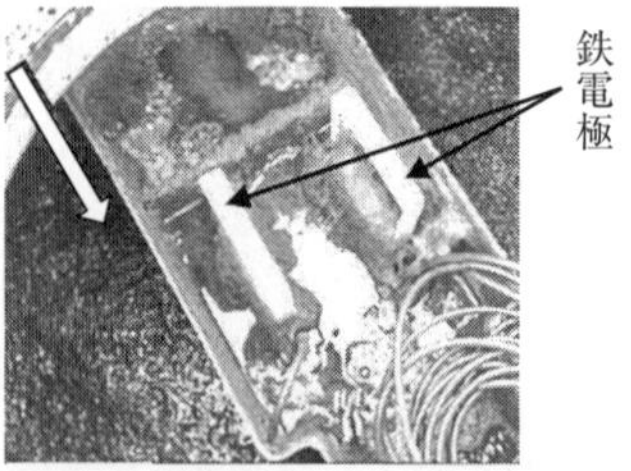

図 2　夾雑物除去槽流入部

図 3　嫌気ろ床槽流入部

※⟹　は，槽内水の流れる方向を表す．

(1) ①，②，⑤

(2) ②，④，⑤

(3) ②，③，⑥

(4) ③，⑤，⑥

(5) ③，④，⑤

ある浄化槽の処理水について 24 時間調査を実施したところ，下表の結果が得られた．この浄化槽の処理水の 1 日の平均 BOD 濃度（mg/L）として，最も近い値は次のうちどれか．

測定時間	処理水の水量 (m³)	処理水 BOD 濃度 (mg/L)	処理水 BOD 量 (g)
0：00 ～ 3：00	0	—	0
3：00 ～ 6：00	5	10	50
6：00 ～ 9：00	30	22	660
9：00 ～ 12：00	5	12	60
12：00 ～ 15：00	3	10	30
15：00 ～ 18：00	10	20	200
18：00 ～ 21：00	12	25	300
21：00 ～ 24：00	8	10	80
合　計	73	109	1 380

(1) 16

(2) 17

(3) 18

(4) 19

(5) 20

問題 77 浄化槽の換気に関する次の記述のうち，最も不適当なものはどれか．

(1) 地下室や屋内に設置された浄化槽では，臭気の排除や湿度の低減のために換気を行う．

(2) 第1種換気法は，給気・排気とも機械的に行う方法であり，最も換気効率がよい．

(3) 第3種換気法は，給気を機械的に行う方法であり，室内は負圧となる．

(4) 換気回数とは，1時間に室内の空気が入れ替わる回数をいい，換気風量を室内の容積で除した値である．

(5) 地下室や屋内に設置された浄化槽では，10回/時以上の換気回数が必要である．

問題 78 衛生害虫（媒介害虫，有害害虫，不快害虫）とそれによる被害の組み合わせとして，最も不適当なものは次のうちどれか．

	衛生害虫		被　害
(1)	蚊 ———————	デング熱
(2)	ハエ —————	消化器系感染症
(3)	ダニ —————	つつがむし病
(4)	スズメバチ ———	アナフィラキシーショック
(5)	ユスリカ ————	皮膚炎

問題 79　感染症予防に関する次の記述のうち，最も不適当なものはどれか.
(1) 浄化槽の保守点検作業中は，体の露出部分を可能な限り少なくする.
(2) 使い捨ての手袋は，使用してはならない.
(3) 各現場での作業終了時に，手指の石けんなどによる洗浄と消毒を実施する.
(4) 作業着は定期的に洗濯し，日光のもとで十分に乾燥させる.
(5) 作業靴の底部や溝に付いた汚泥は，作業終了時に十分に洗浄する.

問題 80　同一の温度，圧力，容積におけるガスの重さの順として，最も適当なものは次のうちどれか. ただし，水素，炭素，窒素，酸素，硫黄の原子量はそれぞれ 1，12，14，16，32 とする.

	軽い ◆——————————————➤ 重い			
(1)	二酸化炭素	＜硫化水素	＜窒素	＜メタン
(2)	メタン	＜硫化水素	＜窒素	＜二酸化炭素
(3)	二酸化炭素	＜窒素	＜メタン	＜硫化水素
(4)	メタン	＜窒素	＜硫化水素	＜二酸化炭素
(5)	メタン	＜二酸化炭素	＜窒素	＜硫化水素

問題 81　せきによる流量測定に関する次の記述のうち，最も不適当なものはどれか.
(1) せき式による流量測定は，開水路に用いられる.
(2) 計量調整移送装置（分水計量装置）の流量測定には，全幅せきが用いられる.

(3) 三角せきの切欠き角度と流出水量は比例する.

(4) せき高とは，せきの底点からせきを越流する水面までの差である.

(5) 四角せき及び全幅せきの流量は，流量算定式にせき高とせき幅を代入して求める.

問題 82 試料採取時の注意点に関するア～オの記述について，不適当なものをすべてあげている組み合わせは次のうちどれか.

ア．試料容器に試料を直接採取することは避ける.

イ．細菌試験に供する試料の場合は，試料容器の共洗いは行わない.

ウ．同じ採水用具を異なる採水箇所で使用する場合は，流入側から流出側に向かって順次採取する.

エ．SS の多い試料では，SS の微細化を避ける採水方法として，ひしゃくを用いることがある.

オ．試料容器への採取量は，容器の 95％程度とする.

(1) オ

(2) ア，ウ

(3) ウ，エ

(4) イ，ウ，オ

(5) ア，イ，エ，オ

問題 83 大腸菌群に関する次の記述のうち，最も適当なものはどれか.

(1) 大腸菌群は，グラム染色で陽性を示す.

(2) 大腸菌群は，芽胞という殻を形成する.

(3) ヒトや動物の糞便に由来する菌のみが大腸菌群数として測定される.

(4) 水質汚濁防止法では，放流水の大腸菌群数は日間平均で 1 mL 当たり 3 000 個以下と規定されている.

(5) 汚水の浄化過程において，大腸菌群数は増加する.

問題 84 塩素消毒に関する次の記述のうち，最も不適当なものはどれか.

(1) 遊離塩素には，塩素，次亜塩素酸，次亜塩素酸イオンがある.

[205]

(2) 結合塩素は，遊離塩素とアンモニアが反応して生成される．

(3) 結合塩素よりも遊離塩素の方が消毒効果は弱い．

(4) 処理水中に残留塩素が検出される場合には，大腸菌群数が十分に減少していると判断できる．

(5) 残留塩素濃度から遊離残留塩素濃度を減じたものが，結合残留塩素濃度である．

問題 85 溶存酸素に関する次の記述のうち，最も不適当なものはどれか．

(1) 水中に溶解している分子状の酸素が溶存酸素である．

(2) 溶存酸素を隔膜電極法で測定する場合には，現場で測定する．

(3) ウインクラーアジ化ナトリウム変法（よう素滴定法）で測定する場合，溶存酸素は，水酸化マンガンを用いて固定する．

(4) 水温が高いほど水中の飽和溶存酸素濃度は低くなる．

(5) 海水の飽和溶存酸素濃度は，同じ温度の淡水の飽和溶存酸素濃度より高い．

問題 86 MLSS 濃度が 2 500 mg/L の活性汚泥混合液を 1 L のメスシリンダーにとって静置したとき，沈殿汚泥体積は下表のように推移した．このときの汚泥容量指標（SVI）として，正しい値は次のうちどれか．

経過時間（分）	沈殿汚泥体積（mL）
10	800
20	400
30	200
40	170
50	160
60	150

(1)　60

(2)　80

(3)　100

(4)　160

(5)　320

問題 87 処理水質の評価に関する次の記述のうち，最も不適当なものはどれか．

(1) アルカリ度は，硝化によって増加し，脱窒によって減少する．

(2) SS の増加は，BOD 及び COD を増加させる．

(3) 透視度は，BOD を推定する指標として有効である．

(4) BOD は，硝化に伴い増加することがある．

(5) 塩化物イオンは，通常の使用状態では生物処理に影響しない．

問題 88 BOD に関する次の記述のうち，最も不適当なものはどれか．

(1) BOD は，有機物質による汚濁を把握する指標として用いられる．

(2) BOD は，20℃，暗所で 5 日間の培養で測定する．

(3) BOD 測定においては，試料中の有機汚濁物質が完全に分解される．

(4) ATU−BOD は，硝化の影響を抑制した BOD である．

(5) 残留塩素は，BOD 測定に影響を与える．

問題 89 好気性生物反応槽の槽内水が沈殿槽から流出するまでの間に，下記の水質変化が認められた．これらの水質変化とその要因の組み合わせとして，最も適当なものは次のうちどれか．

	水質変化	要　因
(1)	pH の上昇	沈殿槽内汚泥からの硝酸性窒素の溶出
(2)	DO の低下	沈殿槽内の微生物による酸素消費
(3)	透視度の低下	浮遊物質の除去
(4)	アンモニア性窒素の上昇	沈殿槽の汚泥内で生じた脱窒
(5)	ORP の上昇	沈殿槽内汚泥の腐敗

問題 90 透視度に関する次の記述のうち，最も不適当なものはどれか．

(1) 滞留時間の長い腐敗室からの流出水は白濁状態にある．

(2) 汚泥貯留を兼ねた一次処理装置からの流出水の透視度はコロイド物質の影響を大きく受ける．

(3) 散水ろ床の処理水は白濁状態にあることが多い．

(4) 透視度の測定によって，硝化・脱窒反応の進行状態が把握できる．

(5) 構造例示型小型浄化槽の放流水の透視度は，30 cm 以上が望ましい．

問題 91 清掃業者が浄化槽管理者と清掃について打ち合わせる事項として，最も不適当なものは次のうちどれか．
(1) 作業が安全に行える環境であることを確認する．
(2) 浄化槽の型式，単位装置の容量等について確認する．
(3) 浄化槽管理者からの清掃手順の指示を確認する．
(4) バキューム車の進入経路や停車位置等を確認する．
(5) 電源，給水栓の有無等を確認する．

問題 92 膜分離型小型合併処理浄化槽維持管理ガイドラインに示されている清掃に関して，最も不適当なものは次のうちどれか．
(1) 一次処理装置は，前回の清掃日から 6 か月後に清掃を実施する．
(2) 沈殿分離槽のスカム，し渣，堆積汚泥，槽内水は全量引き出す．
(3) 嫌気ろ床槽のスカム，し渣，堆積汚泥，槽内水は全量引き出す．
(4) 流量調整槽のスカム，し渣，堆積汚泥，槽内水は全量引き出す．
(5) ばっ気スクリーン型分離槽の貯留部の状況に応じて沈殿物を引き抜き，槽内水は全量引き出す．

問題 93 し尿処理施設に搬入される処理対象物として，最も不適当なものは次のうちどれか．
(1) 工場の敷地内に設置されている浄化槽内に貯まった汚泥
(2) 生活雑排水の放流先のない地域に設置された浸透槽に貯まった汚泥（浸透槽汚泥）
(3) 生活雑排水の専用処理槽に貯まった汚泥（生活雑排水汚泥）
(4) 集合住宅に設置されたディスポーザ排水専用処理装置に貯まった汚泥
(5) 診療所に設置された人工透析排水専用処理装置に貯まった汚泥

問題 94 下記の条件で稼働している施設において，1 か月当たりに発生する汚泥量（m³/ 月）として，最も近い値は次のうちどれか．

〔条件〕

　　流入汚水量　　　：50 m³/日

　　流入 BOD 濃度：200 mg/L

　　BOD 除去率　　：90 %

　　汚泥転換率　　　：60 %

　　汚泥含水率　　　：98 %

　　汚泥の比重　　　：1.0

　(1)　　4.0

　(2)　　8.1

　(3)　10.8

　(4)　13.5

　(5)　16.2

問題 95 清掃時に用いる用具とその使用目的の組み合わせとして，最も不適当なものは次のうちどれか．

　　　　　用　具　　　　　　　　　　　使用目的

　(1) ヘッド付きワイヤー ―― ホッパーやスロットの付着汚泥を掻き落とす．

　(2) サクションホース ――― 汚泥やスカムを引き出す．

　(3) デッキブラシ ――――― 内壁や隔壁の付着物を掻き落とす．

　(4) 高圧洗浄機 ―――――― 配管に付着・堆積している汚泥を洗浄する．

　(5) 止水プラグ ―――――― 配管の洗浄排水を浄化槽に流入させないようせき止める．

問題 96 下図に示す性能評価型浄化槽（5人槽）において，縦長の移流口を持つ沈殿分離槽及び嫌気ろ床槽にスカムが生成していた．この浄化槽の清掃作業として，最も不適当なものは次のうちどれか．

　なお，維持管理要領書には「清掃時に沈殿分離槽及び嫌気ろ床槽のスカム，汚泥等は全量引き出して下さい」と示されていた．

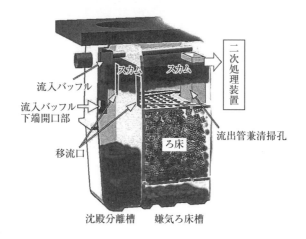

流入バッフル
流入バッフル
下端開口部
移流口
スカム　スカム
ろ床
流出管兼清掃孔
二次処理装置

沈殿分離槽　　嫌気ろ床槽

(1) 沈殿分離槽内のスカム・堆積汚泥を全量引き出した後，嫌気ろ床槽内の清掃を行った．

(2) 沈殿分離槽の流入バッフル下端開口部は，夾雑物が認められたので水洗浄した．

(3) 嫌気ろ床槽の水位が低下した後，ろ床の水洗浄を行った．

(4) 内部設備の変形・破損の状況を確認しながら作業を行った．

(5) 汚泥等を引き出し後，水張りを行った．

問題97 有効容量 2.5 m³ の沈殿分離槽の清掃を A と B の 2 台のバキューム車を用い，以下に示す①～⑥の手順で実施した場合，手順⑥において使用した水道水量（m³）として，正しい値は次のうちどれか．

① A のバキューム車で，スカムを全量引き出す．

② B のバキューム車で，中間水 1.0 m³ を引き出す．

③ A のバキューム車で，残っている堆積汚泥等を全量引き出す．

④ 壁面や流入管等を水道水 0.3 m³ で洗浄し，洗浄水はそのまま張り水として利用する．

⑤ B のバキュームタンク内の中間水を張り水として利用するために沈殿分離槽内に戻す．

⑥ 水道水で所定の水位まで水張りを行う．

(1) 0.7

(2) 1.2

(3) 1.5

(4) 2.5

(5) 2.8

問題98 清掃の技術上の基準において，引き出し量が適正量と規定されている単位装置の組み合わせとして，正しいものは次のうちどれか．

(1)	沈殿分離室	接触ばっ気室	沈殿室
(2)	多室型腐敗室	散水ろ床	消毒室
(3)	嫌気ろ床槽第1室	嫌気ろ床槽第2室	沈殿槽
(4)	沈殿分離槽	接触ばっ気槽	凝集槽
(5)	流量調整槽	回転板接触槽	汚泥貯留槽

問題99 浄化槽汚泥のコンポスト化に関する次の文章中の［　］内の語句のうち，最も不適当なものはどれか．

コンポストとは，汚泥や厨芥等の有機性廃棄物を［(1) 嫌気性発酵］させたものである．［(2) 有機物質］が分解して安定化するとともに，その際に発生する［(3) 発酵熱］によって病原微生物が死滅するため，［(4) 土壌改良剤］や肥料として利用できる．浄化槽汚泥のコンポスト化の開始時には，［(5) 水分］を適切な範囲に調整する．

問題100 処理対象人員5人の接触ばっ気槽を逆洗し，はく離汚泥を沈降させて引き出し，通常の状態に戻すまでのバルブ等の操作手順として，最も適当なものは次のうちどれか．

〔操作〕

ア．逆洗用バルブを全開にする．

イ．逆洗用バルブを全閉にする．

ウ．散気用バルブを全閉にする．

エ．ブロワを停止させ，沈降汚泥を引き出し，水張りを行う．

オ．散気用バルブをもとの開度にし，ブロワを稼働させる．

カ．散気用バルブの開度を調整する．

(1) ア → ウ → イ → オ → エ → カ

(2) ア → ウ → エ → オ → イ → カ

(3) ア → エ → ウ → イ → オ → カ

(4) ウ → ア → エ → イ → オ → カ

(5) ウ → ア → エ → オ → イ → カ

【問題1】 わが国の水資源賦存量の約20%に相当する量を人間は利用している.

答（5）

【問題2】 水中にアンモニアが存在すると，次亜塩素酸とアンモニアが結合してクロラミンを生成する.

答（3）

【問題3】

ア．「河川」のBODは昭和62年度までは3.0 mg/L程度であったが，年々低下傾向を示し，平成29年度は1.2 mg/Lとなっている.

イ．「湖沼」のCODは，平成14年度以前は3 mg/L台後半でほぼ横ばいであったが，平成15年度以降は3 mg/L台前半で推移し，平成29年度は3.2 mg/Lとなっている.

ウ．「海域」のCODは，昭和54年度からの推移を見ると1.6〜1.9 mg/Lで，ほぼ横ばいで推移している.

答（5）

【問題4】 水俣病は，アルキル鉛化合物ではなく，アルキル水銀化合物に汚染された魚介類を摂取したことによって生じた公害病と言われている.

答（4）

【問題5】 みなし浄化槽（単独処理浄化槽）は，公共用水域の水質保全上，生活排水の未処理放流がきわめて大きな課題となっている.

答（3）

【問題6】 CODは，酸化剤による反応で消費された酸化剤量を酸素量に換算した値を，mg/Lの単位で表したものである.

答（3）

【問題7】 重量百分率5％の食塩水とは，食塩水100 gの中に5 gの食塩が溶けている状態をいうため，（2）が不適当である.

答（2）

【問題8】 硝化反応に必要な酸素量は，反応式より O/N＝4 であることがわかる.

$$\frac{16}{14} \times 4 \fallingdotseq 4.57 \, [\text{g-O}_2/\text{g-N}]$$

140 g のアンモニア性窒素が硝化性窒素まで酸化される際に必要な酸素量は，次式のとおり．

$$140 \text{〔g〕} \times 4.57 \text{〔g-O}_2\text{/g-N〕} = 639.8 \text{〔g-O}_2\text{〕} ≒ 640 \text{〔g-O}_2\text{〕}$$

答 (5)

【問題9】 水の持っているエネルギーは，すべて水の高さ（水頭）に換算して表示できる．実際に水が流れる際には，流路の壁との摩擦や，流路が折れ曲がったり，広がったり，縮まったりする部分，特にパイプの接続箇所でエネルギーが失われ，水頭が低下する．

動水勾配は，水が管内を流れるとき，単位長さ当たりに損失する水頭を表す．

2点の位置水頭と圧力水頭の和を結んだ線を動水勾配線と言う．

したがって，(3) の組み合わせが正しい．

答 (3)

【問題10】 消費電力量は次式で表すことができる．

$$消費電力量〔kWh〕 = \frac{ブロワ1台の電力〔W/台〕}{1\,000〔W/kW〕} \times 稼働台数 \times 24〔h/日〕$$
$$\times 稼働日数〔日〕$$

$$234〔kWh〕 = \frac{ブロワ1台の電力〔W/台〕}{1\,000〔W/kW〕} \times 4〔台〕 \times 24〔h/日〕 \times 61〔日〕$$

$$ブロワ1台の電力 = \frac{234 \times 1\,000}{4 \times 24 \times 61} = 39.95〔W/台〕$$

答 (3)

【問題11】

イ．浄化槽製造業者の登録制度は規定されていない．浄化槽法第13条第1項において，浄化槽の型式認定について規定されている．

オ．浄化槽汚泥の処分に関しては，廃棄物処理法により規定されている．

このほか，浄化槽法第1条では，浄化槽工事業者の登録制度を整備すること，浄化槽によるし尿および雑排水の適正な処理を図ることなどが規定されている．

答 (4)

【問題12】

(1) 公共下水道に放流しているものではなく，「公共下水道以外に放流するもの」が正しい．

(2) し尿処理施設ではなく,「し尿処理施設以外のもの」が正しい.

(4) し尿のみを処理する施設ではなく,「し尿と併せて雑排水を処理する施設」が正しい.

(5) 浄化槽で処理する雑排水については,「工場排水,雨水その他特殊な排水を除く」と,浄化槽法に明記されている.

答 (3)

【問題13】 浄化槽の使用を廃止したときは,廃止した日から30日以内に,都道府県知事(保健所設置市については市長)に使用廃止届を出さなければならない.

答 (5)

【問題14】

(2) 浄化槽の保守点検を業とする者は,都道府県知事(保健所設置市については市長)の登録を受けなければならない.

(3) (4) 浄化槽管理者は,自ら保守点検を行った場合でも,委託した場合でも,その記録を3年間保存しなければならない.また,委託を受けた者も1部を,自ら3年間保存しなければならない.

(5) 浄化槽の清掃は,浄化槽の清掃の技術上の基準に従って行わなければならない.(浄化槽法第9条)

答 (1)

【問題15】 施行規則第1条の2には,以下のように規定されている.

浄化槽からの放流水の生物化学的酸素要求量が1Lにつき20mg以下であることおよび浄化槽への流入水の生物化学的酸素要求量の数値から浄化槽からの放流水の生物化学的酸素要求量の数値を減じた数値を浄化槽への流入水の生物化学的酸素要求量の数値で除して得た割合が90%以上であることとする.

答 (2)

【問題16】 清掃の回数の特例として,「全ばっ気方式の浄化槽にあっては,おおむね6か月ごとに1回以上とする」とされている.

答 (5)

【問題17】 コミュニティ・プラントは,廃棄物処理法でいう,し尿処理施設の一つである.

答 (2)

【問題 18】

(1) 浄化槽管理士は，設置工事に立ち会う必要はない．設置工事立会いは浄化槽設備士の役割である．

(2) 浄化槽管理士は，浄化槽の清掃に関する資格ではない．

(3) 浄化槽管理士免状の返納を命ずることができるのは，環境大臣である．

(4) 浄化槽の水質に関する検査は，都道府県知事の指定した検査機関が行う．

答 (5)

【問題 19】 浄化槽の設置における建築確認は，建築基準法に基づくものである．

答 (1)

【問題 20】 技術管理者は，保守点検および清掃に関する技術上の業務を担当するもので，実施者というよりも，むしろ同業務を統括する者としての性格を有するものである．

答 (1)

【問題 21】 窒素，リンは生物にとって重要な無機栄養塩類であり，細胞の構成要素となっている．このため，微生物による反応を利用する操作で関与するのは有機物質のみ，という記述は誤りである．

答 (4)

【問題 22】 バッフルによる迂回流は，押し出し流とみなし得る．

答 (2)

【問題 23】 水中で正に帯電している粒子に，陽イオン性の無機凝集剤を添加しても，相互に反発してしまって，フロックが形成しやすくはならない．

答 (2)

【問題 24】 問題文より，培養時間 36 時間で溶解性 BOD が 1/16 になることがわかる．

培養開始時の溶解性 BOD 濃度は次式により求められる．

$$\frac{8 (L) \times 1\,000 (mg/L) + 42 (L) \times 0 (mg/L)}{8 (L) + 42 (L)}$$
$$= 160 (mg/L)$$

36 時間経過したときの反応槽内溶解性 BOD は次式により求められる．

$$160 (mg/L) \times 1/16 = 10 (mg/L)$$

答 (2)

【問題 25】

ア．累積酸素消費量を表している．

イ．有機物質量の減少により,汚泥(微生物)が減少していることを表している．

ウ．ばっ気時間の経過とともに,有機物質量が減少していることを表している．

答 (4)

【問題 26】 オキシデーション・ディッチ方式では，水深が浅くなり，従来のものより広い設置面積が必要となる．

答 (1)

【問題 27】 ばっ気強度は次式により表すことができる．

ばっ気強度〔$m^3/m^3 \cdot h$〕＝ 1 時間当たりの送風量〔m^3/h〕÷ばっ気槽容量〔m^3〕

1.4〔$m^3/m^3 \cdot h$〕＝2.8〔m^3/min〕×60〔min/h〕÷ばっ気槽容量〔m^3〕

ばっ気槽容量＝168〔m^3/h〕÷1.4〔$m^3/m^3 \cdot h$〕＝120〔m^3〕

BOD 容積負荷は次式により求めることができる．

BOD 容積負荷＝30〔kg/日〕÷120〔m^3〕＝0.25〔$kg/m^3 \cdot$日〕

答 (4)

【問題 28】 マンホール（Manhole）は，室内や槽内の保守点検装置の補修，交換，清掃等を行うために設ける構造物のことで，人孔とも言う．

答 (5)

【問題 29】 必要とする回転板の表面積は次式により求められる．

$$\frac{2〔kg\text{-}BOD/日〕×1\,000〔g/kg〕}{5〔g/m^2 \cdot 日〕}=400〔m^2〕$$

直径 2 m の回転板の表面積は，

2〔m〕×2〔m〕×π×$\dfrac{1}{4}$×2〔面〕≒6.28〔m^2/枚〕

回転板の必要枚数は次式により求められる．

400〔m^2〕÷6.28〔m^2/枚〕＝63.69〔枚〕

答 (1)

【問題 30】 対象とする建築物から排出される汚水量や BOD などの負荷条件に基づいて，浄化槽の規模の設定を行う必要があるため，(5) が適当である．

答 (5)

【問題 31】 恒温短期評価試験方法における家庭用浄化槽の規模は，2.0 m^3/日までとされている．

答 (2)

【問題 32】 有効水深は，水面からホッパー部の高さの 1/2 までの水深をいう．

答 (3)

【問題 33】 告示第 154 号の第 6 における標準活性汚泥方式の適用可能な処理対象人員は，5 001 人以上である．

答 (5)

【問題 34】 設問の COD 吸着特性を表した関係図より，COD の平衡濃度 10 mg/L における平衡吸着量〔g–COD/kg– 粒状活性炭〕が最も多い（1）の粒状活性炭の必要量が，最も少ない．

答 (1)

【問題 35】 流入側の点検升は，すべてインバート升とする．なお，インバート升とは，汚水中の汚物や固形物が停滞しないように，底部に半円状の溝（インバート）を切ってあるものである．

答 (1)

【問題 36】 水かぶりとは，接触ばっ気槽において，接触材押さえ面とばっ気停止時の水面との距離である．ばっ気部で上昇した水流を接触材上部にできるだけ広く分散させて，接触材充填槽内部に均一に水流を生じさせるために設けられる．

答 (4)

【問題 37】
(1) ブロワの運転・停止のタイマー制御は行われていない．
(3) 水面の上に設置すると揚水することができない．
(4) 内部にある U 字状の配管の水封が切れると，ポンプ内に汚水が流入するため，空気の供給を止める必要はない．
(5) ポンプのサイクルは，①，②，③の順である．

答 (2)

【問題 38】 溶出した 2 価の鉄イオン Fe^{2+} は，水中の溶存酸素により酸化され，3 価の鉄イオン Fe^{3+} に変わる．

答 (3)

【問題 39】 イ，オが適当である．
イ．加圧脱水機は，汚泥をポンプで加圧室に圧入し，ろ布を介して加圧ろ過し

た後，水圧または空気圧でさらに圧搾して脱水する．

オ．ベルトプレスは，汚泥をろ布上に供給して，重力脱水した後，2枚のろ布
の間に挟み，ろ布の張力を利用してローラーに押し付けて圧搾し脱水する．

答 (3)

【問題40】 構造基準告示での区分によって，T–N の処理性能は異なる．第9
は 20 mg/L，第10 は 15 mg/L，第11 は 10 mg/L である．

答 (4)

【問題41】 浄化槽の場合，すべての構造がわかるように図面を1枚にまとめる
ことは困難である．そのため，用途によってさまざまな種類の図面を用意し，
使い分けている．

答 (4)

【問題42】 断面の位置を表す線は細い一点鎖線で，端部と方向の変わる部分を
太くしたものである．

答 (5)

【問題43】 (3) は延長線ではなく，寸法補助線である．

答 (3)

【問題44】 設問に示された図示記号はそれぞれ以下を表す．
(1) 電磁接触器
(2) 熱動継電器（サーマルリレー）で構成される作動装置
(3) ヒューズ
(4) 電圧計
(5) ファン，換気扇

答 (5)

【問題45】 矢印 E の方向を見ると，手前に A–A 断面図で示されている生物ろ
過槽への移流管（白色）があり，その奥に B–B 断面図に破線で示されている
移流管（黒色）が見える．それゆえ，(1) が適当である．

答 (1)

【問題46】 基礎工事は，地盤の状況に応じて基礎の沈下または変形が生じない
ように行うものである．このため，底版コンクリート工事は，基礎工事の後に
行う．

水張りは，槽本体を安定させ，埋め戻し時に槽の位置がずれること，水平が

狂うことを防止するものである．また，埋め戻しの際の土圧による変形を防止する目的があるため，埋め戻し工事の前に行う．

答 (4)

【問題 47】 (4) は，ウェルポイントではなく，釜場排水工法が正しい．

ウェルポイント工法は，ウェルポイント (ストレーナーを持った先端部分) に，長さ 5.5 〜 7 m の吸水管を取り付けたものを地盤中に多数打ち込んで，小さな井戸のカーテンをつくり，ウェルポイントポンプで強力に地下水を吸収低下させ，必要な区域の地下水を揚水して，地下水位を低下させることにより掘削を容易にできるものである．

答 (4)

【問題 48】 ブロワは，軽量ブロックの上ではなく，コンクリート基礎の上に設置する．

答 (3)

【問題 49】 FRP 製浄化槽が紫外線に長期間さらされることが予想される場合には，耐光性塗料を塗布するなどの処置を施す必要がある．

答 (2)

【問題 50】 掘削作業主任者ではなく，浄化槽設備士が実地に監督をしていることを証する写真が必要である．

答 (1)

【問題 51】 保守点検の回数が 1 週間に 1 回以上と規定されている処理方式は，活性汚泥方式，回転板接触方式，接触ばっ気方式または散水ろ床方式であって砂ろ過装置，活性炭吸着装置または凝集槽を有する浄化槽である．したがって，(ウ) が正しい．

答 (3)

【問題 52】 接触ばっ気槽で pH が低下する原因として，硝化反応の進行が考えられる．これを逆洗時期の判断とするのは不適当である．

答 (5)

【問題 53】 COD 除去量は次式による．

50〔m³/日〕×(30〔mg/L〕−10〔mg/L〕)×180〔日〕=180 000〔g〕

活性炭の吸着量は次式による．

180 000〔g-COD〕÷1 800〔kg- 活性炭〕=100〔g-COD/kg- 活性炭〕

答（3）

【問題 54】移送用ポンプは，通常，故障時に備えて 2 台設置し，うち 1 台は予備ポンプとして，両者を交互に切り替えて運転が行えるようにする．

答（2）

【問題 55】活性汚泥の沈降性を把握する指標である SV_{30} ではなく，膜表面の閉塞を防止するために，MLSS 濃度の管理をすることが重要である．

答（4）

【問題 56】回転板の閉塞が確認された場合は，圧力水などを用いて強制剥離し，剥離汚泥の全量を回転板接触槽から引き出す．

答（5）

【問題 57】

• 流入条件

$$500〔人〕×200〔L/人/日〕＝100\,000〔L/日〕＝100〔m^3/日〕$$

• 脱離液移送量

$$500〔L/回〕×4〔回/日〕＝2\,000〔L/日〕＝2〔m^3/日〕$$

• 逆洗排水

$$3〔m^3/回〕×2〔回/日〕＝6〔m^3/日〕$$

流量調整槽に流入する総量は，

$$100＋2＋6＝108〔m^3/日〕$$

となる．24 時間均等移送をする場合の移送水量は，

$$108〔m^3/日〕÷24〔h/日〕＝4.5〔m^3/h〕$$

となる．したがって，設問のせき高と移送水量の関係図より，せき高 7.5 cm が最も近い．

答（1）

【問題 58】ばっ気槽，硝化槽において，DO は 1.0 mg/L 以上確保する必要がある．脱窒槽では基本的に DO が検出されてはならない（おおむね 0 mg/L）．このため，ばっ気槽≒硝化槽＞脱窒槽が適当である．

一方，標準活性汚泥法の MLSS 濃度は 1 000 ～ 3 000 mg/L 程度であり，硝化槽，脱窒槽はおおむね 3 000 ～ 6 000 mg/L 程度である．このため，

　　ばっ気槽＜硝化槽≒脱窒槽

が適当である．

【問題 59】 消毒室における測定項目として，塩化物イオンは不適当であり，残留塩素が正しい．

【問題 60】 ばっ気室は，MLSS 濃度が低い場合に発泡しやすい．著しく発泡している場合には，シリコンなどの消泡剤を少量加えると短時間で消える．ただし，その効果は一時的なものであるから，空気供給量や MLSS などを調整して根本的な対策を立てる．

【問題 61】 汚泥移送ポンプの移送先の脱離液や一次処理装置から汚泥の流出がないように引き抜きを行う必要があるため，生物反応槽の浮遊汚泥を増加させるような運転は不適当である．

【問題 62】 放流管が逆勾配の場合には，放流水路からの逆流や土砂の流入・堆積が認められることがある．

【問題 63】 SV_{30} は，きわめて容易に測定できることから，有効な判断材料ではある．しかし，実際の沈殿槽における沈降過程をそのまま再現し得るものではない．

【問題 64】 緩速撹拌槽は，急速撹拌槽において凝集剤などが十分に混和されて生成した微細なフロック群を，さらに撹拌混合することによって大きな粒径の粒子群に成長させることを目的としている．フロック粒子群の接触回数が多いほど，凝集反応は進行する．撹拌強度が大きすぎる場合には，フロックが破壊されて十分に成長しないことがある．

【問題 65】 設問の関係式は以下のように展開できる．

$$C_A = \frac{100 \times C_1 + R \times C_r}{100 + R}$$

$$100 \times C_A + R \times C_A = 100 \times C_i + R \times C_r$$

$$R \times C_A - R \times C_r = 100 \times C_i - 100 \times C_A$$

$$R \times (C_A - C_r) = 100 \times (C_i - C_A)$$

$$R = \frac{100 \times (C_i - C_A)}{C_A - C_r}$$

答（1）

【問題66】排砂ポンプの稼働状況は，ばっ気沈砂槽の保守点検項目である．

答（5）

【問題67】放流水のBODは，平均値 89 mg/L と基準値 90 mg/L に近い値である．さらに，変動係数が大きく，処理機能にばらつきが見られるため，大部分が基準値を満たしているとは言えない．

答（1）

【問題68】(5) に入るべき語句は，埋め戻し工事ではなく，水張り試験が正しい．

答（5）

【問題69】Aは遠心ファン（シロッコファン）であり，回転方向に関係なく中央から吸気し，外側に排気する．ただし，逆回転させると吸排気の効率は下がってしまう．また，Bはルーツブロワ，Cはロータリーブロワである．これらは容積変化により気体を吐出する構造であり，回転方向が逆転していると，排気口（吐出側）から排気されることはない．

答（1）

【問題70】ルーツブロワで防振ゴムの破損が発生した場合，振動・騒音の発生があり得る．

答（1）

【問題71】フロートスイッチの故障の事例として，スイッチ接点での発生が多いのは，錆つきではなく，摩耗である．

答（3）

【問題72】コンデンサの不良の場合，モーターは起動しない．モーターが過熱する場合の原因は，固定子と回転子の接触や巻線の短絡などが考えられる．

答（5）

【問題73】戸建て住宅に設置されているみなし浄化槽では，処理対象人員1人当たりの汚水量の想定は 50 L/日である．したがって，処理対象人員5人で流入汚水量 250 L/日は適正範囲であり，機能が低下している原因としては不適当である．

答 (4)

【問題74】 油脂分の混入によって T–N 負荷量は増加しない．多量な油脂分の混入による影響としてほかに考えられるのは，汚泥発生量が多くなること，酸素消費量が多くなることである．

答 (1)

【問題75】 流入バッフル内の水位が夾雑物除去槽の水位より高い場合，「②流入バッフル流出口」の閉塞が考えられる．また，嫌気ろ床流入口兼汚泥引き出し管内の水位が嫌気ろ床槽内の水位より高いということは，「④嫌気ろ床流入口兼汚泥引き出し管」か「⑤ろ床」の閉塞が考えられる．

答 (2)

【問題76】 1 日の平均 BOD 濃度は，1 日の処理水 BOD 量の合計を処理水量の合計で除することで求めることができる．

$$1\,380〔g/日〕÷73〔m^3/日〕=18.9〔g/m^3〕=18.9〔mg/L〕$$

答 (4)

【問題77】 第 2 種換気法は，給気を機械的に行う方法であり，室内は正圧となる．一方，第 3 種換気法は，排気を機械的に行う方法であり，室内は負圧となる．

答 (3)

【問題78】 ユスリカは洗濯物を汚したり，大量発生して室内に侵入したりすることがある不快害虫であるが，皮膚炎などを発症することはない．

答 (5)

【問題79】 手指の消毒ができない場合などは，ディスポーザブルの手袋を利用すれば感染源からの感染を遮断できる．

答 (2)

【問題80】 各物質の 1 mol 当たりの分子量は以下のとおり．

- メタン CH_4：$12+1×4=16$〔g〕
- 窒素 N_2：$14×2=28$〔g〕
- 硫化水素 H_2S：$1×2+32=34$〔g〕
- 二酸化炭素 CO_2：$12+16×2=44$〔g〕

以上の結果より，重さの順は，メタン＜窒素＜硫化水素＜二酸化炭素となる．

答 (4)

【問題81】 計量調整装置（分水計量装置）の流量測定には，三角せき，四角せ

きが多く用いられる.

答 (2)

【問題 82】

ア. 試料以外の水との混合を極力避けるため,可能な限り試料容器に直接採取する.

ウ. 特に流入汚水と放流水など,水質の著しく異なる箇所については,同じ用具を使ってはならない.やむを得ず同じ採水用具を用いる場合は,放流側から採取し,十分に共洗いしてから採取する.

答 (2)

【問題 83】

(1) (2) 大腸菌群は,グラム染色で陰性を示し,芽胞という殻を形成しない.

(3) ヒトや動物の糞便に由来する糞便性の大腸菌群と,非糞便性の大腸菌群がある.

(5) 汚水の浄化過程において,大腸菌群数は減少し,消毒前で 1 mL 当たり $10^2 \sim 10^4$ 個程度となる.

答 (4)

【問題 84】 殺菌力(消毒効果)は,遊離塩素よりも結合塩素の方が弱い.

答 (3)

【問題 85】 海水の飽和溶存酸素濃度は,同じ温度の淡水の飽和溶存酸素濃度よりも低い.

答 (5)

【問題 86】 SVI(Sludge Volume Index)は,SV_{30} を測定したときの沈殿汚泥 1 g が占める容量を mL で示したもので,活性汚泥の沈降性の良否を表す指標であり,次式により算出する.

$$SVI = \frac{SV〔\%〕}{MLSS〔\%〕} = SV_{30}〔\%〕 \times \frac{10\,000}{MLSS〔mg/L〕}$$

MLSS が 2 500〔mg/L〕の活性汚泥の SV_{30}〔%〕は,

$$\frac{200〔mL〕}{1\,000〔mL〕} \times 100 = 20〔\%〕$$

したがって,このときの SVI は,

$$SVI = 20 〔\%〕 \times \frac{10\,000}{2\,500} 〔mg/L〕 = 80$$

答 (2)

【問題87】 アルカリ度は，硝化によって減少し，脱窒によって増加する．

答 (1)

【問題88】 BOD測定においては，水中の生物分解されやすい物質，主として水中の分解可能な有機物質が分解される．

答 (3)

【問題89】

(1) 沈殿槽内の汚泥で脱窒反応が進行すると，pHは上昇する．

(3) 浮遊物質が除去されると，透視度は上昇する．

(4) 沈殿槽の汚泥内で脱窒が生じると，硝酸性窒素が減少してN_2ガスへ変化する．発生したN_2ガスの影響によって，汚泥が浮上することがある．

(5) 沈殿槽内汚泥が腐敗すると，ORPは低下する．

答 (2)

【問題90】 透視度とSS，BODの間にはある程度の相関があるが，硝化・脱窒反応の進行状況は把握できない．

答 (4)

【問題91】 各浄化槽に応じた適切な清掃の実施確保のため，維持管理ガイドラインに従って清掃作業を行う．ただし，具体的な清掃の手順や留意事項は処理方式によって異なる部分があるため，それぞれの維持管理要領書に準じて清掃する必要がある．したがって，浄化槽管理者や保守点検業者と連携を取り，お互いの情報を有効活用して，清掃を適正に実施することが重要である．

答 (3)

【問題92】 流量調整槽にスカム，し渣，堆積汚泥が認められた場合は，適正量を引き抜く．

答 (4)

【問題93】 し尿処理施設は，廃棄物処理法に定める一般廃棄物処理施設として，ふん尿，汚泥（ディスポーザ排水専用処理装置により発生する汚泥を含む）を処理の対象としている．人工透析排水は生活排水ではないため，当該処理装置から発生した汚泥を，し尿処理施設で受け入れることはできない．

答 (5)

【問題94】 除去 BOD 量から汚泥発生量を試算する場合の計算式の例を以下に示す.

発生汚泥量〔kg/日〕

$$=流入 BOD 量〔kg/日〕× \frac{BOD 除去率〔\%〕}{100} × \frac{汚泥転換率〔\%〕}{100} × \frac{100}{100-含水率〔\%〕}$$

$$流入 BOD 量＝50〔m^3/日〕×200〔g/m^3〕×\left(\frac{1}{1\,000}\right)＝10〔kg/日〕$$

$$発生汚泥量＝10〔kg/日〕× \frac{90}{100} × \frac{60}{100} × \frac{100}{100-98}＝270〔kg/日〕$$

汚泥の比重を 1 とすると,

270〔kg/日〕＝270〔L/日〕＝0.27〔m³/日〕

1 か月に発生する汚泥量は,次式により求められる.

0.27〔m³/日〕×30〔日/月〕＝8.1〔m³/月〕

答 (2)

【問題95】 ヘッド付きワイヤーは配管洗浄の用具である.ホッパーやスロットの付着汚泥を掻き落とすには,デッキブラシなどの用具を用いるのが適当である.

答 (1)

【問題96】 沈殿分離槽の清掃を先に行ってしまうと,嫌気ろ床槽の水位が同時に低下して,スカムが嫌気ろ床内に入り込んでしまい,清掃作業がやり難くなってしまう.そのため,先に嫌気ろ床槽から清掃を行う必要がある.

答 (1)

【問題97】 有効容量 2.5 m³ のうち,中間水 1.0 m³ を張り水として使用した.このほか,張り水として使用した洗浄水は 0.3 m³ あるため,次式により求めることができる.

2.5〔m³〕-1.0〔m³〕-0.3〔m³〕＝1.2〔m³〕

答 (2)

【問題98】 沈殿分離室,多室型腐敗室,別置型沈殿室,汚泥貯留槽の汚泥,スカム,中間水等の引き出しは,全量とすること.

嫌気ろ床槽および脱窒ろ床槽の汚泥,スカム等の引き出しは,第一室にあっ

ては全量とし，第一室以外の室にあっては適正量とすること．

　沈殿分離槽，流量調整槽，汚泥移送装置を有しない浄化槽の接触ばっ気室また接触ばっ気槽，回転板接触槽，凝集槽，汚泥貯留タンクを有する浄化槽の沈殿池，重力返送式沈殿室または重力移送式沈殿室もしくは重力移送式沈殿槽および消毒タンク，消毒室または消毒槽の汚泥，スカム等の引き出しは，適正量とすること．

　散水ろ床は，ろ床の生物膜の機能を阻害しないように付着物を引き出し，洗浄すること．

　したがって，(4) の組み合わせが正しい．

答 (4)

【問題99】 コンポストとは，汚泥や厨芥等の有機性廃棄物を好気性発酵させたもので，堆肥ともいう．嫌気性発酵させたものではない．

答 (1)

【問題100】 次に記す操作手順とするのが適当である．
① 逆洗用バルブを全開にした後，散気用バルブを全閉にする．
② 逆洗操作が終了したらブロワを停止し，沈降汚泥を引き出し，水張りを行う．
③ 散気用バルブを元の開度に戻してからブロワを稼働させた後，逆洗用バルブを全閉にする．
④ 必要に応じて，散気用バルブの開度を調整（空気逃がしバルブの開閉度を調整）する．
　したがって，(2) の順序が正しい．

答 (2)

浄化槽管理士試験 問題

受験者数 1,023 名／合格者数 197 名／合格率 19.3%
合格基準点 64 点以上

午 前

- 浄化槽概論
- 浄化槽行政
- 浄化槽の構造及び機能
- 浄化槽工事概論

問題 1 人の活動とそれが及ぼす影響の組み合わせとして，最も不適当なものは次のうちどれか．

	人の活動	影響
(1)	地下水の過剰取水 ————	地盤沈下
(2)	大規模な下水道整備 ———	都市内河川の流量増加
(3)	都市用水の需要の増大 ———	水源の不足
(4)	森林の荒廃 ————————	森林の保水能力の低下
(5)	地表面の人工被覆 ————	地下水の減少

問題 2 下図は，「平成 29 年版 日本の水資源の現況」に掲載された日本の水資源賦存量と使用量を示したものである．図中の ア ～ エ に入る用語の組み合わせとして，最も適当なものは次のうちどれか．

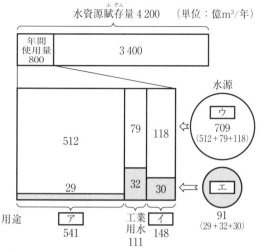

水資源賦存量 4 200 （単位：億m³/年）

年間使用量 800	3 400

水源

ウ
709
(512＋79＋118)

512 | 79 | 118

29 | 32 | 30

エ
91
(29＋32＋30)

用途 ア
541

工業用水
111

イ
148

（注）国土交通省 水管理・国土保全局 水資源部 作成のものを一部修正した

	ア	イ	ウ	エ
(1)	生活用水	農業用水	湖沼水	河川水
(2)	生活用水	農業用水	河川水	湖沼水
(3)	生活用水	農業用水	河川水	地下水
(4)	農業用水	生活用水	湖沼水	河川水
(5)	農業用水	生活用水	河川水	地下水

問題3 地球に到達する太陽エネルギーの年間平均値は 10 000MJ/m² であり，このうちの 24.5 % が蒸発散に費やされる．また，地球の陸地には年間平均で，1 200 000 億 m³/ 年の雨が降るが，750 000 億 m³/ 年が蒸発散で失われている．これらの差が水資源賦存量である．水が蒸発散するときに必要な熱量を 2 450MJ/m³，地球の人口を 60 億人としたとき，地球全体の蒸発散量（m³/m²）と 1 人当たりの水資源賦存量（m³/（人・年））の組み合わせとして，最も適当なものは次のうちどれか．

　　蒸発散量　　　1 人当たりの水資源賦存量
(1) 1.0　　　　　　　　　　7 500

(2)	1.0	12 500
(3)	1.0	20 000
(4)	4.1	7 500
(5)	4.1	12 500

問題4 富栄養化現象に関する次の記述のうち,最も不適当なものはどれか.

(1) 富栄養化現象は,河川より湖沼で発生しやすい.

(2) 赤潮は,プランクトンの異常増殖によって海面の色が赤褐色や茶褐色に変わる現象である.

(3) 富栄養湖では,植物プランクトンが多量に増殖して透明度が小さくなる.

(4) アオコは水の華ともいわれ,利水障害の原因となる.

(5) 富栄養湖では,夏の日中は表層から底層までの全層で溶存酸素が高くなる.

問題5 河川の水質汚濁に係る「生活環境の保全に関する環境基準項目」として,誤っているものは次のうちどれか.

(1) 水素イオン濃度(pH)

(2) 化学的酸素要求量(COD)

(3) 浮遊物質量(SS)

(4) 溶存酸素量(DO)

(5) 大腸菌群数

問題6 汚水処理に関連する次のア〜エの記述に対応する化学反応の組み合わせとして,最も適当なものは次のうちどれか.

ア. 炭酸ナトリウムの水溶液がアルカリ性を示す.

イ. 強い酸性を示す汚水にアルカリを加えて調整する.

ウ. タンパク質が酵素で分解されてアミノ酸が生成する

エ. 塩素化イソシアヌール酸が水に溶けて消菌作用を示す.

	ア	イ	ウ	エ
(1)	中和	加水分解	酸化還元	加水分解
(2)	加水分解	中和	加水分解	酸化還元
(3)	加水分解	中和	酸化還元	中和
(4)	中和	加水分解	加水分解	酸化還元
(5)	加水分解	中和	酸化還元	加水分解

問題7 汚水処理に利用される精密ろ過膜で分離可能な物質として，最も適当なものは次のうちどれか．

(1) 細菌

(2) ウイルス

(3) 界面活性剤

(4) 次亜塩素酸

(5) 尿素

問題8 管内を流れる水がもつ圧力エネルギーは，圧力水頭として次のように定義されている．

$$\frac{P}{\rho g}$$

P：水圧，ρ：水の密度，g：重力加速度

圧力水頭の次元として，正しいものは次のうちどれか．なお，質量，長さ，時間の次元をそれぞれM，L，T という記号で表した場合，水圧（P）の次元は $ML^{-1}T^{-2}$，水の密度（ρ）の次元は ML^{-3}，重力加速度（g）の次元は LT^{-2} となる．

(1) L^{-2}

(2) L^{-1}

(3) L

(4) L^{2}

(5) L^{3}

問題 9 測定値に関する次の記述のうち，最も不適当なものはどれか．

(1) 測定値には必ず誤差が含まれる．

(2) 213 という測定結果の誤差を±2 とすると，一の位（くらい）の数値の 3 は 5 の可能性もある．

(3) 誤差の桁よりも小さい桁の数値は信頼できない．

(4) 213 という測定結果の有効数字が 2 桁の場合，測定結果は 2.13×10^2 と表記する．

(5) 213 という測定結果の誤差を±2 とすると，この測定値の有効数字は 2 桁である．

問題 10 酸発酵で生成する低級脂肪酸に関する次の文章中の [　] 内の語句のうち，最も不適当なものはどれか．

低級脂肪酸は，有機物質の [(1) 嫌気分解] で生成し，分子量が [(2) 小さく]，室温で [(3) 流動しやすい液状] の物質である．低級脂肪酸には [(4) クエン酸]，プロピオン酸，酪酸，吉草酸等があり，臭気に関する苦情の原因物質となる．また，[(5) 硫酸塩還元細菌] の基質ともなる．

問題 11 浄化槽法における浄化槽の定義に関する次の文章中の [　] 内の語句のうち，誤っているものはどれか．

浄化槽は，便所と連結して [(1) し尿又はし尿と併せて雑排水] を処理し，下水道法第 2 条第 6 号に規定する [(2) 終末処理場を有する公共下水道] 以外に放流するための [(3) 設備又は施設] であって，同法に規定する [(4) 公共下水道及び流域下水道] 並びに廃棄物の処理及び清掃に関する法律第 6 条第 1 項の規定により定められた計画に従って市町村が設置した [(5) し尿処理施設] 以外のものをいう．

問題 12 浄化槽法の規定に関する次の記述のうち，誤っているものをすべてあげている組み合わせはどれか．

ア．浄化槽管理者は，環境省令で定めるところにより，毎年 1 回（環境省令で定める場合にあっては，環境省令で定める回数）浄化槽の保守点

検及び浄化槽の清掃をしなければならない．

- イ．浄化槽の清掃とは汚泥，スカム等を引き出す行為のみをいう．
- ウ．浄化槽工事とは，浄化槽を設置し，又はその構造若しくは規模の変更をする工事をいう．
- エ．浄化槽設備士とは，浄化槽工事を実地に監督する者として浄化槽設備士免状の交付を受けている者をいう．
- オ．市町村長は，浄化槽工事業の登録制度を設けることができる．
  - (1) ア，エ
  - (2) ア，オ
  - (3) イ，オ
  - (4) イ，ウ
  - (5) ウ，エ

問題 13 浄化槽の保守点検に関する次の記述のうち，誤っているものはどれか．

- (1) 浄化槽の保守点検とは，浄化槽の点検，調整またはこれらに伴う修理をする作業をいう．
- (2) 浄化槽の保守点検は，浄化槽の保守点検の技術上の基準に従って行わなければならない．
- (3) 浄化槽管理者は，最初の保守点検を浄化槽の使用開始の直後に行うものとする．
- (4) 駆動装置またはポンプ設備の作動状況の点検及び消毒剤の補給は，保守点検の規定にかかわらず，必要に応じて行うものとする．
- (5) 浄化槽管理者は，保守点検の記録を3年間保存しなければならない．

問題 14 浄化槽の水質に関する検査についての次の記述のうち，誤っているものをすべてあげている組み合わせはどれか．

- ア．検査には，設置後等の水質検査と定期検査とがあり，いずれも外観検査，水質検査，書類検査の3つの検査から構成されている．
- イ．水質に関する検査を行う機関は，環境大臣または都道府県知事が指定する．

ウ．浄化槽管理者は，毎年1回，指定検査機関の行う水質に関する検査を受けなければならない．

エ．浄化槽管理者は，設置後等の水質検査に係る手続きを，当該浄化槽の保守点検または清掃を行う者に委託することができる．

オ．水質検査の項目には，透視度及び生物化学的酸素要求量が含まれる．

(1) ア，ウ

(2) ア，オ

(3) イ，ウ

(4) イ，エ

(5) エ，オ

問題 15 浄化槽法に規定されている都道府県知事の職務として，誤っているものは次のうちどれか．

(1) 浄化槽の設置届の受理

(2) 浄化槽清掃業者の許可

(3) 浄化槽清掃業者に対する改善命令

(4) 浄化槽管理者に対する定期検査の受検勧告

(5) 浄化槽保守点検業の登録

問題 16 浄化槽の使用に関する準則についての次の記述のうち，誤っているものはどれか．

(1) し尿を洗い流す水は，適正量とすること．

(2) 殺虫剤，洗剤，防臭剤，紙おむつ，衛生用品等であって，浄化槽の正常な機能を妨げるものは，流入させないこと．

(3) 浄化槽の上部には，その機能に支障を及ぼすおそれのある荷重をかけないこと．

(4) 浄化槽（みなし浄化槽を除く）にあっては，工場廃水，雨水その他特殊な排水を流入させないこと．

(5) 通気装置の開口部は，悪臭が周囲に拡散することのないようふさいでおくこと．

問題 17 浄化槽変更届の提出が必要となる事象として，最も適当なものは次のうちどれか．
(1) 実使用人員の変更
(2) 処理方式の変更
(3) 建築用途の変更
(4) 散気装置の変更
(5) マンホール蓋の交換

問題 18 みなし浄化槽に関する次の記述のうち，正しいものはどれか．
(1) みなし浄化槽の新設は，国土交通大臣が定めた地域を除き禁止されている．
(2) みなし浄化槽の設置については，浄化槽法だけで規制されている．
(3) 設置後，30年を経過したみなし浄化槽の管理者は，10年以内に浄化槽に転換しなければならない．
(4) みなし浄化槽の管理者は，公共用水域等の水質の保全等の観点から，浄化槽法に基づく水質に関する検査のほかに，市町村の行う水質検査も受けなければならない．
(5) みなし浄化槽の管理者は，浄化槽法に基づき維持管理を行わなければならない．

問題 19 平成27年度末の全国における浄化槽とみなし浄化槽の設置状況に関する次の記述のうち，最も適当なものはどれか．
(1) 浄化槽とみなし浄化槽の設置基数は，合わせて約76万基である．
(2) 処理対象人員21人以上の浄化槽が全体の90％以上を占めている．
(3) 浄化槽の方がみなし浄化槽よりも設置基数が多い．
(4) 平成27年度に新設された浄化槽の95％以上は，大臣認定型浄化槽である．
(5) 水洗化人口の約7割が浄化槽とみなし浄化槽によるものである．

問題 20 浄化槽法に規定する型式認定に関する次の記述のうち，誤っている

ものはどれか.

(1) 浄化槽を工場において製造しようとする者は，製造しようとする浄化槽の型式認定を受けなければならない.

(2) 型式認定を受けた浄化槽は,建築基準法に基づく建築確認は不要である.

(3) 現場で施工される，いわゆる現場打ち浄化槽は，型式認定が不要である.

(4) 工場生産される浄化槽について，試験的に製造する場合は型式認定が不要である.

(5) 外国の工場において日本に輸出される浄化槽を製造しようとする者は，その浄化槽の型式について認定を受けることができる.

問題21 生物処理に関する次の記述のうち，最も不適当なものはどれか.

(1) 生物膜法での生成汚泥量は，活性汚泥法より多い傾向にある.

(2) 生物膜法では，生物膜のろ過機能も作用している.

(3) 生物膜には，好気性微生物や嫌気性微生物が生息している.

(4) 活性汚泥中では，細菌 → 原生動物 → 微小後生動物といった食物連鎖が存在する.

(5) 活性汚泥法では，増殖速度の速い微生物が生息しやすい.

問題22 下図の工程における水量の収支を考えた場合，工程 E に流入する水量として，最も適当なものは次のうちどれか.

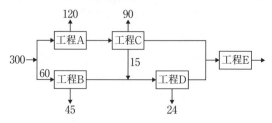

(1) 20

(2) 21

(3) 22

(4) 23

(5) 24

問題 23 浄化槽における BOD の収支は，次式で表される.

　　[BODの蓄積量]＝[流入するBOD量]－[流出するBOD量]－[分解するBOD量]

　容量 2m³ の浄化槽に 1 日に流入する BOD 量が 200g/日，流出する BOD 量が 20g/日で，浄化槽に 20g/日の BOD が蓄積した．この浄化槽全体としての BOD 分解速度（kg/(m³·日)）として，正しい値は次のうちどれか.

　(1)　0.20
　(2)　0.18
　(3)　0.16
　(4)　0.10
　(5)　0.08

問題 24 連続する二つの工程を有する汚水処理施設がある．流入汚水の BOD 濃度が 200mg/L であるとして，第一処理工程での BOD 除去率は 30％であり，それに続く第二処理工程の処理水の BOD 濃度は 20mg/L であった．この場合，第一処理工程の処理水の BOD 濃度（mg/L）と汚水処理施設全体での BOD 除去率（％）の組み合わせとして，正しいものは次のうちどれか.

	BOD 濃度	BOD 除去率
(1)	60	90
(2)	60	80
(3)	140	90
(4)	140	80
(5)	140	70

問題 25 浄化槽で通常生じる脱窒反応に関する次の記述のうち，最も適当なものはどれか.

　(1)　好気条件下で進行する.
　(2)　脱窒細菌の酸化作用による.

(3) 水素供与体として有機炭素源が必要である.

(4) pH が低いほど反応が速い.

(5) 大気中の窒素ガスが固定される.

問題 26 下図に示した条件で処理する沈殿槽を設計する場合，設計諸元の数値として，誤っているものは次のうちどれか. なお，小数点以下は四捨五入するものとする.

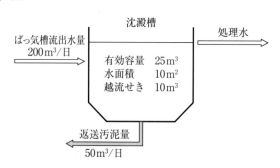

(1) 日平均汚水量：150 m³/日

(2) 水面積負荷　：15 m³/(m²・日)

(3) 越流負荷　　：15 m³/(m・日)

(4) 汚泥返送率　：25 %

(5) 沈殿時間　　：4 時間

問題 27 膜分離型小型浄化槽に関する次の記述のうち，最も適当なものはどれか.

(1) 膜の細孔径が活性汚泥フロックより小さいので，膜閉塞は生じない.

(2) 増殖速度の遅い硝化細菌の増殖は期待できない.

(3) ばっ気槽内では，高い MLSS 濃度が保持できる.

(4) 活性汚泥と処理水の分離に，通常，加圧ろ過が用いられる.

(5) 消毒槽は不要である.

問題 28 回分式活性汚泥法に関する次の記述のうち，最も不適当なものはど

れか.

(1) 反応槽の運転は,「流入」,「ばっ気」,「沈殿」の3工程からなる.

(2) 糸状性細菌の異常増殖の抑制が期待できる.

(3) 窒素の除去が期待できる.

(4) 一次処理に流量調整機能が不可欠である.

(5) 沈殿槽は不要である.

問題 29 水洗便所の設置並びに浄化槽の構造に関する次の文章中の[ア]〜[オ]に入る語句の組み合わせとして,最も適当なものはどれか.

水洗便所を設ける際,[ア]法第31条第2項の規定により,[イ]以外に放流する場合には,衛生上支障がない処理水が得られる性能(汚物処理性能)をもつ構造の浄化槽を設けなければならないことが示されている.その構造は[ウ]で定める技術的基準に適合するもので,国土交通大臣が定めた[エ]を用いるもの,または国土交通大臣の[オ]を受けたものに限るとされている.

	ア	イ	ウ	エ	オ
(1)	建築基準	地下水脈	政令	構造仕様	認証
(2)	建築基準	公共下水道	政令	構造方法	認定
(3)	浄化槽	地下水脈	省令	構造方法	認定
(4)	浄化槽	公共下水道	省令	構造方法	認証
(5)	浄化槽	公共下水道	政令	構造仕様	認証

問題 30 下表は,処理対象人員5人の浄化槽について,処理方式別の単位装置の有効容量をまとめたものである.ア〜オに入る数値の組み合わせとして,正しいものは次のうちどれか.

方式	単位装置の有効容量		
	一次処理槽 (m³)	接触ばっ気槽(m³)	沈殿槽 (m³)
分離接触ばっ気	ア	エ	0.3
嫌気ろ床接触ばっ気	イ		
脱窒ろ床接触ばっ気	ウ	オ	

	ア	イ	ウ	エ	オ
(1)	1.5	1.5	1.5	1.5	1.5
(2)	1.5	2.5	2.5	1.0	1.5
(3)	2.5	2.5	2.5	1.5	1.0
(4)	2.5	1.5	2.5	1.0	1.5
(5)	2.5	1.5	2.5	1.5	1.0

問題31 リンが 6.2 mg/L 含まれている 100 m³/日の二次処理水に, 1 日当たり 1.9 kg のアルミニウムを凝集剤として加えたときの Al/P モル比として, 最も近い値は次のうちどれか. ただし, アルミニウムとリンの原子量は, それぞれ 27 と 31 とする.

(1) 2.0

(2) 2.5

(3) 3.0

(4) 3.5

(5) 4.0

問題32 嫌気ろ床槽と生物ろ過槽を組み合わせた窒素除去型小型浄化槽について, 下図の □ 内にあてはまる装置名の組み合わせとして, 最も適当なものは次のうちどれか.

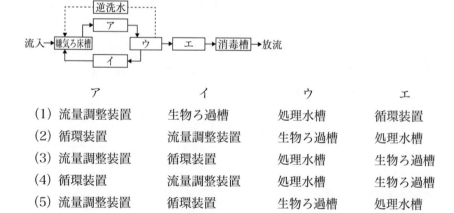

	ア	イ	ウ	エ
(1)	流量調整装置	生物ろ過槽	処理水槽	循環装置
(2)	循環装置	流量調整装置	生物ろ過槽	処理水槽
(3)	流量調整装置	循環装置	処理水槽	生物ろ過槽
(4)	循環装置	流量調整装置	処理水槽	生物ろ過槽
(5)	流量調整装置	循環装置	生物ろ過槽	処理水槽

問題33 原水ポンプ槽に関する次の記述のうち，最も不適当なものはどれか.

(1) 原水ポンプ槽とは，浄化槽本体の流入管底が地表面よりかなり深くなる場合に，浄化槽本体直前で汚水を所定の位置まで揚水するためのポンプ槽をいう.

(2) 流量調整槽が後置される場合には，原水ポンプ槽の計量調整移送装置を省略できる.

(3) 原水ポンプ槽では，汚泥やスカムが蓄積しやすいので，撹拌装置を設けなければならない.

(4) 放流水BODが20mg/L以下の性能で，沈殿分離槽が設けられている浄化槽に原水ポンプ槽を設ける場合には，単位時間当たりの移送水量は，日平均汚水量の1/24の2.5倍以下となるような構造としなければならない.

(5) 原水ポンプ槽に設置されるポンプは，故障時に備え2台以上設置するとともに，これらのポンプは自動で交互に切り替え運転ができる構造としなければならない.

問題34 処理対象人員10人以下の嫌気ろ床接触ばっ気方式における接触ばっ気槽の構造に関する次の記述のうち，最も適当なものはどれか.

(1) 汚水の短絡を防止するため2室に区分し，直列に接続する.

(2) 逆洗後のはく離汚泥は，エアリフトポンプを用いて強制的に移送する.

(3) 異常な発泡に対処するため，消泡装置を必要とする.

(4) 接触材の充填率は50%以下とする.

(5) プラスチック製接触材を用いる場合，空隙率の小さいものを選定する.

問題35 標準活性汚泥方式と長時間ばっ気方式に関する次の記述のうち，最も適当なものはどれか.

(1) 処理対象人員が5 000人以下では，いずれの処理方式も採用することができる.

(2) ばっ気槽のBOD容積負荷は，長時間ばっ気方式の方が大きい.

(3) 汚水量に対するばっ気量は，標準活性汚泥方式の方が少ない.

(4) MLSS 濃度は，標準活性汚泥方式の方が高い．

(5) 汚泥返送率は，長時間ばっ気方式の方が低い．

問題36 浄化槽で用いられるエアリフトポンプに関する次の記述のうち，最も不適当なものはどれか．

(1) 揚水量は，ポンプの形状や汚泥濃度によって変化する．

(2) $1 m^3$ の汚泥に対して必要な空気量は，$1.5 m^3$ 以上といわれている．

(3) 汚泥を返送しようとする場合，管内の流速を汚泥の沈降速度以上にする必要がある．

(4) 空気供給にはばっ気用のブロワなどが利用でき，機械的な故障が少ない．

(5) 水面から空気吹き出し口までの距離（浸水深さ）が大きいほど，エアリフトポンプの揚水量が小さくなる．

問題37 日平均汚水量が $16 m^3$ の硝化液循環方式の浄化槽において，窒素除去率を 80% とする場合，必要な循環水量 (m^3) として最も近い値は次のうちどれか．

なお，循環比と窒素除去率の関係は，下図のとおりとする．

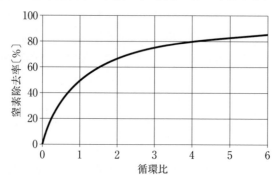

(1) 13

(2) 20

(3) 48

(4) 64

(5) 80

問題 38 接触ばっ気槽における硝化反応は，アンモニウムイオンが亜硝酸イオンを経て硝酸イオンとなる反応であり，次式で示される．アンモニア性窒素 1 g が硝酸性窒素 1 g に酸化されるまでに必要な酸素量（g）として，最も近い値は次のうちどれか．ただし，窒素の原子量は 14，酸素の原子量は 16 とする．

$$NH_4^+ + 1.5\,O_2 \rightarrow NO_2^- + H_2O + 2H^+$$

$$NO_2^- + 0.5\,O_2 \rightarrow NO_3^-$$

(1) 1.14

(2) 2.29

(3) 3.43

(4) 4.57

(5) 5.71

問題 39 放流ポンプ槽に関する次の記述のうち，最も不適当なものはどれか．

(1) 放流ポンプは，余裕をみて，日平均汚水量の 1.5 倍程度を揚水できる能力のものとする．

(2) 故障時等に備え，同等の能力を有するポンプを 2 台以上設置し，非常時には 2 台同時運転ができるようにする．

(3) 放流ポンプ槽の容量は日平均汚水量の 15 分以上とするが，浮遊物質等の堆積を防止するため，過大な容量とならないように留意する．

(4) 処理水を放流先まで強制移送するための単位装置である．

(5) 放流先の水位が浄化槽の水位より高い場合は，用いることができない．

問題 40 下図に示す腐敗タンク方式の一次処理装置及び二次処理装置を構成している単位装置として，誤っているものは次のうちどれか．

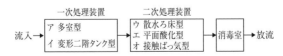

(1) ア

(2) イ

(3)　ウ

(4)　エ

(5)　オ

問題 41　断面図（左図）に示された図示記号と立体図（右図）の組み合わせとして，最も不適当なものは次のうちどれか．

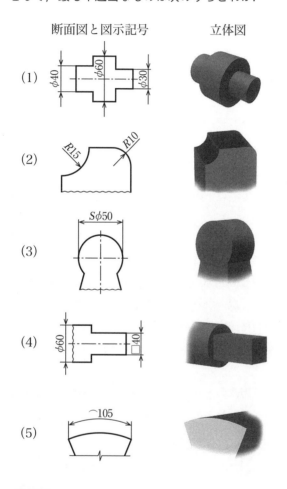

断面図と図示記号　　　立体図

(1)

(2)

(3)

(4)

(5)

問題 42　製図－製図用語（JIS Z 8114：1999）に示されている図面の種類とその定義に関する組み合わせとして，最も不適当なものは次のうちどれか．

図面	定義

(1) 製作図 —— 一般に設計データの基礎として確立され，製造に必要なすべての情報を示す図面

(2) 接続図 —— 構造物，装置における管の接続・配置の実態を示す図面

(3) 詳細図 —— 構造物，構成材の一部分について，その形，構造または組立・結合の詳細を示す図面

(4) 部品図 —— 部品を定義するうえで必要なすべての情報を含み，これ以上分解できない単一部品を示す図面

(5) 配置図 —— 地域内の建物の位置，機械などの据え付け位置の詳細な情報を示す図面

問題 43 電気関係の製図に用いられる図示記号と機器の組み合わせとして，最も不適当なものは次のうちどれか．

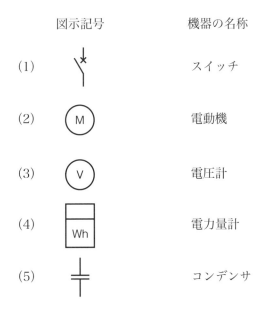

図示記号		機器の名称
(1)		スイッチ
(2)	M	電動機
(3)	V	電圧計
(4)	Wh	電力量計
(5)		コンデンサ

問題 44 下に示す平面図とA－A断面図で表される浄化槽のB－B断面図として，最も適当なものは次のうちどれか．

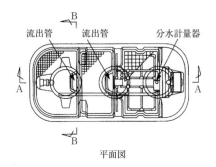

平面図

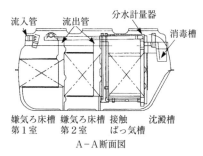

嫌気ろ床槽　嫌気ろ床槽　接触　　沈澱槽
第1室　　　第2室　　　ばっ気槽
A-A断面図

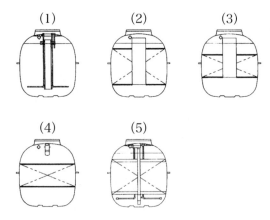

問題 45　配管図において，管内を流れる流体の種類を示す次の記号のうち，空気を示す記号として最も適当なものはどれか．

(1) A

(2) G

  (3)　O

  (4)　S

  (5)　W

問題46 掘削工事に関する次の記述のうち，最も不適当なものはどれか．

  (1)　透水性の悪い地質の場合の水替え工事には，ウエルポイント工法よりも釜場排水工法が適している．

  (2)　地山の掘削作業主任者が指揮をとる．

  (3)　開削工法の場合，のり面勾配に注意し，養生を行う．

  (4)　掘削深度が 1.5 m 以上の場合には，桟橋等を設ける．

  (5)　掘削前の土量と掘削後の土量は異なるので，搬出量や埋め戻し量に注意する．

問題47 小型浄化槽の工事の工程とその要点の組み合わせとして，最も不適当なものは次のうちどれか．

  (1)　掘削 ――――― 所定の深さ以上に深く掘りすぎないようにし，必要に応じて山留め工事や水替え工事を行う．

  (2)　基礎 ――――― 地盤を強固にするため，割栗石を敷いて突き固め，さらに，割栗石の隙間に砂利を敷きつめ突き固める．

  (3)　据え付け ―― 静かに本体を吊り降ろし，水平に設置し，流入管底や放流管底のレベルを確認する．

  (4)　水張り ――― 本体の水準目安線の位置まで水を張り，水平を確認する．

  (5)　埋め戻し ― 本体の周囲を均等に埋め戻し，本体を完全に埋めたのち，水締めによって土砂を突き固める．

問題48 設置工事における注意事項として，最も不適当なものは次のうちどれか．

  (1)　ビルの地下室に設置する場合，臭気が漏れないよう地下室は密閉構造とする．

(2) 側部から荷重がかかる場合，荷重が直接浄化槽にかからない位置にずらして配置する等の工夫が必要である．

(3) 寒冷地に設置する場合,排水管が凍結しないよう配慮した工事を行う．

(4) 深埋め工事となる場合，かさ上げの高さは 30 cm 以内とする．

(5) 地上に設置する場合,地震時の転倒や振動に対して安全な構造とする．

問題49 宅地内排水管の施工に関する次の記述のうち，最も不適当なものはどれか．

(1) 排水管の距離は，できるだけ短くする．

(2) 排水管途中の升は，トラップとする．

(3) 排水管の管径や勾配は，適切な流速が得られるようにする．

(4) 排水管の起点や合流点には，升を設置する．

(5) 十分な土被りをとっておく．

問題50 現場打ち浄化槽の電気工事に関する次の記述のうち，最も不適当なものはどれか．

(1) 電気工事は，電気工事士の資格を有するものが行う．

(2) 電線及び電線管は，JIS 規格品を用いる．

(3) 配筋後,コンクリートを打設し,十分に養生してから電線管の配管を行う．

(4) 槽内での電線の接続は避け，槽外で行う．

(5) フロートスイッチを使用する場合，正常に作動するように相互の間隔を取って設置する．

午 後
- 浄化槽の点検・調整及び修理
- 水質管理
- 清掃概論

問題51 嫌気ろ床槽第1室の水位が第2室より異常に上昇していた場合の原因として，最も不適当なものは次のうちどれか．ただし，第2室の水の流れは上向流とする．

(1) 第1室のろ材押え用の網に，ビニル袋等が堆積

(2) 第1室ろ材内の汚泥保持量の著しい増加

(3) 第1室流出部の堆積汚泥厚の増加

(4) 第2室流入部の堆積汚泥厚の増加

(5) 第2室流出部への異物の蓄積

問題52 接触ばっ気槽の槽内水における透視度の経日変化を模式的に示した下図において，①に対応する状況として，最も適当なものは次のうちどれか．

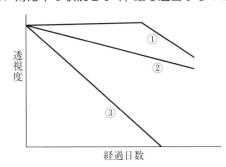

(1) 小型の接触材を不規則に充填した場合

(2) 槽内の水流が接触材充填部以外で短絡流を形成している場合

(3) 槽底部における汚泥の堆積が著しく速い場合

(4) ひも状など SS 捕捉性の弱い接触材を用いた場合

(5) 接触ばっ気槽の構造不良がある場合

問題53 浄化槽の保守点検作業に必要な器具機材の用途と用具の組み合わせとして，最も不適当なものは次のうちどれか．

	用 途	用 具
(1)	管理	手かぎ，ドライバー，水準器
(2)	衛生安全対策	ガス検知管，送風機，安全ベルト，ヘルメット
(3)	水質・汚泥試験	温度計，MLSS計，汚泥界面計，透視度計
(4)	試料採取・運搬	グリース類，消毒剤，スコップ
(5)	記録	鉛筆，保守点検票，業務日誌

問題54 処理対象人員5人の小型浄化槽の接触ばっ気槽（有効容量1.1m³）において10分間の逆洗を実施した．逆洗後，槽内のはく離汚泥を30分間沈殿させたのち，接触ばっ気槽底部の沈殿汚泥を可搬式ポンプを用いて嫌気ろ床槽第1室に移送した．下記の条件において，逆洗ではく離した汚泥に対する移送した汚泥の割合（%）として，最も近い値は次のうちどれか．

〔条件〕

逆洗中のはく離汚泥のSS ：2 800 mg/L

沈殿後に移送した沈殿汚泥のSS：6 000 mg/L

移送量 ：180 L

(1) 15

(2) 20

(3) 25

(4) 30

(5) 35

問題55 流量調整移送装置・循環装置等を備えた戸建て住宅用の性能評価型浄化槽に関する次の記述のうち，最も不適当なものはどれか．

(1) エアリフトポンプと計量調整移送装置を組み合わせた装置は，生物膜が形成されやすく，高負荷の施設においては，安定的な定量移送を長期間維持しがたい．

(2) 間欠定量ポンプは，時間ごとの揚水量を一定に保つために用いられる．

(3) 循環装置のエアリフトポンプでは，散気用ブロワからの空気の一部が循環水の揚水に充てられる．

(4) ろ過部分の自動洗浄において，はく離した汚泥は沈殿槽に移送される．

(5) 二次処理装置は面積が小さいため，槽上部の狭い空間に各配管が張り巡らされる型式が多い．

問題56 混合液浮遊物質（MLSS）濃度をおおむね3 000〜6 000 mg/Lに保持することが望ましいとされている生物反応槽として，最も不適当なものは次のうちどれか．

(1) 長時間ばっ気方式のばっ気槽

(2) 標準活性汚泥方式のばっ気槽

(3) 循環水路ばっ気方式の水路

(4) 硝化液循環活性汚泥方式の硝化槽

(5) 硝化液循環活性汚泥方式の脱窒槽

問題 57 小型浄化槽の嫌気ろ床槽におけるろ床内蓄積汚泥の分布状況の点検作業を示す写真として，最も適当なものは次のうちどれか．

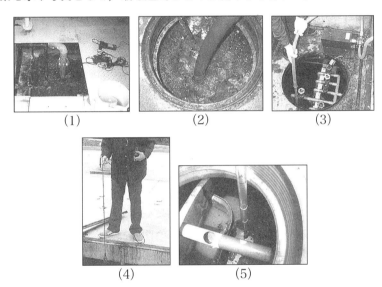

(1)   (2)   (3)

(4)   (5)

問題 58 スロット型沈殿槽の保守点検項目として，最も不適当なものは次のうちどれか．

(1) 汚泥返送量の状況

(2) スカムの生成状況

(3) 底部汚泥の蓄積状況

(4) 流出水の性状

(5) 越流せきの水平の確認

問題59 油脂分の多い汚水が装置・設備に与える影響と障害に関する次の組み合わせのうち，最も不適当なものはどれか．

装置・設備	影響	障害
(1) ポンプ設備	フロートスイッチに油脂付着	スイッチの作動不良
(2) 接触ばっ気槽	生物膜表面に油膜生成	BOD 除去率の低下
(3) スクリーン設備	スクリーンに油脂付着	水流の阻害
(4) ばっ気槽	槽内に乳化油が分散	フロックの肥大化
(5) 沈殿槽	スカムの形成	処理水質の悪化

問題60 活性汚泥法における異常な現象とその原因の組み合わせとして，最も不適当なものは次のうちどれか．

異常な現象	原因
(1) 活性汚泥の解体	空気供給量の不足
(2) 沈殿槽での汚泥の浮上	脱窒の進行
(3) MLSS 濃度の低下	沈殿槽からの返送汚泥量の不足
(4) ばっ気槽での異常な発泡	放線菌の異常増殖
(5) 活性汚泥の沈降性の悪化	糸状性微生物の異常増殖

問題61 下図に示す脱窒ろ床接触ばっ気方式の浄化槽において，脱窒ろ床槽第1室の窒素除去量（g/日）として，正しい値は次のうちどれか．ただし，脱窒ろ床槽の蓄積汚泥からの窒素の溶出はないものとする．

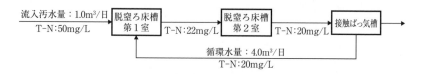

- (1) 10
- (2) 15
- (3) 20
- (4) 25
- (5) 30

問題 62 ばっ気沈砂槽の保守点検項目として，最も不適当なものは次のうちどれか．

- (1) スクリーンの付着物の除去
- (2) 散気装置への空気供給量の調整
- (3) 排砂ポンプの排出量の調整
- (4) 消泡装置の稼働状況の確認
- (5) 排砂槽の土砂の除去

問題 63 流量調整槽の後段に設けられる計量調整移送装置に関する次の記述のうち，最も不適当なものはどれか．

- (1) 生物反応槽への移送水量を一定量に調整するために設けられる．
- (2) 汚水の所定量を連続的に生物反応槽へ移送することができるよう返送部のせき高を調整する．
- (3) 装置内の汚泥等は，移送水量の変動要因となるので，必要に応じて排出する．
- (4) 移送部及び返送部のせき板に付着した汚泥は，ブラシ等で洗浄する．
- (5) 移送水量は設計水量を基準に設定されているため，保守点検時に移送水量の把握は不要である．

問題 64 処理対象人員 501 人以上の構造例示型の浄化槽において，使用開始直前の保守点検時に確認・調整しておく事項として，最も不適当なものは次のうちどれか．

- (1) 流量調整槽の汚水移送用ポンプのレベルスイッチを調整する．
- (2) 接触ばっ気槽への空気供給量を調整する．

(3) 接触材の変形・破損の有無を確認する.

(4) 逆洗用バルブを開放状態にする.

(5) 沈殿槽の汚泥移送ポンプのタイマを設定する.

問題 65 通常の使用状態で 8 か月間運転された図に示す嫌気ろ床槽第 1 室の汚泥の蓄積状況を点検した. この結果として, 最も適当なものは次のうちどれか. なお, 槽内には角筒状 (樹脂製) のろ材が充填されていた.

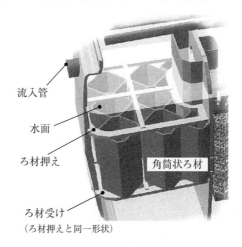

流入管

水面

ろ材押え

角筒状ろ材

ろ材受け
(ろ材押えと同一形状)

汚泥の蓄積状況

	(1)	(2)	(3)	(4)	(5)
ろ材押え上部	＋＋＋	＋＋	－	±	＋＋＋
ろ床内 (中間部)	±	＋	＋＋＋	＋	－
槽底部	－	±	±	＋＋＋	＋＋＋

－	ほとんど認められない
±	少し認められる
＋	認められる
＋＋	多く認められる
＋＋＋	かなり多く認められる

問題 66 凝集分離装置の緩速撹拌槽に関する次の記述のうち, 最も不適当なものはどれか.

(1) 急速撹拌槽において凝集剤が十分に混和されて生成した微細なフロッ

クを，さらに撹拌混合することによって，より大きなフロックに成長
させる．

(2) フロックどうしの接触回数が多いほど凝集反応は進行するので，撹拌
強度は大きい方がよい．

(3) フロックが認められても，上澄水が懸濁している場合には，凝集剤の
添加量が原因と考えられる．

(4) フロックの成長及び強度の増加を目的として，高分子凝集剤を凝集助
剤として添加する場合がある．

(5) フロック形成状況の点検には，目視によって粗大フロックの生成状況
を確認する．

問題 67 流量調整槽を前置した接触ばっ気方式の沈殿槽の管理にあたって，
下記の条件における1日当たりの移送回数（回／日）と1回当たりの移送
装置の運転時間（分／回）の組み合わせとして，最も適当なものは次のうち
どれか．

〔条件〕

流入汚水量	： 100 m³/日
接触ばっ気槽流出水の SS	： 100 mg/L
沈殿槽流出水の SS	： 20 mg/L
沈殿槽から移送される汚泥の SS	： 5 000 mg/L
汚泥の移送量	： 100 L/分

	移送回数(回／日)	運転時間(分／回)
(1)	2	30
(2)	3	15
(3)	3	8
(4)	4	4
(5)	5	2

問題 68 水中ポンプの異常な現象とその原因に関する次の組み合わせのう
ち，最も不適当なものはどれか．

	異常な現象		原因
(1)	起動しない	————	モータの絶縁不良
(2)	運転中に停止する	———	羽根車の摩耗
(3)	異音の発生	————	逆止弁の破損
(4)	電流値の異常	————	異物による閉塞
(5)	揚水量の低下	————	羽根車の接触

問題 69 電磁式ブロワ並びにロータリ式ブロワが異音を発する場合，両者に共通する原因として，最も不適当なものは次のうちどれか.

(1) ベアリングの摩耗

(2) カバーの共振

(3) フィルタの目詰まり

(4) ブロワと建物との接触

(5) 防振ゴムの不良・破損

問題 70 FRP 製浄化槽の修理用原材料として，最も不適当なものは次のうちどれか.

(1) 乳化剤

(2) 修理用ポリエステル樹脂

(3) ガラス繊維（ガラスクロス，ガラスマット，ロービングクロス）

(4) 補助剤（シンナー，ベンジン，アセトン）

(5) 離型剤（ワックス）

問題 71 窒素除去型小型浄化槽（処理対象人員５人）循環装置として，空気量を変化させて循環水量（揚水量）を調整するタイプのエアリフトポンプが用いられ，このポンプの空気量調整用バルブが破損した．このポンプの揚水特性が図１のとき，計画水量１m³/日の２倍量から４倍量の循環水量を容易に調整できるバルブに交換する場合，図２に示す（１）～（５）の特性を示すバルブのうち，最も適当なものはどれか.

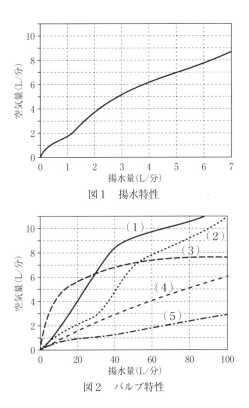

図1　揚水特性

図2　バルブ特性

問題 72 FRP 製浄化槽の事故や修理に関連する用語とその説明に関する次の組み合わせのうち，最も不適当なものはどれか.

(1) 擁　　壁：切土や盛土を行うときに設け，土が崩れるのを防ぐための壁

(2) 応　　力：構造物に外力が作用するとき，構造物の部材内部に発生する外力に抵抗する力

(3) リ　　ブ：板の補強等のために突き出して作られる補強材の部分

(4) 不等沈下：基礎面，底版面の地盤に不均一な沈下が生じる現象

(5) 座　　屈：繰り返し荷重を受けた部分の積層がはく離し，白変する現象

問題 73 浄化槽の使用実態とそれに対応した管理技術に関する次の記述のうち，最も適当なものはどれか.

(1) 接触ばっ気槽では，ばっ気強度を $1.5 \, \mathrm{m}^3/(\mathrm{m}^3 \cdot 時)$ 程度に維持すれば，構造によらず槽内の撹拌は十分に行うことができる．

(2) 流入汚水の時間変動が大きいほど，沈殿分離槽に蓄積するスカムや汚泥が多くなる傾向があるので，清掃時期を考慮する．

(3) 汚水量が計画汚水量より著しく増加しても，流量調整槽内の移送用ポンプの最大能力で24時間以内に移送できる範囲であれば，安定した処理を行うことができる．

(4) 散水ろ床方式において流入BOD負荷が過大な場合，通気量を多くすることにより対応できる．

(5) ばっ気槽に対するBOD負荷が計画値より低く，硝化が進んで処理水のpHが低下する場合，間欠ばっ気の導入を検討する．

問題 74 飲食店等の汚水を処理対象とした中型浄化槽に設置される油脂分離槽について，次の文章中の [ア] ～ [ウ] に入る語句の組み合わせとして，最も適当なものはどれか．

浄化槽に多量の油脂類が流入すると [ア] 負荷量が著しく増加するため，厨房排水が流入管きょに合流する前に油脂分離槽を設置することが望ましい．

油脂分離槽は，厨房で使用する油脂類が温水に融けて排出されてくるものを一時貯留して [イ]し，固形化させて分離することを目的とする．油脂類の大部分は [ウ] で流入するため，油脂類の一部が除去されるものと考える．

	ア	イ	ウ
(1)	BOD	冷却	懸濁状態
(2)	BOD	沈殿	懸濁状態
(3)	T–N	凝集	懸濁状態
(4)	BOD	冷却	溶解状態
(5)	T–N	凝集	溶解状態

問題 75 硝化液循環法による窒素除去を目的とした場合，流入汚水のBOD

と窒素の比（BOD/N）が望ましい範囲にある建築物の用途として，最も適当なものは次のうちどれか．

(1) 集会場
(2) 映画館
(3) パチンコ店
(4) 事務所
(5) 老人ホーム

問題 76 下の概略図に示す二次処理装置は，流入側から接触ばっ気部，生物ろ過部及び処理水槽で構成されている．この二次処理装置は，専用ブロワの自動逆洗により，逆洗時には逆洗管からのばっ気と逆洗エアリフトポンプによる逆洗排水の移送が同時に行われる．

保守点検時に専用ブロワの運転を手動逆洗に切り替えたが，生物ろ過部の閉塞が解消されなかった．この場合に認められる現象として，最も不適当なものは次のうちどれか．なお，逆洗中は一次処理装置からの流入はないものとする．

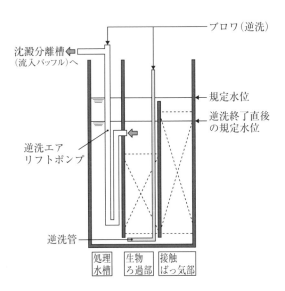

(1) 接触ばっ気部から気泡が上昇してきた．

(2) 処理水槽から気泡が上昇してきた.

(3) 逆洗エアリフトポンプからの排水量が所定の量より増加した.

(4) 生物ろ過部における水位の低下速度が処理水槽よりも速かった.

(5) 生物ろ過部における水位の低下速度が接触ばっ気部よりも速かった.

問題77 浄化槽における騒音対策に関する次の記述のうち, 最も不適当なものはどれか.

(1) 浄化槽の運転中に発生する騒音としては, 機械系の駆動音や汚水等の移送に伴う水の音があげられる.

(2) ブロワから発生する騒音は, 吐出圧力やモータの回転数によって騒音特性が異なる.

(3) 機械室に設置されたブロワは, すべて騒音規制法の対象となる.

(4) ばっ気撹拌等の音が問題となる場合は, マンホールや点検蓋を厚いものに変更するのが簡易な対策である.

(5) 機械室内に機器がある場合は, 室内に吸音材を張ることで防音効果が期待できる.

問題78 浄化槽で使用する殺虫剤の抵抗性に関する次の記述のうち, 最も不適当なものはどれか.

(1) 浄化槽で発生する害虫のうち, 抵抗性が問題となっているものには, アカイエカ, チカイエカ, チャバネゴキブリなどがある.

(2) 抵抗性は, 昆虫の一生の間に次第に強くなる.

(3) 抵抗性が問題となる殺虫剤としてほ, 有機リン剤やピレスロイド剤などがある.

(4) 濃度や散布量を増やすことは, 軽度の抵抗性個体に対してある程度有効である.

(5) 作用機構が異なる殺虫剤は, 交差抵抗性がなく, 有効に作用する.

問題79 安全対策に関する次の文章中の [ア] 〜 [エ] に入る気体の組み合わせとして, 最も適当なものはどれか.

空気には約78%の［　ア　］と約21%の［　イ　］が含まれるが，浄化槽内の微生物によって［　イ　］が消費され，その濃度が18%未満になると人体に影響を及ぼすおそれがある．また浄化槽では，槽内の嫌気性微生物の作用によって，［　ウ　］や［　エ　］が発生する．一般に，［　ウ　］は空間の上部に，［　エ　］は空間の底部に溜まりやすい．

	ア	イ	ウ	エ
(1)	窒素	酸素	二酸化炭素	メタン
(2)	酸素	硫化水素	メタン	窒素
(3)	酸素	二酸化炭素	窒素	硫化水素
(4)	窒素	酸素	メタン	硫化水素
(5)	酸素	二酸化炭素	硫化水素	窒素

問題80 浄化槽に適用されている脱臭法に関する次の記述のうち，最も不適当なものはどれか．

(1) 吸着脱臭法では，活性炭が主として用いられる．

(2) 吸着脱臭法では，吸着剤の交換が必要である．

(3) 充填塔式生物脱臭法では，微生物により臭気物質が酸化分解される．

(4) 土壌脱臭法では，吸着，生物学的・化学的作用により臭気が除去される．

(5) オゾン脱臭法では，オゾンによるマスキングが主たる作用である．

問題81 汚泥沈殿率（SV_{30}）に関する次の記述のうち，最も不適当なものはどれか．

(1) 活性汚泥をメスシリンダーに採取し，30分静置後の沈殿汚泥の体積率を百分率で表す．

(2) 活性汚泥の沈降性や固液分離性等の性状の把握ができる．

(3) 接触ばっ気槽（室）内の逆洗時期の判断を行う指標となる．

(4) 全ばっ気方式の浄化槽では清掃時期の判断を行う指標となる．

(5) 測定中はメスシリンダーを直射日光の当たらない水平なところに置く．

問題 82 BOD と COD に関する次の記述のうち, 最も不適当なものはどれか.

(1) 浄化槽における BOD/COD の比は, 流入水より処理水の方が高い.

(2) BOD は, 培養びん中で硝化反応が進むと高くなる.

(3) 亜硝酸性窒素は, COD の測定値に影響を与える.

(4) BOD 測定は, COD 測定より長い時間を要する.

(5) BOD 測定用の希釈水は, DO を飽和状態にしておく.

問題 83 DPD 法による残留塩素の測定手順に関する次の文章中の [　] 内の語句のうち, 最も不適当なものはどれか.

10 mL の共栓比色管に [(1) リン酸塩緩衝液] 0.5 mL をとり, これに DPD 試薬 0.1 g を加える. 次に試料を加えて全量を 10 mL とし, 混和後, すみやかに残留塩素標準比色液と比較して [(2) 遊離残留塩素] 濃度を求める. さらに, [(3) ヨウ化カリウム] 約 0.1 g を加えて溶解し, 2 分間静置後, 残留塩素標準比色液と比較して残留塩素濃度を求める. この値と [(2) 遊離残留塩素] の値の [(4) 和] が [(5) 結合残留塩素] 濃度である.

問題 84 現場で直ちに測定しなければならない水質項目として, 最も不適当なものは次のうちどれか.

(1) 透視度

(2) pH

(3) 溶存酸素 (電極法)

(4) 残留塩素

(5) アンモニア性窒素

問題 85 現場において浄化槽の処理機能の把握に用いられている簡易測定器について, その測定項目と測定原理の組み合わせとして, 最も適当なものは次のうちどれか.

測定項目　　　　測定原理

(1) SS・濁度 ――― 蛍光光度法

(2) COD ―――― 吸光光度法

(3) T–N ———— 電極法

(4) NO₃⁻–N ——— 蛍光光度法

(5) T–P ———— 電極法

問題 86 透視度に関する次の記述のうち，最も不適当なものはどれか．

(1) 汚水の処理が進行して BOD が低下するほど，透視度が高くなる傾向がある．

(2) 透視度は，直射日光の当たる場所で測定する．

(3) 標識板には，白色のプラスチック板または陶器板を用いる．

(4) 標識板には，黒色の二重十字線が記されている．

(5) 微細な気泡が試料に混入すると，測定値が低くなる．

問題 87 浄化槽における pH の評価に関する次の記述のうち，最も不適当なものはどれか．

(1) 次亜塩素酸を含む洗剤の使用は，流入汚水の pH 上昇の要因となる．

(2) 嫌気性分解の進行により，嫌気ろ床槽流出水の pH が低下する．

(3) ばっ気による二酸化炭素の揮散により，接触ばっ気槽内の pH が低下する．

(4) 生物処理に関与する多くの微生物の最適 pH は，中性付近である．

(5) 硝化が進行した場合の処理水の pH は，浄化槽よりみなし浄化槽の方が低くなる．

問題 88 浄化槽の水質評価における硝酸性窒素及び亜硝酸性窒素に関する次の記述のうち，最も不適当なものはどれか．

(1) 硝酸性窒素及び亜硝酸性窒素の検出は，酸化の進行状況を把握するための有効な手段である．

(2) 浄化槽の運転初期においては，BOD 除去に関与する細菌群よりも硝化細菌が増殖するため，一時的に硝化反応が進行する．

(3) 浄化槽では，亜硝酸性窒素は硝化が進行する過渡期に一時的に高濃度に検出されることがあるが，通常はその後すみやかに硝酸化が進行する．

(4) みなし浄化槽では，硝化反応が亜硝酸の段階で停止する場合がある．

(5) 消毒過程において，消毒剤は亜硝酸性窒素の酸化に消費される．

問題 89 みなし浄化槽における塩化物イオンに関する次の文章中の [　　] 内の語句のうち，最も不適当なものはどれか．

塩化物イオンは，処理過程において [(1) 除去されない] ため，洗浄水と [(2) 放流水] の濃度を測定することにより，水洗便所における希釈倍率を把握できる．標準的な希釈倍率として [(3) 50 倍] 希釈が用いられている．希釈倍率が大きいと滞留時間が [(4) 長く] なり，処理機能に障害を生じるおそれがある．希釈倍率が小さいと，流入水の BOD 濃度が [(5) 高く] なる．

問題 90 浄化槽において，汚泥流出に伴う処理水の透視度低下の原因として，最も不適当なものは次のうちどれか．

(1) 活性汚泥の SVI の低下

(2) 活性汚泥のバルキング

(3) ばっ気槽の微細フロックの生成

(4) 流量調整機能の不良

(5) 接触ばっ気槽における生物膜のはく離

問題 91 清掃の技術上の基準に基づいて行った構造例示型浄化槽の清掃作業として，最も不適当なものは次のうちどれか．

(1) 流量調整槽が前置された浄化槽の汚泥濃縮貯留槽において，汚泥，スカム等の引き出しは，脱離液を流量調整槽に移送した後の全量とした．

(2) 沈殿分離槽において，槽内の洗浄に使用した水は，沈殿分離槽の張り水として使用した．

(3) 消毒槽に汚泥の堆積が認められた場合，その汚泥をサクションホースを用いて引き出した．

(4) 汚泥移送装置を有しない接触ばっ気槽の張り水に活性汚泥を使用した．

(5) 汚泥貯留槽の汚泥，スカム及び中間水は全量引き出した．

問題 92 性能評価型小型浄化槽における清掃作業として，最も不適当なものは次のうちどれか．

(1) 夾雑物除去槽の汚泥，スカム等は，全量引き出す．

(2) 生物ろ過槽のはく離汚泥は，全量引き出す．

(3) 担体流動槽は，汚泥の引き出しは行わない．

(4) 水位が変動する単位装置は，低水位まで水張りを行う．

(5) 清掃後，流量調整装置，循環装置の移送水量を適正量に調整する．

問題 93 浄化槽法に規定されている清掃記録の保存期間として，最も適当なものは次のうちどれか．

(1) 1 年

(2) 2 年

(3) 3 年

(4) 4 年

(5) 10 年

問題 94 みなし浄化槽の分離接触ばっ気方式の清掃作業を示したア～オの順番として，最も適当なものは次のうちどれか．

ア．沈殿分離室のスカム，中間水，汚泥を引き出す．

イ．接触ばっ気室のばっ気を停止させる．

ウ．接触材の逆洗装置を作動させて接触材を洗浄し，生物膜をはく離させる．

エ．消毒室を清掃する．

オ．はく離汚泥の混合液を引き出し，接触材及び沈殿室を清掃する．

(1) ア → イ → ウ → エ → オ

(2) ア → エ → ウ → イ → オ

(3) イ → ウ → ア → オ → エ

(4) イ → ア → ウ → オ → エ

(5) エ → イ → ウ → ア → オ

清掃に用いる器具と洗浄方法に関する次の記述のうち，最も不適当なものはどれか．

(1) エアリフトポンプの配管は，サクションホースを用いた吸引洗浄が行われる．

(2) 一次処理装置等の隔壁や移流管に汚泥や油脂類が強固に付着している場合，汚泥掻き落し用具が用いられる．

(3) ホッパー，スロットに付着した汚泥の清掃では，洗浄と並行して引き抜く方法がある．

(4) スクリーン設備の清掃には，付着した夾雑物を取り除く熊手や火ばさみが用いられる．

(5) ろ材等の洗浄で水をかけて落ちる程度の場合には，ホースを使用した水道水による洗浄を行うだけでよい．

下図は，共同住宅及び店舗に設置された沈殿分離槽を前置した接触ばっ気方式の浄化槽について，実流入汚水量及び計画流入汚水量と 1 年間の汚泥発生量の調査結果を示している．これらの結果に関する次の記述のうち，最も不適当なものはどれか．

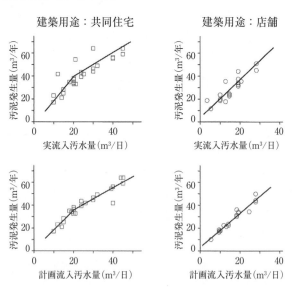

(1) 流入汚水量の多い施設ほど汚泥発生量も多くなる.

(2) 汚泥発生量を同一汚水量で比較すると，共同住宅よりも店舗の方が多い.

(3) 汚泥発生量は，実流入汚水量よりも計画流入汚水量の方がより強い相関を示している.

(4) 沈殿分離槽の容量が大きい施設ほど，汚泥発生量が多い傾向にある.

(5) 共同住宅では，計画流入汚水量 $20\,\mathrm{m^3}$/日付近を境に，汚泥発生量の増加割合が変化する傾向がある.

問題 97 処理対象人員 8 人のみなし浄化槽の全単位装置から汚泥を全量引き出した場合，搬出汚泥量（$\mathrm{m^3}$）として，最も近い値は次のうちどれか．なお，各単位装置の有効容量と洗浄水量は下記のとおりとする．また，沈殿分離室の洗浄水は張り水に利用するが，その他の洗浄水は全量引き出すこととする.

	有効容量 （$\mathrm{m^3}$）	洗浄水量 （$\mathrm{m^3}$）
沈殿分離室（V_1）	：$V_1=0.75+0.09\times(n-5)$	$V_1\times0.1$
接触ばっ気室（V_2）	：$V_2=0.25+0.025\times(n-5)$	$V_2\times0.3$
沈殿室と消毒室（V_3）	：$V_3=0.15+0.015\times(n-5)$	$V_3\times0.3$

n：処理対象人員（人）

(1) 1.3

(2) 1.5

(3) 1.7

(4) 1.9

(5) 2.1

問題 98 下図に示す汚泥濃縮車を用いた清掃の作業手順に関する次の記述のうち，最も不適当なものはどれか．なお，濃縮車は反応タンク，汚泥タンク，凝集剤タンク，分離機等によって構成されている.

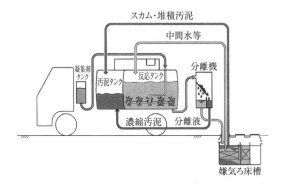

スカム・堆積汚泥

中間水等

分離機

凝集剤
タンク

汚泥タンク　反応タンク

濃縮汚泥　分離液

嫌気ろ床槽

(1) スカム，堆積汚泥を汚泥タンクへ吸引する．

(2) 中間水等は反応タンクへ吸引し，空気撹拌を行いながら凝集剤を添加し，フロック形成を促す．

(3) 形成したフロックを，加圧浮上させる．

(4) 反応タンクから分離機へ移送し，分離液は浄化槽へ，濃縮汚泥は汚泥タンクへ移送する．

(5) 分離液の移送によって，浄化槽内に再生成したスカム及び汚泥を濃縮車へ吸引する．

問題 99 汚泥の引き出し後に行う事項に関する次の記述のうち，最も不適当なものはどれか．

(1) マンホールの蓋は必ず閉めて，密閉状態を確認する．

(2) 清掃後は上部や周辺に必ず消毒液を散布する．

(3) 薬剤筒に消毒剤がない場合は，設置者にこれを報告もしくは消毒剤を補充する．

(4) 付帯設備に補修を要すると認められる場合には，設置者に連絡する．

(5) 清掃の記録票に記入後，作業が終了したことを設置者に伝え，1 部を渡し，作業内容の説明を行う．

問題 100 中・大型浄化槽における清掃の技術上の基準において，汚泥・スカム等の引き出しが全量となっている単位装置として，最も適当なものは次の

うちどれか.

(1) 流量調整槽

(2) 接触ばっ気槽

(3) 重力返送式沈殿槽

(4) 消毒槽

(5) 汚泥貯留槽

【問題1】 下水道整備により，河川水の減少などの影響を受けることがある．

答 (2)

【問題2】 日本の水資源の年間使用量は，農業用水が多くを占める．次いで，生活用水，工業用水の順である．水源は河川水，地下水の順である．

答 (5)

【問題3】 地球に到達する太陽エネルギーのうち蒸発散に費やされるものは，次式により求められる．

$$10\,000\,[MJ/m^2] \times 24.5\,[\%] = 2\,450\,[MJ/m^2]$$

地球全体の蒸発散量〔m^3/m^2〕は次式により求められる．

$$\frac{2\,450\,[MJ/m^2]}{2\,450\,[MJ/m^3]} = 1.0\,[m^3/m^2]$$

水資源賦存量〔億 m^3/年〕は次式により求められる．

$$1\,200\,000\,[億m^3/年] - 750\,000\,[億m^3/年] = 450\,000\,[億m^3/年]$$

1 人当たりの水資源賦存量〔m^3/(人・年)〕は，次式により求められる．

$$450\,000\,[億m^3/年] \div 60\,[億人] = 7\,500\,[m^3/(人・年)]$$

答 (1)

【問題4】 富栄養湖では，夏の日中の溶存酸素は表層飽和となり，底層では減少する．

答 (5)

【問題5】 河川における環境基準項目としては，生物化学的酸素要求量（BOD）が正しい．海域または湖沼では化学的酸素要求量（COD）である．

答 (2)

【問題6】 ア・ウ．加水分解は水が加わって生じる分解反応の総称である．高分子の有機物は，加水分解によりアミノ酸，グルコース，高級脂肪酸などに分解される．

イ．汚水に酸あるいはアルカリを添加して中和処理をする．

エ．塩素は酸化剤であるため，塩素還元性物質と反応すると自らは還元され，相手を酸化することになり，一種の酸化還元反応を生じる．

答 (2)

【問題7】膜種類別の分離対象物質は以下のとおりである.

- 精密ろ過：細菌（粒径 $0.025 \sim 10\,\mu\mathrm{m}$）
- 限外ろ過：蛋白分子やデンプン分子のような比較的大きい有機物質，ウイルス，コロイド粒子
- ナノろ過：二価イオン，界面活性剤，着色成分のような比較的小さい有機物質
- 逆浸透：溶存イオン

答 (1)

【問題8】圧力水頭の次元は次式により求められる.

$$\frac{P}{\rho g} = \frac{ML^{-1}T^{-2}}{ML^{-3}LT^{-2}} = \frac{ML^{-1}T^{-2}}{ML^{-2}T^{-2}} = \frac{1}{L^{-1}} = L$$

答 (3)

【問題9】 2.1×10^{2} と表記するのが適当である.

答 (4)

【問題10】低級脂肪酸には，酢酸，プロピオン酸，酪酸，吉草酸などがある.

答 (4)

【問題11】浄化槽は，し尿およびこれと併せて雑排水を処理する.

答 (1)

【問題12】

イ．浄化槽の清掃とは，汚泥，スカム等の引き出し，その引き出し後の槽内の汚泥等の調整ならびにこれらに伴う単位装置および付属機器類の洗浄，掃除等を行う作業をいう.

オ．浄化槽工事業を営もうとする者は，当該業を行おうとする区域を管轄する都道府県知事の登録を受けなければならない.

答 (3)

【問題13】保守点検は，浄化槽を使用開始する直前に行うものとされている.

答 (3)

【問題14】

イ．水質に関する検査を行う機関は，都道府県知事が指定する.

エ．浄化槽管理者は，設置後等の水質検査（7条検査）の受検手続きを行いやすくするため，浄化槽工事業者に委託することができる.

答 (4)

【問題 15】 浄化槽清掃業を営もうとする者は，市町村長の許可を受けなければならない．

答 (2)

【問題 16】 浄化槽法施行規則第 1 条第 8 号で，通気装置の開口部は塞がないこと，と定められている．

答 (5)

【問題 17】 変更届の提出に該当する事象とは，浄化槽の構造もしくは規模の変更（軽微な変更を除く）である．すなわち，処理方式の変更，処理対象人員の変更，日平均汚水量の変更などがこれに該当する．

答 (2)

【問題 18】

(1) 原則として，みなし浄化槽の新設は禁止されている．ただし，下水道法の事業計画により定められた予定処理区域内の者が排出するものについては，この限りでない．

(2) 建築基準法の規制対象でもある．

(3) 既設のみなし浄化槽は，浄化槽への転換について努力義務規定が設けられている．ただし，その期限は定められていない．

(4) 浄化槽法に基づく水質に関する検査の受検だけが必要である．

答 (5)

【問題 19】

(1) 浄化槽とみなし浄化槽の設置基数は，合わせて約 762 万基である．

(2) 処理対象人員 5 ～ 20 人が全体の 90.9%．21 ～ 200 人が 8.5%，201 人以上が 0.6% である．

(3) 浄化槽の設置基数は約 350 万基（46%），みなし浄化槽は約 412 万基（54%）で，みなし浄化槽のほうが浄化槽よりも設置基数が多い．

(5) 総人口 1 億 2 804 万人のうち，水洗化人口は 1 億 2 077 万人（94.3%）である．その内訳は，浄化槽人口が 2 631 万人（20.5%），公共下水道人口が 9 446 万人（73.8%）となっている．

答 (4)

【問題 20】 型式認定を受けた浄化槽も，建築基準法に基づく建築確認は必要である．

答 (2)

【問題 21】 生物膜法での生成汚泥量は，活性汚泥法の場合よりも少なくなる傾向がある．

答 (1)

【問題 22】 工程 A への流入から工程 C の流出までは次式で求められる．

$(300-60)-120-(90+15)=15$

工程 B への流入から工程 D の流出までは次式で求められる．

$60-45+15-24=6$

したがって，工程 C の流出と工程 D の流出の和は，以下のとおりとなる．

$15+6=21$

答 (2)

【問題 23】 分解する BOD 量は次式により求められる．

$20 [g/日]=200 [g/日]-20 [g/日]-分解する BOD 量 [g/日]$

分解する BOD 量 $[g/日]=160 [g/日]$

BOD 分解速度は，浄化槽容量で除することにより求められる．

$160 [g/日] \div 2 [m^3]=80 [g/(m^3 \cdot 日)]=0.08 [kg/(m^3 \cdot 日)]$

答 (5)

【問題 24】 第一処理工程の処理水 BOD 濃度は次式により求められる．

$200 [mg/L] \times \dfrac{100 [\%]-30 [\%]}{100 [\%]}=140 [mg/L]$

施設全体の BOD 除去率は次式により求められる．

$\dfrac{200 [mg/L]-20 [mg/L]}{200 [mg/L]} \times 100=90 [\%]$

答 (3)

【問題 25】

(1) 嫌気性条件下で進行する．

(2) 脱窒細菌の還元作用による．

(4) 至適 pH は 6～8 程度とされている．

(5) 窒素ガスが生成される．

答 (3)

【問題 26】 汚泥返送率は次式により求められる．

$$\frac{汚泥返送量〔m^3/日〕}{日平均汚水量〔m^3/日〕}×100＝\frac{50}{150}×100＝33.3〔\%〕$$

答（4）

【問題27】

（1）処理時間の経過に伴い，膜の表面や細孔に汚れが生じ，透過能力が低下する.

（2）比較的増殖速度の遅い細菌も増殖・高濃度保持が可能となる.

（4）通常，吸引ろ過または重力ろ過が用いられる.

（5）消毒槽は必要である.

答（3）

【問題28】回分式活性汚泥法における反応槽の運転は，「流入」「ばっ気・撹拌」「沈殿」「排出」の4工程からなる.

答（1）

【問題29】［ア 建築基準］法第31条第2項において次のように規定されている（一部省略）.

便所から排出する汚物を下水道法に規定する終末処理場を有する［イ 公共下水道］以外に放流しようとする場合においては，屎尿浄化槽（その構造が汚物処理性能に関して［ウ 政令］で定める技術的基準に適合するもので，国土交通大臣が定めた［エ 構造方法］を用いるもの又は国土交通大臣の［オ 認定］を受けたものに限る）を設けなければならない.

答（2）

【問題30】処理対象人員5人の場合の各単位装置の有効容量Vは以下のとおり.

ア・ウ．沈殿分離槽，脱窒ろ床槽 $V＝2.5\ m^3$

イ．嫌気ろ床槽 $V＝1.5\ m^3$

エ．接触ばっ気槽（分離接触ばっ気，嫌気ろ床接触ばっ気）$V＝1.0\ m^3$

オ．接触ばっ気槽（脱窒ろ床接触ばっ気）$V＝1.5\ m^3$

答（4）

【問題31】二次処理水中のリンは次式により求められる.

$$100〔m^3/日〕×6.2〔mg/L〕×10^{-3}＝0.62〔kg-P/日〕$$

Al/P モル比は次式により求められる.

$$\text{Al/P モル比} = \frac{1.9〔\text{kg/日}〕/27}{0.62〔\text{kg/日}〕/31} = 3.51 ≒ 3.5$$

答 (4)

【問題 32】

ア．一次処理装置の流出部に流量調整装置を設置し，流量調整を行う．

イ．循環水は二次処理装置流出部より，一次処理装置に循環される．

ウ．生物ろ過槽は定期的な逆洗が必要であり，自動的に行われる．

エ．処理水槽は沈殿槽と類似の構造である．

答 (5)

【問題 33】原水ポンプ槽は，流量調整槽と異なり，撹拌装置が設けられていない．そのため，槽の長短辺比を大きくしたり，水深を浅くしたりすると，汚泥の堆積やスカムが形成しやすくなるので，十分留意する必要がある．

答 (3)

【問題 34】

(1) 小さな槽については 1 室とする．槽容量が 5.2 m³ を超える場合は 2 室に区分する．

(3) 消泡装置は必ずしも必要ではない．ただし，槽容量が 5.2 m³ を超える場合は，消泡装置を設けることとされている．

(4) 接触材の充填率は，おおむね 55％ とされている．

(5) 生物膜による閉塞が生じ難い構造とし，十分な空隙率を有するものを選定する．

答 (2)

【問題 35】

(1) 標準活性汚泥方式は処理対象人員 5 001 人以上，長時間ばっ気方式は処理対象人員 101 人以上であるため，設問の場合，標準活性汚泥方式は採用できない．

(2) BOD 容積負荷は，長時間ばっ気方式のほうが小さい．

(4) MLSS 濃度は，標準活性汚泥方式のほうが低い．

(5) 汚泥返送率は，長時間ばっ気方式のほうが高い．

答 (3)

【問題 36】水面から空気吹出し口までの距離が大きいほど，エアリフトポンプ

の揚水量は多くなる.

答（5）

【問題37】循環比と窒素除去率の関係図より，窒素除去率80％とする場合の循環比は4であることがわかる.

　循環水量〔m³/日〕＝日平均汚水量〔m³/日〕×循環比

であるから，

　16〔m³/日〕×4＝64〔m³/日〕

答（4）

【問題38】反応式より，酸化に必要な酸素量は次のとおりである.

・アンモニウムイオン→亜硝酸イオン O/N＝3

・亜硝酸イオン→硝酸イオン O/N＝1

　したがって，求めるべき必要酸素量は次式により求められる.

$$\frac{16}{14} \times (3+1) = 4.5714 \fallingdotseq 4.57 \ [\text{g-O}_2/\text{g-N}]$$

答（4）

【問題39】放流ポンプは，処理水を揚水するために設置するものであり，放流先の水位が高くても用いることができる.

答（5）

【問題40】腐敗タンク方式の一次処理装置には，多室型，二階タンク型，変形二階タンク型がある.

　また，二次処理装置には，散水ろ床型，平面酸化型，単純ばっ気型，地下砂ろ過型がある.

　したがって，二次処理装置の接触ばっ気型は誤りである.

答（5）

【問題41】$S\phi$ は球の直径を表す図示記号であり，（3）の立体図では，円の直径を表す ϕ を用いるのが正しい.

答（3）

【問題42】構造物,装置における管の接続・配置の実態を示す図面は,「配管図」である.

　「（電気）接続図」は，図記号を用いて，電気回路の接続と機能を示す図面である.

答（2）

【問題 43】（1）の図示記号は，スイッチではなく遮断器である．

答（1）

【問題 44】B－B は，嫌気ろ床槽第 1 室の断面図である．ろ床高さが低く，かつ，流出管が見えているものが正しい．

答（3）

【問題 45】空気を示す記号は「A」である．ちなみに，その他の選択肢の記号は以下のとおり．
(2) G：ガス管
(3) O：油送り管
(4) S：蒸気送り管
(5) W：該当する流体なし

答（1）

【問題 46】透水性の悪い地質の場合の水替え工事には，ウェルポイント工法を適用する．

釜場排水工法は，のり面が小さく，透水性のよい安定した地盤に適している．

答（1）

【問題 47】本体の周囲は，機械を使用しないで慎重に埋め戻す．その途中で何度も水をまいて水締めを行い，埋戻し工の内部に空隙がないようにする．水締めの後，埋め戻した箇所からランマーなどで突き固める．

答（5）

【問題 48】ビルの地下室に設置する場合，炭酸ガスや硫化水素が発生する場合もあること，湿度が高くなって電気系統に支障をきたす場合もあることなどから，換気には十分注意しなければならない．

答（1）

【問題 49】排水管途中にトラップを設けると，封水として排水が滞留することになり，不適切である．

逆に，流れをよくするため，排水管途中の升の底部にはインバートを施すのが適切である．

答（2）

【問題 50】コンクリート打設後に電線管を設置するのは不可能（非常に困難）である．配筋後，コンクリート打設前に直ちに配管する必要がある．

答 (3)

【問題51】第2室流出部に異物が蓄積した場合，第1室，第2室ともに水位が上昇する．

答 (5)

【問題52】

① 浮遊物質捕捉作用が強いため，捕捉作用が飽和した段階で透視度の低下を生じる．このため，（1）が適当である．

② 比較的大型の，あるいはひも状の接触材を使用した場合に生じやすい．運転初期から多少の浮遊物質を生成し，徐々に増加していく．

③ 室内の水流が接触材充塡部分以外で短絡水流を形成している．

答 (1)

【問題53】試料の採取に使用する用具には，ひしゃく，バケツ，採水器などがある．また，運搬に使用する用具には，クーラー，コンテナなどがある．

答 (4)

【問題54】はく離汚泥量は次式により求められる．

$$1.1〔m^3〕×2\,800〔mg/L〕×10^{-3}=3.08〔kg〕$$

移送した汚泥量は次式により求められる．

$$0.18〔m^3〕×6\,000〔mg/L〕×10^{-3}=1.08〔kg〕$$

逆洗ではく離した汚泥に対する移送した汚泥の割合は次式により求められる．

$$\frac{1.08〔kg〕}{3.08〔kg〕}×100=35.06≒35〔\%〕$$

答 (5)

【問題55】ろ過部分の洗浄において，洗浄排水は嫌気ろ床槽などの一次処理装置に移送される．

答 (4)

【問題56】標準活性汚泥方式のばっ気槽は，MLSS を 1\,000 〜 3\,000 mg/L に保持するのが望ましい．

答 (2)

【問題57】

(1) ばっ気沈砂槽における作業

(2) スカムを破砕している作業

(3) 汚泥の引き出し作業

(4) 汚泥界面計による汚泥堆積厚測定作業

答 (5)

【問題 58】 スロット型沈殿槽では，堆積汚泥は重力移送となるため，返送量は把握できない．

そのほかの点検項目として，消毒槽，放流管きょ，放流先水路を点検し，沈殿槽の汚泥流出の有無を点検する．

答 (1)

【問題 59】 ばっ気槽では，活性汚泥とは言い難いような性状となり，処理が不十分となる．

答 (4)

【問題 60】 活性汚泥の解体が見受けられる場合は，空気量過多がその原因と考えられる．したがって，十分撹拌され，かつ，死水域が形成されない範囲で，空気供給量を減少して汚泥の沈降性を確保する．

答 (1)

【問題 61】 窒素除去量は次式により求められる．

$1.0〔m^3/日〕×50〔mg/L〕+4.0〔m^3/日〕×20〔mg/L〕-5.0〔m^3/日〕×22〔mg/L〕$
$=50〔g/日〕+80〔g/日〕-110〔g/日〕=20〔g/日〕$

答 (3)

【問題 62】 スクリーンの付着物の除去はスクリーンにおける保守点検項目であり，ばっ気沈砂槽の保守点検項目には該当しない．

答 (1)

【問題 63】 移送水量は，実流入汚水量から最適な量を設定する必要がある．

答 (5)

【問題 64】 使用開始前に逆洗する必要はないため，逆洗用バルブは閉にしておく．

答 (4)

【問題 65】 角筒状ろ材は，汚泥の捕捉性が弱いため，槽底部に汚泥が蓄積する量が多くなる．

答 (4)

【問題66】 撹拌強度が大きすぎる場合には，フロックが破壊されて十分に成長しないまま凝集沈殿槽へ移流し，微細なフロック粒子が流出することもある．

答 (2)

【問題67】 沈殿槽に保持される1日当たりのSS量は次式により求められる．

$$100〔m^3/日〕×(100〔mg/L〕-20〔mg/L〕)×10^{-3}=8〔kg/日〕$$

単位時間当たりのSS移送量は次式により求められる．

$$5\,000〔mg/L〕×10^{-3}×100〔L/分〕×10^{-3}=0.5〔kg/分〕$$

1日当たりの移送装置の必要運転時間は次式により求められる．

$$8〔kg/日〕÷0.5〔kg/分〕=16〔分/日〕$$

設問に示された移送回数と運転時間の組み合わせより，4〔回/日〕×4〔分/回〕が適当といえる．

答 (4)

【問題68】 羽根車の摩耗を原因とする異常な現象としては，性能低下または電流値の異常などがある．

答 (2)

【問題69】 異音を発する原因に，ベアリングの摩耗は該当しない．

なお，(2)〜(5)以外の原因として，ダイアフラムやマグネットの破損，吸引・吐出バルブの汚れ・破損などがある．

答 (1)

【問題70】 乳化剤ではなく，硬化剤が正しい．硬化剤は，硬さを増したり，硬化を促進させたりする添加剤である．

答 (1)

【問題71】 循環水量が2〜4 m³/日なので，約1.4〜2.8 L/分である．

図1の揚水特性より，空気量はおおむね2.5〜5 L/分となる．この空気量を調整するには，バルブ (4) を用いて，バルブ開度30〜80%で調整するのが適当である．

バルブ (1) (2) (3) ではバルブ開度が40%程度以下となり，バルブ (5) では開度が100%でも空気量不足となる．

答 (4)

【問題72】 (5) で説明されている現象は応力白化である．座屈とは，棒状や板状の部材が強い圧縮力を受けることにより，折れ曲がって破損に至る現象のこと．

答 (5)

【問題 73】

(1) 槽内のばっ気撹拌を十分に行うには，槽の形状と接触材の充填位置を検討する必要がある．また，槽の形状やバランスが悪いと，ばっ気撹拌効率が低下する．

(2) 流入汚水の時間変動が大きいと，沈殿分離槽から流出するスカムや汚泥が多くなる傾向がある．

(3) 計画汚水量より著しく増加すると，安定した処理を行うのは難しい．

(4) 通気は必要酸素量の供給が目的であるため，通気量を増加しても対応できない．また，BOD 負荷量が高いと，ろ床の生物膜が肥厚し，閉塞することがある．

答 (5)

【問題 74】油脂分は［ア BOD］に大きく影響する．油脂分離槽は，厨房で使用する油脂類が温水に融けて排出されてくるものを一時貯留して［イ 冷却］凝縮し，固形化させて分離する．油脂類は食器の洗浄排水中に多量に含まれることから，大部分は［ウ 懸濁状態］で流入する．

答 (1)

【問題 75】集会場，映画館，パチンコ店，事務所（業務用厨房を設けない場合）の建築用途では，汚水中に占める屎尿成分，特に尿の割合が高いので，BOD/N が低くなる．

答 (5)

【問題 76】生物ろ過部が閉塞している状態では，底部からの水流が滞るため，逆洗エアリフトポンプの排水量は所定の量より減少する．

答 (3)

【問題 77】騒音規制法では，定格出力 7.5 kW 以上のブロワに対して規制が行われている．

答 (3)

【問題 78】ユスリカなどの屋外生息性昆虫の成虫は，一般に薬剤感受性が高く，ほとんどの殺虫剤が有効である．

なお，殺虫剤抵抗性は，ある昆虫集団が世代を越えて殺虫剤に長期間さらされると獲得されるもので，そうした形質は抵抗性遺伝子として子孫に伝えられ

て，殺虫剤抵抗性集団が発生する．

答 (2)

【問題79】空気の標準的組成として，容積比率は［ア　窒素］が78%，［イ　酸素］が21%含まれる．また，空気1に対する比重は，［ウ　メタン］が0.555，［エ　硫化水素］は空気よりも重く1.19である．

答 (4)

【問題80】オゾン脱臭法は，オゾンの酸化力により臭気成分を分解する方法である．臭気のマスキング作用もあるが，主たる作用ではない．

答 (5)

【問題81】槽内水が活性汚泥状を呈し，SV_{30} が測定できるほど浮遊汚泥濃度が増大している場合は，逆洗時期をはるかに逸してしまったと判断される．

答 (3)

【問題82】浄化槽におけるBOD/CODの比は，流入水で2〜3程度，放流水（処理水）で0.5〜1程度となることが多い．

答 (1)

【問題83】残留塩素濃度（遊離型＋結合型）から遊離残留塩素濃度を引いた値が結合型残留塩素である．すなわち，(4) は「差」とするのが適当である．

答 (4)

【問題84】アンモニア性窒素は，現場では測定できない．

答 (5)

【問題85】(2) 以外は，次の組み合わせが正しい．
(1) SS・濁度 ─── 透過光法
(3) T-N ─────── 吸光光度法
(4) NO_3^--N ─────── 吸光光度法，電極法，比色法など
(5) T-P ─────── 吸光光度法

答 (2)

【問題86】透視度は，目視による測定であるため，現場の明るさに大きく影響される．原則として，現場では昼光のもとで，直射日光を避けて測定する．

答 (2)

【問題87】接触ばっ気槽内では，炭酸，有機酸などが脱気によって除去され，pHが上昇することがある．

答 (3)

【問題 88】浄化槽の運転初期においては，増殖速度の遅い硝化菌よりも BOD 除去に関与する細菌群が増殖するため，硝化反応はほとんど進行しない．

答 (2)

【問題 89】希釈倍率が大きいと，洗浄水量が多く，滞留時間が短くなり，一次処理，二次処理のいずれでも処理機能に障害を生じるおそれがある．希釈倍率が小さいと，流入水の BOD 濃度が高くなり，臭気の発生や処理水 BOD 濃度の上昇につながることがある．

答 (4)

【問題 90】SVI が低い場合は，沈降性が良好であるため，汚泥流出の原因としては不適当である．

答 (1)

【問題 91】汚泥移送装置を有しない接触ばっ気槽の張り水には，水道水などを使用する．

答 (4)

【問題 92】生物ろ過槽は，通常は清掃対象外である．ただし，汚泥などの蓄積状況や付帯設備の稼働状況によっては，清掃が必要となる場合もある．

答 (2)

【問題 93】保守点検・清掃の記録は，浄化槽管理者が 3 年間保存する義務がある．

答 (3)

【問題 94】作業手順として，接触ばっ気室のばっ気を停止して接触材の逆洗を行った後，沈殿分離室，接触ばっ気室，沈殿室，消毒室の順に清掃を行い，各室の張り水を行う．

答 (3)

【問題 95】エアリフトポンプの管内は，水道水で洗いながらブラシなどを用いて付着物を除去する．

答 (1)

【問題 96】(5) に記述があるように，共同住宅では汚泥発生量の増加傾向に変化があるため，共同住宅より店舗のほうが多いとはいえない．

答 (2)

【問題 97】各単位槽の有効容量は以下のとおり．

$V_1=0.75+0.09\times(8-5)=1.02〔m^3〕$

$V_2=0.25+0.025\times(8-5)=0.325〔m^3〕$

$V_3=0.15+0.015\times(8-5)=0.195〔m^3〕$

したがって，浄化槽全体の有効容量は，次式により求められる．

$V_1+V_2+V_3=1.02〔m^3〕+0.325〔m^3〕+0.195〔m^3〕$

$=1.54〔m^3〕$

沈殿分離室以外の洗浄水(全量引き出す洗浄水量)は，次式により求められる．

$0.325〔m^3〕\times0.3+0.195〔m^3〕\times0.3=0.156〔m^3〕$

求める搬出汚泥量は，以下のとおりとなる．

$1.54〔m^3〕+0.156〔m^3〕=1.696〔m^3〕≒1.7〔m^3〕$

答 (3)

【問題98】形成したフロックを，スクリーンなどにより固液分離する．

答 (3)

【問題99】清掃後は，上部や周辺の洗浄を行う．

答 (2)

【問題100】(1)～(4)の単位装置は，汚泥・スカム等の引き出しは適正量とする．

答 (5)

午前

- 浄化槽概論
- 浄化槽行政
- 浄化槽の構造及び機能
- 浄化槽工事概論

問題1 水質に関する項目とその指標の組み合わせとして，最も不適当なものは次のうちどれか.

	水質に関する項目	指　標
(1)	水の物理的状態 ————————	水温
(2)	水中の生物の生息環境 ———	DO
(3)	富栄養化 ————————————	ノニルフェノール
(4)	人の健康に有害な物質 ———	シアン
(5)	人の健康に係る微生物 ———	クリプトスポリジウム

問題2 水質汚濁に係る環境基準に関する次の文章中の ［ ア ］〜［ エ ］に入る語句の組み合わせとして，最も適当なものはどれか.

　水質汚濁に係る環境基準のうち，［ ア ］に関する項目については，カドミウム，鉛等の重金属類，トリクロロエチレン等の有機塩素化合物，シマジン等の［ イ ］等が設定されている．［ ウ ］に関する項目については，pH，BOD，［ エ ］等の基準が定められている.

	ア	イ	ウ	エ
(1)	生活環境の保全	油分	人の健康の保護	大腸菌群数
(2)	人の健康の保護	油分	生活環境の保全	大腸菌群数
(3)	人の健康の保護	農薬	生活環境の保全	大腸菌群数

(4)	人の健康の保護	農薬	生活環境の保全	大腸菌
(5)	生活環境の保全	農薬	人の健康の保護	大腸菌

問題3 下図に示すように，流量 1 600 m³/日，BOD 1 mg/L である河川において，地点 A に排水（流量：200 m³/日，BOD：28 mg/L）が流入している．河川水と排水が十分に混合された下流の地点 B において水質を測定した結果，BOD は 3 mg/L であった．河川の地点 A（合流地点）と地点 B（採水地点）の間における BOD 減少率（%）として，正しい値は次のうちどれか．

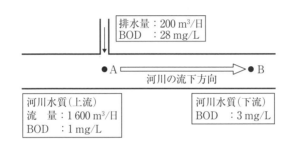

(1) 10 %
(2) 20 %
(3) 25 %
(4) 30 %
(5) 35 %

問題4 雨水利用施設に関する次の記述のうち，最も不適当なものはどれか．
(1) 上水の使用量を削減できる．
(2) 分流式下水道における終末処理場への汚濁負荷を軽減できる．
(3) 水資源を効率的に利用できる．
(4) 雨水の流出抑制の効果が期待できる．
(5) 災害時に非常用の水として利用できる．

問題5 17 世紀頃のし尿処理の歴史に関する次の文章中の ［　　］ 内の語句のうち，最も不適当なものはどれか．

ヨーロッパにおいては，一般の人々は［(1) 水洗便所］で用をたしたり，道路側溝・河川にし尿を流したりしたので，［(2) 伝染病］や水質汚濁の原因となった．一方，我が国においては，［(3) 汲み取り便所］に貯留されたし尿は，農村における貴重な［(4) 肥料］として利用され，生態系と調和した［(5) リサイクル］が行われてきた．

問題6 BOD に関する次の記述のうち，最も適当なものはどれか．
(1) 特定の有機物質を化学量論的に評価した指標である．
(2) 有機物質が微生物作用によって酸化される際に消費される酸素量を示す．
(3) 汚水処理装置の処理機能の評価に用いない．
(4) 過マンガン酸カリウムによる有機物質の酸化の程度を示す．
(5) 水中に存在する有機物質の総量を示す．

問題7 リンに関する次の記述のうち，最も不適当なものはどれか．
(1) 遺伝情報を保持する DNA の構成要素である．
(2) エネルギーを蓄える ATP の構成要素である．
(3) 重要な肥料成分である．
(4) 細胞膜の構成要素である．
(5) 生物学的リン除去法により大気中に放散される．

問題8 下表に示す物質について，それぞれの 30 mg/L の水溶液を調製して TOC を測定したとき，最も低い TOC 値を示す物質として，最も適当なものはどれか．なお，H，C，N，O の原子量はそれぞれ 1，12，14，16 とする．

	物質名	化学式	分子量
(1)	メタノール	CH_3OH	32
(2)	エタノール	C_2H_5OH	46
(3)	尿素	$CO(NH_2)_2$	60
(4)	プロピオン酸	C_2H_5COOH	74
(5)	グルコース	$C_6H_{12}O_6$	180

問題 9 微生物の増殖速度は，一般に下式で表されるように微生物濃度に比例する．

　　　増殖速度＝ μ・X

　　　ここで，X は微生物濃度，μ は比増殖速度である．

　好気性微生物の比増殖速度（μ）に及ぼす影響因子として，最も不適当なものは次のうちどれか．

(1) 水温

(2) 基質濃度

(3) 微生物の種類

(4) 反応槽の容量

(5) 溶存酸素濃度

問題 10 固液分離に関する次の文章中の [　　] 内の語句のうち，最も不適当なものはどれか．

　固液分離の方法には，[(1) スクリーニング]，沈殿分離，[(2) 浮上分離]，ろ過等がある．固形物の沈降速度を数式で表した[(3)ストークスの式]では，粒子は水より [(4) 重い] ほど，また粒径に [(5) 反比例] して速く沈降することが示されている．

問題 11 浄化槽法の規定に関する次の記述のうち，誤っているものをすべてあげている組み合わせはどれか．

　ア．浄化槽工事業の都道府県による登録制度を定める．

　イ．浄化槽保守点検業の都道府県による許可制度を定める．

　ウ．処理対象人員 501 人以上の浄化槽の浄化槽管理者による技術管理者の設置を定める．

　エ．浄化槽汚泥の収集運搬業の都道府県による許可制度を定める．

　オ．浄化槽設備士の国家資格を定める．

(1) ア，オ

(2) イ，ウ

(3) イ，エ

(4) ア, ウ

(5) エ, オ

問題12 みなし浄化槽（いわゆる単独処理浄化槽）に関する次の記述のうち，最も適当なものはどれか．

(1) みなし浄化槽の管理者は，浄化槽へ転換すること等に努めなければならない．

(2) みなし浄化槽の新設は，全面的に禁止されている．

(3) みなし浄化槽は，環境大臣が定めた地域では新設できる．

(4) みなし浄化槽は，浄化槽法の適用対象とはならない．

(5) みなし浄化槽の管理者は，水質に関する検査を受けなくてもよい．

問題13 浄化槽法第4条に規定する浄化槽に関する基準等についての次の記述のうち，正しいものをすべてあげている組み合わせはどれか．

ア．浄化槽から公共用水域等に放流される水の水質の技術上の基準は，浄化槽法施行規則で定める．

イ．浄化槽の構造基準は，浄化槽法並びにこれに基づく命令及び地方公共団体の条例で定める．

ウ．浄化槽工事の技術上の基準は，環境・国土交通両省の共同省令で定める．

エ．浄化槽の保守点検の技術上の基準は，建築基準法施行規則で定める．

オ．浄化槽の清掃の技術上の基準は，廃棄物の処理及び清掃に関する法律施行規則で定める．

(1) ア, イ

(2) ア, ウ

(3) イ, ウ

(4) ウ, エ

(5) エ, オ

問題14 水質汚濁防止法に規定する排水基準に関する次の文章中の [   ] 内の語句のうち，誤っているものはどれか．

都道府県は，当該都道府県の区域に属する［(1) 公共用水域］のうちに，その自然的，社会的条件から判断して，［(2) 環境省令］で定める排水基準によっては人の健康を保護し，又は生活環境を保全することが十分でないと認められる区域があるときは，その区域に排出される［(3) 排出水］の汚染状態について，政令で定める基準に従い，［(4) 要綱］で，［(2) 環境省令］で定める排水基準にかえて適用すべき同排水基準で定める［(5) 許容限度］よりきびしい排水基準を定めることができる．

問題 15 浄化槽法に規定する型式認定に関する次の記述のうち，正しいものはどれか．

(1) 型式認定においては，国土交通大臣の認定のみでなく，環境大臣の認定も必要となる．

(2) 現場で施工される，いわゆる現場打ち浄化槽は，型式認定が必要である．

(3) 工場において製造される浄化槽は，試験的に製造されるものについても型式認定が必要である．

(4) 品質管理状況が特に優れていると判定された浄化槽は，型式認定の有効期間が延長されることがある．

(5) 型式認定を受けた浄化槽については，設置後等の水質検査が必要である．

問題 16 浄化槽法に規定する水質に関する検査についての次の記述のうち，誤っているものはどれか．

(1) 処理対象人員により，定期検査の頻度が異なる．

(2) 構造や規模が変更された浄化槽についても，検査を受けなければならない．

(3) 検査は，外観検査，水質検査及び書類検査から構成されている．

(4) 検査の項目，方法その他必要な事項は，環境大臣が定める．

(5) 設置後等の水質検査と定期検査において，水質検査項目が異なる．

問題 17 「廃棄物の処理及び清掃に関する法律」における廃棄物に関する次の記述のうち，最も不適当なものはどれか．

(1) 廃棄物のうち，産業廃棄物以外のものはすべて一般廃棄物である．

(2) 一般廃棄物には，日常生活から排出されるごみや生活排水がある．

(3) 一般廃棄物は，基本的に市町村が処理責任を負う．

(4) 事業場に設置されている浄化槽から発生する浄化槽汚泥は，産業廃棄物である．

(5) 産業廃棄物は，排出事業者が処理責任を負う．

問題 18 浄化槽の保守点検に関する次の記述のうち，誤っているものはどれか．

(1) 保守点検には，引き出しを伴わない槽内の汚泥等の調整や単位装置の洗浄，掃除なども含まれる．

(2) 国土交通大臣が定める浄化槽の保守点検回数については，浄化槽法施行規則の規定にかかわらず，国土交通大臣が定める回数とするとされている．

(3) みなし浄化槽の保守点検は，処理対象人員が 20 人以下の全ばっ気方式の場合，通常の使用状態において 3 月に 1 回以上行うものとされている．

(4) 嫌気ろ床接触ばっ気方式で，処理対象人員 21 人以上 50 人以下の浄化槽の保守点検回数は，通常の使用状態において 3 月に 1 回以上とされている．

(5) スクリーン及び流量調整槽を有する接触ばっ気方式の浄化槽における保守点検回数は，通常の使用状態において 2 週に 1 回以上とされている．

問題 19 我が国の水洗化人口について，次の文章中の ［ ア ］〜［ エ ］に入る数値の組み合わせとして，最も適当なものはどれか．

平成 26 年度末における我が国の水洗化人口は約 ［ ア ］万人であり，その内訳は，公共下水道によるものが約 ［ イ ］万人，浄化槽及びみなし

浄化槽によるものが約 [　ウ　] 万人となっている.

　また，浄化槽及びみなし浄化槽による水洗化人口のうち，約 [　エ　] ％がみなし浄化槽である.

	ア	イ	ウ	エ
(1)	12 040	9 370	2 670	55
(2)	12 040	10 700	1 340	55
(3)	12 040	9 370	2 670	45
(4)	6 020	4 680	1 340	55
(5)	6 020	4 680	1 340	45

問題 20 浄化槽法に定められている浄化槽管理者に関する次の記述のうち，最も不適当なものはどれか.

(1) 最初の保守点検は，使用開始直後に実施する.

(2) 保守点検は，登録を受けた浄化槽保守点検業者（登録制度が設けられていない場合は，浄化槽管理士）に委託することができる.

(3) 保守点検と清掃の記録は，3 年間保存しなければならない.

(4) 浄化槽管理者自らが保守点検を行う場合，技術上の基準に従って行わなければならない.

(5) 浄化槽の使用開始の日から 30 日以内に，使用開始の報告書を都道府県知事に提出しなければならない.

問題 21 汚水処理における物理作用に関する次の記述のうち，最も適当なものはどれか.

(1) 比重が水より小さい固形物は，その大きさが小さいほど浮上しやすい.

(2) 水中の飽和溶存酸素濃度は，温度が低下すると減少する.

(3) ろ過における浮遊物質の捕捉機構は，ろ材によるスクリーン作用，ろ材空隙における沈殿作用，ろ材表面への吸着作用等である.

(4) 活性炭の吸着能力は，処理水量に比例して徐々に増加する.

(5) 精密ろ過膜が分離の対象とする物質は，無機イオンである.

問題22 以下に示す物質の中で，構成元素が同じで，活性汚泥が分解できるものの組み合わせとして，最も適当なものは次のうちどれか．

a．セルロース
b．アミノ酸
c．ブドウ糖
d．酢酸
e．硫化水素

(1) a，b
(2) a，c
(3) b，d
(4) c，d
(5) d，e

問題23 水の混合状態が完全混合とみなすことができる装置として，最も適当なものは次のうちどれか．

(1) よく整流された沈殿池
(2) オキシデーション・ディッチ
(3) 砂ろ過槽
(4) 凝集槽第1室（急速撹拌槽）
(5) バッフルによって迂回流構造となっている水路

問題24 活性汚泥法と生物膜法に関する次の記述のうち，最も不適当なものはどれか．

(1) 活性汚泥法では，季節的な負荷変動に対応する方法として，MLSS濃度の調整がある．
(2) 生物膜法では，生物膜量は生物量の増加とはく離作用によって変化し，負荷変動に合わせて細かく生物量を調整することは困難である．
(3) 活性汚泥法では，低負荷条件においては良好なフロックが形成されにくくなる．
(4) 生物膜法では，接触材などに付着した生物膜内において，増殖速度の

遅い微生物でも生息可能となる.

(5) 活性汚泥法では，余剰汚泥の引き出し量を多くすると，増殖速度の速い微生物から減少する.

問題 25 高度処理の除去対象物質と処理技術の組み合わせとして，最も不適当なものは次のうちどれか.

| 除去対象物質 | 処理技術 |

(1) 浮遊物質 ———— 膜ろ過

(2) 色度 ———————— 活性炭吸着

(3) リン酸塩 ———— 凝集分離

(4) 有機物質 ———— 生物酸化

(5) コロイド粒子 ——— 沈殿分離

問題 26 処理対象人員 180 人，1 人 1 日当たりの汚水量 200 L，流入 BOD 200 mg/L の汚水を，BOD 容積負荷 0.30 kg/(m^3·日) で処理している接触ばっ気槽の有効容量として，正しいものは次のうちどれか.

(1) 20 m^3

(2) 24 m^3

(3) 26 m^3

(4) 30 m^3

(5) 36 m^3

問題 27 汚泥の濃縮及び脱水に関する次の記述のうち，最も不適当なものはどれか.

(1) 濃縮では，汚泥中の固形物濃度を数 % 程度まで高める.

(2) 浄化槽では，重力式濃縮槽が一般的である.

(3) 浮上濃縮では，一般に重力濃縮よりも長い処理時間を要する.

(4) 機械濃縮には，遠心分離機による方法がある.

(5) 脱水汚泥のことを脱水ケーキという.

問題 28 次のア～オに示す排水の変動パターン例に対応する建築物の組み合わせとして，最も適当なものはどれか．ただし，共同住宅は4世帯15人，喫茶店の浄化槽は処理対象人員23人，工場の稼働は9時間である．

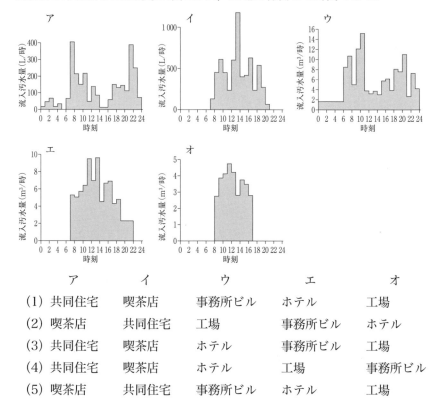

	ア	イ	ウ	エ	オ
(1)	共同住宅	喫茶店	事務所ビル	ホテル	工場
(2)	喫茶店	共同住宅	工場	事務所ビル	ホテル
(3)	共同住宅	喫茶店	ホテル	事務所ビル	工場
(4)	共同住宅	喫茶店	ホテル	工場	事務所ビル
(5)	喫茶店	共同住宅	事務所ビル	ホテル	工場

問題 29 処理対象人員算定基準（JIS A 3302：2000）において，n を人員（人），A を建築物の延べ面積（m²）としたとき，n=0.075A が適用される建築用途として，最も不適当なものは次のうちどれか．

(1) 結婚式場または宴会場を持たないホテル・旅館

(2) 店舗・マーケット

(3) 玉突場・卓球場

(4) 業務用厨房設備を設けている事務所

(5) 簡易宿泊所・合宿所・ユースホステル・青年の家

問題 30 浄化槽で用いられている機材とその説明の組み合わせとして，最も不適当なものは次のうちどれか．

	機材	説　明
(1)	アワーメータ ———————	ブロワなどの稼働した時間を測定する計測器の一つ
(2)	オリフィス ———————	配管途中に設ける絞りの一種
(3)	スクレーパ ———————	し渣を掻き取るための装置
(4)	グレーチング ———————	水槽の底部に設けるくぼみ
(5)	ドラフトチューブ ———————	ばっ気槽などの中心部に設ける縦型の円筒

問題 31 接触ばっ気方式におけるスクリーン設備の構成として，最も適当な組み合わせは次のうちどれか．

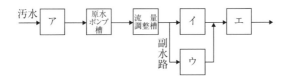

	ア	イ	ウ	エ
(1)	自動荒目スクリーン	自動微細目スクリーン	5 mm目スクリーン	計量調整移送装置
(2)	ばっ気型スクリーン	5 mm目スクリーン	自動微細目スクリーン	計量調整移送装置
(3)	ばっ気沈砂槽	計量調整移送装置	5 mm目スクリーン	自動微細目スクリーン
(4)	自動荒目スクリーン	計量調整移送装置	自動微細目スクリーン	20mm目スクリーン
(5)	ばっ気沈砂槽	自動微細目スクリーン	20mm目スクリーン	計量調整移送装置

問題 32 砂ろ過装置（二層ろ過）に関する次の記述のうち，最も不適当なものはどれか．

　(1) ろ過原水槽とろ過処理水槽を設ける．

　(2) ろ過装置は2台以上設置する．

　(3) 装置内に蓄積した浮遊物質は，流量調整槽に移送できる構造とする．

　(4) ろ材の均等係数は1.5以下とする．

　(5) アンスラサイトの比重は砂に比べて大きい．

問題 33 ホッパー型沈殿槽に関する次の記述のうち，最も不適当なものはどれか．

　(1) 槽中央部に整流筒が設けられている．

　(2) スカムバッフルが設けられている．

　(3) スカムスキマが設けられている．

　(4) 汚泥掻き寄せ機が設けられている．

　(5) 汚泥移送用のエアリフトポンプが設けられている．

問題 34 沈殿分離槽に入った汚水中の固形物を効率よく沈殿分離させるための構造として，最も不適当なものは次のうちどれか．

　(1) 流入管と流出口（管）は，平面的にみて対角線上に配置する．

　(2) 阻流壁（バッフル）を設ける．

　(3) 2室または3室に区分し，並列に接続する．

　(4) 装置の平面形状を長方形とする．

　(5) 流出管の下端開口部は，水面から有効水深の1/2〜1/3の位置とする．

問題 35 嫌気ろ床槽に関する次の記述のうち，最も不適当なものはどれか．

　(1) 固形物の分離と，分離した固形物を一定期間貯留する機能を有する．

　(2) 槽内にろ材を充填することにより，固形物の捕捉効果が期待できる．

　(3) 嫌気性生物膜の働きによって，汚泥の減量化が期待できる．

　(4) 構造基準では，BOD除去率は0％として取り扱われている．

　(5) 槽内の短絡流の形成を防止するため，ろ材の充填率は20％以下とする．

問題36 回分式活性汚泥法における上澄水排出装置に関する次の記述のうち，最も不適当なものはどれか．

(1) 定水位排出型の上澄水排出装置では，沈殿工程終了後に槽底部から処理水を引き抜く．

(2) 上澄水排出装置は，保守点検しやすく，耐久性に優れた構造とする．

(3) 機械式可動型の上澄水排出装置では，スカムバッフルを取り付けた集水せきを油圧駆動装置で上昇下降させる．

(4) 上澄水排出装置は，堆積汚泥の巻き上げ及び浮上物の流出が防止できる構造とする．

(5) 浮上式水位追随型の上澄水排出装置では，フロートを取り付けた上澄水吸引部を水面の上昇下降で追随させる．

問題37 浄化槽に用いられているポンプの模式図の中で，ターボポンプに分類されるポンプとして，正しいものは次のうちどれか．

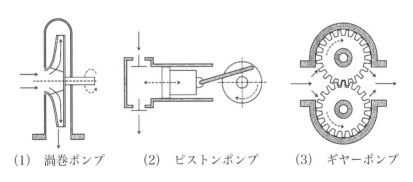

(1) 渦巻ポンプ　　　(2) ピストンポンプ　　　(3) ギヤーポンプ

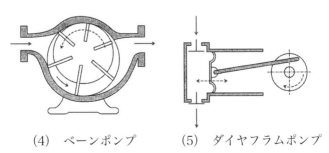

(4) ベーンポンプ　　　(5) ダイヤフラムポンプ

浄化槽を使用している４人家族の家庭でディスポーザーを設置した場合，１人当たりのディスポーザーの排水量が５L/（人・日），ディスポーザー排水の BOD 濃度が４ 000 mg/L であるとすると，浄化槽への流入 BOD 負荷量から計算される使用人員として，最も近い値は次のうちどれか．

(1) ５人

(2) ６人

(3) ７人

(4) ８人

(5) 10 人

問題39 浄化槽の構造基準の変遷に関する次の文章中の［　ア　］〜［　オ　］に入る語句の組み合わせとして，最も適当なものはどれか．

便所の水洗化を目的としたみなし浄化槽から［　ア　］及び［　イ　］を目的とした浄化槽へと移行し，現在はすべての規模の浄化槽について合併処理の構造が示されたとともに，［　ウ　］の観点から［　エ　］と［　オ　］の除去性能を有する浄化槽が定められた．

	ア	イ	ウ	エ	オ
(1)	生活環境の保全	富栄養化防止	水質汚濁防止	COD	大腸菌群数
(2)	水質汚濁防止	生活環境の保全	富栄養化防止	窒素	リン
(3)	富栄養化防止	水質汚濁防止	生活環境の保全	COD	大腸菌群数
(4)	水質汚濁防止	富栄養化防止	生活環境の保全	窒素	リン
(5)	生活環境の保全	水質汚濁防止	富栄養化防止	COD	リン

問題40 活性汚泥法に関する次の記述のうち，最も不適当なものはどれか．

(1) 汚濁物質は活性汚泥に吸着・分解・吸収される．

(2) ばっ気槽内では，活性汚泥の増殖と自己酸化が起こる．

(3) 微生物の内生呼吸により汚泥量は減少する．

(4) 活性汚泥にバルキングが生じると SVI が低下する．

(5) 活性汚泥処理で重要な条件は，DO，MLSS，BOD 負荷量がそれぞれ適切なことである．

問題 41 図1に示す立体を図2に示すとおり第一角法で表した場合，①正面図，②下面図，③左側面図，④平面図，⑤右側面図の中で誤っているものは次のうちどれか．

(1) ①

(2) ②

(3) ③

(4) ④

(5) ⑤

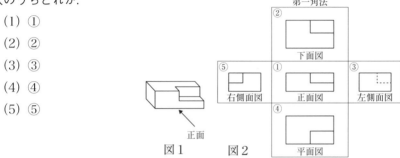

図1　図2

問題 42 断面図では，切断部分の材料を示すために切断した部分にハッチングを施すのが一般的であるが，縮尺 1/20 または 1/50 程度の場合に用いられる材料構造とその表示記号を示す組み合わせとして，最も不適当なものは次のうちどれか．

	材料構造	表示記号
(1)	壁一般	
(2)	コンクリート及び鉄筋コンクリート	
(3)	普通ブロック壁	
(4)	地盤	
(5)	割栗	

問題 43 下に示した分離接触ばっ気方式の浄化槽の断面図に関する次の記述のうち，最も不適当なものはどれか．

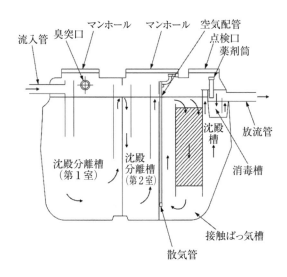

(1) 沈殿分離槽への流入水は，第1室，第2室とも下向きに流れる．
(2) 接触ばっ気槽は，側面ばっ気方式である．
(3) 流量調整装置は，接触ばっ気槽に設けられている．
(4) 沈殿槽は，スロット型である．
(5) 流入管の下端開口部は，水面下である．

問題 44 配管材料の名称とその配管記号の組み合わせとして，誤っているものは次のうちどれか．

　　　　名　称　　　　　記　号
(1) 鋼管 ─────────── CIP
(2) ステンレス鋼管 ─── SUP
(3) 硬質塩化ビニル管 ── VP
(4) コンクリート管 ─── CP
(5) ポリエチレン管 ─── PEP

問題 45 SHASE-S 001-2005 に示されている図示記号と写真の組み合わせとして，誤っているものは次のうちどれか．

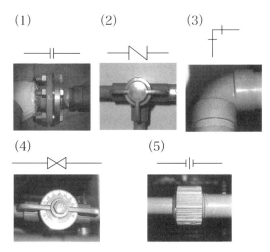

(1)　　　　　(2)　　　　　(3)

(4)　　　　　(5)

問題 46 FRP 製などの工場生産浄化槽に関する次の記述のうち，最も不適当なものはどれか．

(1) 現場打ちの RC 製浄化槽よりも工期が短い．

(2) 中・大型浄化槽では，円筒横置き型の工場生産品が多くなっている．

(3) ピット工事や補強工事など特殊な工事を行う場合がある．

(4) 規模が大きくなると本体価格や輸送費が高くなる．

(5) 現場に応じて，浄化槽内部の改造を行って設置することがある．

問題 47 小型浄化槽の基礎工事及び底版コンクリート工事の手順として，最も適当なものは次のうちどれか．

〔工　程〕

ア：基礎の墨出し

イ：目潰し砂利地業

ウ：割栗石地業

エ：底版の型枠の設置及び配筋

オ：底版コンクリートの養生

カ：底版コンクリートの打ち込み・表面仕上げ

キ：捨てコンクリートの打設

(1) ア → イ → ウ → エ → オ → カ → キ

(2) イ → ウ → ア → エ → オ → カ → キ

(3) ウ → キ → ア → エ → イ → カ → オ

(4) ウ → イ → キ → ア → エ → カ → オ

(5) イ → ウ → ア → キ → エ → カ → オ

問題 48 升の施工に関する次の記述のうち，最も不適当なものはどれか．

(1) 升の形は，角形または丸形であり，保守点検及び清掃に支障のない大きさとしなければならない．

(2) 升には，鉄筋コンクリート製，コンクリート製，プラスチック製等がある．

(3) 流入管きょに設置する升の蓋は，密閉性がよく，容易に破損しないものとする．

(4) 升は，排水管の起点，合流点，屈曲点，勾配・管種の変わるところに設けられ，直線部分には設けない．

(5) 車が出入りするような場所では，升の周辺をコンクリートで保護する．

問題 49 工場生産浄化槽本体の据え付けにおける注意点として，最も不適当なものは次のうちどれか．

(1) 吊り込み，吊り降ろしは，玉掛けの作業主任者等の資格を有する者が行う．

(2) クレーン等の機械の配置は，地盤の強度を十分配慮して決定する．

(3) 流入及び放流管の方向や設置位置を確認しながら行う．

(4) 浮上防止金具や固定金具で槽本体を固定する．

(5) ターンバックルは，流入側から放流側に順次締め付ける．

問題 50 工場生産浄化槽の設置工事において，槽の水張りを行う目的として，最も不適当なものは次のうちどれか．

(1) 埋め戻し時に，槽本体が浮上することを防止する．

(2) 槽本体を安定させ，埋め戻し時に槽の位置がずれることを防止する．

(3) 埋め戻しの際，土圧による槽本体及び内部設備の変形を防止する．

(4) 槽本体からの漏水がないことを確認する．

(5) 水準目安線で槽本体の水平を確認する．

午後
- ■ 浄化槽の点検・調整及び修理
- ■ 水質管理
- ■ 清掃概論

問題 51 浄化槽の処理方式と通常の使用状態における保守点検回数に関する組み合わせとして，誤っているものは次のうちどれか．

	処理方式	保守点検回数
(1)	処理対象人員 20 人の嫌気ろ床接触ばっ気方式	4 月に 1 回以上
(2)	処理対象人員 15 人の分離接触ばっ気方式	4 月に 1 回以上
(3)	流量調整槽を有する回転板接触方式	2 週に 1 回以上
(4)	活性炭吸着装置を有する散水ろ床方式	1 週に 1 回以上
(5)	長時間ばっ気方式	2 週に 1 回以上

問題 52 保守点検の技術上の基準に関する次の記述のうち，浄化槽の正常な機能を維持するために点検すべき事項として，最も不適当なものはどれか．

(1) 流入管きょと放流管きょの勾配が同じである状況

(2) 槽の水平の保持の状況

(3) 流入管きょにおけるし尿，雑排水等の流れ方の状況

(4) 単位装置及び付属機器類の設置の位置の状況

(5) スカムの生成，汚泥等の堆積，スクリーンの目詰まり，生物膜の生成，その他単位装置及び付属機器類の機能の状況

問題 53 浄化槽の使用開始直前に行う保守点検に関する次の記述のうち，最も不適当なものはどれか．

（1）既存の建築物に設置した場合には，既存の雑排水配管と雨水配管が兼用されていないことを確認する．

（2）必要な箇所にトラップ升やインバート升が設けられていることを確認する．

（3）槽の上部を駐車場に利用する場合には，設計図書や工事用図面等を参照し，荷重対策が施されていることを確認する．

（4）建築物の用途が事務所からラーメン店に変更された場合には，油脂分離装置の設置や油脂類の処分方法を確認する．

（5）管きょに設けられた升の蓋<ruby>蓋<rt>ふた</rt></ruby>は，周辺の地面より低い位置にあることを確認する．

問題 54 平面酸化床の保守点検に関する次の記述のうち，最も不適当なものはどれか．

（1）放流水質が不良な場合，保守点検や清掃の頻度を増加させる．

（2）汚泥が堆積して腐敗している場合，ブラシ等を用いて洗浄する．

（3）流水部に異物等が付着しておらず，均等な流水が維持されていることを確認する．

（4）流水で水洗いする場合，生物膜を壊さないようにする．

（5）保守点検で生じた洗浄水は，水道水で希釈後に放流する．

問題 55 接触ばっ気室において撹拌<ruby>撹拌<rt>かくはん</rt></ruby>が十分に行われているかを判断するための点検項目として，最も不適当なものは次のうちどれか．

（1）散気管直上部の溶存酸素濃度の測定

（2）室内表層水の流れ方

（3）散気管上部の水面の盛り上がり方

（4）逆洗によりはく離した汚泥の量や外観

（5）室底部の汚泥堆積状況

問題 56 清掃から 10 か月経過した嫌気ろ床接触ばっ気方式の浄化槽のマンホールから撮影した写真を下に示す．流入汚水量が著しく多く，かつろ材の

捕捉性が弱い状態の嫌気ろ床槽第1室の写真として，最も適当なものは次のうちどれか．

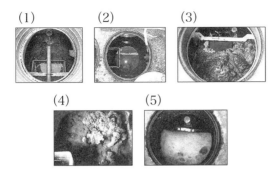

(1) (2) (3)

(4) (5)

問題 57 性能評価型小型浄化槽の担体流動槽に関する次の記述のうち，最も不適当なものはどれか．

(1) 一次処理装置において水位が上昇する最も大きな原因として，担体に付着した生物膜の肥厚化がある．

(2) 担体の流出を防止するために設ける担体受け，担体押さえの設置部分では，生物膜の付着により閉塞することがある．

(3) 担体の流出により担体量が不足すると，処理に必要な生物量が不十分となる．

(4) 担体流動槽の水位が上昇すると，担体流出防止ネットが押し上げられることがある．

(5) 担体が循環装置内に吸引されると，循環水量の減少や停止につながることがある．

問題 58 窒素除去型小型浄化槽の保守点検に関する次の記述のうち，最も不適当なものはどれか．

(1) 脱窒ろ床槽では，死水域の形成や異常な水位の上昇などが生じないよう必要な措置を講じる．

(2) 接触ばっ気槽のばっ気装置では，散気管が目詰まりしないようにするとともに，散気管が水平に保持されるようにする．

(3) スロット型沈殿槽でスカムが認められたときは，その全量を脱窒ろ床槽第1室に移送する．

(4) 硝化が不十分と判断されるときは，接触ばっ気槽のばっ気量を絞り，循環水量を増加させる．

(5) 流量調整装置では，流量調整比が適正に保持されるように調整する．

問題 59 活性汚泥法において，窒素除去を行うために，汚水の流入やばっ気及び撹拌(かくはん)の時間を制御した．ばっ気槽の DO，ORP，形態別窒素濃度の時間変化を下図に示す．この水質変化に対応する汚水の流入，撹拌(かくはん)及びばっ気の各工程のタイムスケジュールとして，最も適当なものは次のうちどれか．

なお，水温は 27℃で，工程表の色の濃い部分は「流入」，「撹拌(かくはん)」，「ばっ気」がそれぞれ行われている時間帯を表している．

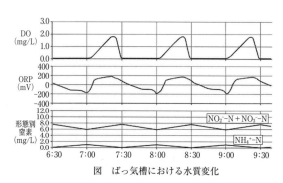

図　ばっ気槽における水質変化

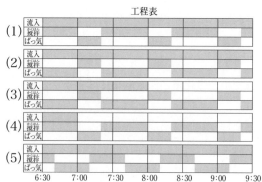

問題 60 ばっ気槽が以下の条件で運転されている場合，ばっ気槽の MLSS 濃度として，最も近い値は次のうちどれか．

〔運転条件〕

　　流入汚水の SS　　　160 mg/L

　　返送汚泥の SS　　　8 000 mg/L

　　汚泥返送率 R　　　60 %

　ただし，流入汚水の SS mg/L (C_i)，返送汚泥の SS mg/L (C_r)，汚泥返送率%(R) 及びばっ気槽の MLSS mg/L (C_A) には，次の関係式が成り立つものとする．

$$C_A = \frac{100 \times C_i + R \times C_r}{100 + R}$$

(1)　2 000 mg/L

(2)　3 000 mg/L

(3)　4 000 mg/L

(4)　5 000 mg/L

(5)　6 000 mg/L

問題 61 回転板接触槽の保守点検に関する次の記述のうち，最も不適当なものはどれか．

(1)　槽内水の DO が不足した場合，回転板の回転速度を遅くする．

(2)　はく離汚泥の生成状況をみるため，SV_{30} や透視度を測定する．

(3)　回転板に付着した生物膜が著しく肥厚した場合，圧力水等を用いて強制はく離する．

(4)　生物膜の生成量が多い場合は，BOD 負荷が大きいと考えられる．

(5)　はく離汚泥の堆積が認められた場合は，移流部に詰まりがないかを点検する．

問題 62 長時間ばっ気方式の沈殿槽から汚泥が流出する原因を明らかにするための点検項目として，最も不適当なものは次のうちどれか．

(1)　計量調整移送装置の移送水量

    (2) ばっ気槽内液の SVI

    (3) ばっ気槽内液の BOD

    (4) 沈殿槽の越流せきの水平

    (5) 余剰汚泥の引き抜き量

問題63 活性炭吸着装置の保守点検に関する次の記述のうち，最も不適当なものはどれか．

    (1) 通水量を点検し，適切な洗浄頻度に調整する．

    (2) 流出水に着色，臭気，濁りのないことを確認する．

    (3) 流出水の亜硝酸性窒素濃度が高い場合には，活性炭の交換を行う．

    (4) 適正な量の活性炭が充填されていることを確認する．

    (5) 飽和吸着に達した活性炭は，再生することができる．

問題64 汚水処理に使用されている無機系凝集剤として，最も不適当なものは次のうちどれか．

    (1) 硫酸バンド

    (2) ポリアクリルアミド

    (3) ポリ塩化アルミニウム（PAC）

    (4) 塩化第二鉄

    (5) ポリ硫酸第二鉄

問題65 膜分離型小型浄化槽における種汚泥の添加に関する次の文章中の[　]内の語句のうち，最も不適当なものはどれか．

  種汚泥の添加は，[(1) 膜の目詰まりの防止]や早期に安定した生物処理機能を発揮させるために，[(2) 使用開始直前]に必ず行わなければならない．添加する汚泥は，スクリーン（網）などで夾雑物を取り除いた生活系排水処理施設の[(3) 消化汚泥]が望ましく，[(4) 反応槽]に[(5) 3 000 〜 5 000] mg/L 程度になるように添加する．

問題66 処理対象人員 300 人の長時間ばっ気方式における汚泥返送量とし

て，最も近い値は次のうちどれか．ただし，1人1日当たりの流入汚水量を
200 L，汚泥返送率を150％とする．

- (1)　2.5 m³/ 時
- (2)　3.8 m³/ 時
- (3)　5.0 m³/ 時
- (4)　7.6 m³/ 時
- (5)　10.0 m³/ 時

問題67 硝化液循環活性汚泥方式の流量調整槽において，下記の点検項目が
示されている．本方式で特有の項目として，最も適当なものは次のうちどれか．

- (1)　常用ポンプの水位設定
- (2)　槽内水の撹拌状況
- (3)　過剰な酸素溶解
- (4)　移送水量
- (5)　異常な水位上昇

問題68 破砕装置の異常な現象とその原因・対処方法に関する次の組み合わ
せのうち，最も不適当なものはどれか．

	異常な現象	原　因	対処方法
(1)	振動が大きい	軸芯が出ていない	芯出し，軸の交換
(2)	振動が大きい	取り付けボルト やナットの緩み	ボルトやナット の締めつけ
(3)	電流値の異常 （過負荷）	ドラムの接触	芯出し，軸の交換
(4)	電流値の異常 （過負荷）	異物の噛み込み	異物の除去
(5)	破砕状況が悪い	羽根車の摩耗	羽根車の交換

問題69 電磁式ブロワの異常に関する次の記述のうち，最も不適当なものは
どれか．

(1) ケーブルの接続不良により，起動しない．

(2) ダイヤフラムの破損により，送風が停止する．

(3) ブロワと建築物との接触により，振動・異音が発生する．

(4) 散気管の閉塞により，吐出圧力が上昇する．

(5) オイルの不足により，異常な発熱が生じる．

問題70 FRP製浄化槽の事故に関する次の記述のうち，最も不適当なものはどれか．

(1) 尖（とが）った物体による荷重が強く加わると，その部分が破損することがある．

(2) 輸送途中において，繰り返し振動を受けると，座屈による破損が生じることがある．

(3) がけ下に浄化槽が設置されている場合，清掃時に槽が空になると，槽内部が破損することがある．

(4) 交通荷重を繰り返して受けると，応力白化を起こすことがある．

(5) 地下水位が高い地域に浄化槽が設置されている場合，清掃時に槽が浮上することがある．

問題71 浄化槽の自動運転に関する次の記述のうち，最も不適当なものはどれか．

(1) 自動制御装置とポンプやブロワ等の稼働装置が組み合わされて，自動運転が行われている．

(2) 自動制御が適正に行われない場合は，自動制御装置の故障によるものか，あるいは稼働装置の故障によるものかを明らかにする必要がある．

(3) 水位自動制御には転倒スイッチ等の水位センサーとリレーを組み合わせて使用する．

(4) 転倒スイッチが故障した場合には，スイッチ内部を修理する．

(5) 浄化槽で使用されているタイマの多くは，稼働時刻設定タイマと稼働時間設定タイマを組み合わせて使用している．

問題 72 ロータリ式ブロワの異常な現象とその原因・対処方法に関する次の組み合わせのうち，最も不適当なものはどれか．

	異常な現象	原　因	対処方法
(1)	起動しない	モータの絶縁不良	モータの修理・交換
(2)	吐出空気量が少ない	タイミングギヤーの損傷	タイミングギヤーの修理・交換
(3)	振動・異音の発生	防振ゴムの不良・破損	防振ゴムの修理・部品交換
(4)	異常な発熱	フィルタの目詰まり	フィルタの掃除・交換
(5)	ベルトの破損	ベルトの張り過ぎ，緩み	ベルトの交換・調整

問題 73 水温が生物処理槽内水に及ぼす因子に関する下の表で，[　ア　]〜[　カ　]の中に入る語句の組み合わせとして，最も適当なものは次のうちどれか．

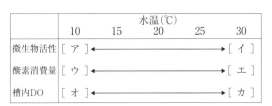

	ア	イ	ウ	エ	オ	カ
(1)	低	高	少	多	低	高
(2)	低	高	多	少	高	低
(3)	低	高	少	多	高	低
(4)	高	低	多	少	低	高
(5)	高	低	少	多	低	高

問題 74 戸建住宅に設置された脱窒ろ床接触ばっ気方式の一次処理装置において汚泥蓄積状況を点検したところ，第1室よりも第2室の蓄積汚泥量が多かった．その原因を検討するためにチェックすべき項目として，最も不適当

なものは次のうちどれか.

(1) 水道使用量
(2) 流入水の pH
(3) 循環水量
(4) 逆洗水量
(5) 洗濯機からの排水量

問題 75 下の左図に示す性能評価型浄化槽（5 人槽）において，右の写真のように生物ろ過槽の上部にスライムが多量に生成され，処理水槽にスカムが認められた．このような現象を生じた原因を調査するための作業として，最も不適当なものは次のうちどれか．

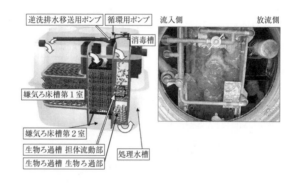

(1) 処理水槽の DO を測定する.
(2) 通常運転時及び逆洗時における，ばっ気の偏りを確認する.
(3) 手動逆洗時の逆洗排水に，黒色の汚泥が多く含まれていないか確認する.
(4) 処理水槽の蓄積汚泥量を確認する.
(5) 前回点検時の結果から塩素剤の消費量を確認する.

問題 76 分離ばっ気方式のみなし浄化槽における処理状況とその対策に関する組み合わせとして，最も不適当なものは次のうちどれか．

	処理状況	対　策
(1)	ばっ気室の DO は十分で，SV$_{30}$ が低く，上澄水が微細な SS で濁っている．	空気供給量の低減
(2)	流入汚水量の増加が認められるが，沈殿室の機能が維持できる程度である．	管理頻度の増加
(3)	流入 BOD 負荷が計画値に比べて著しく小さい．	間欠ばっ気の採用
(4)	沈殿室にスカムが発生しやすい．	MLSS 濃度を高めるよう調整
(5)	水量負荷の増加を伴わない BOD 負荷の増大が認められる．	空気供給量の増加

問題 77 浄化槽における臭気の発生場所とその原因に関する組み合わせとして，最も不適当なものは次のうちどれか．

	発生場所	原　因
(1)	流入管きょ	槽本体からのガスの逆流
(2)	沈殿分離槽	嫌気性微生物による汚泥分解
(3)	好気性生物反応槽	臭気物質の揮散
(4)	沈殿槽	嫌気性微生物による汚泥分解
(5)	消毒槽	嫌気性微生物による消毒剤の分解

問題 78 害虫対策として用いられる殺虫剤等の特徴に関する次の記述のうち，最も不適当なものはどれか．

(1) ジクロルボス樹脂蒸散剤は，浄化槽の生物処理機能に悪影響を及ぼす．

(2) 浮遊粉剤は，蚊の幼虫対策として有効である．

(3) 浮遊粉剤は，残効性が高い．

(4) マイクロカプセル剤は，速効性に加えて残効性が高い．

(5) 昆虫成長制御剤は，ハエの幼虫に有効である．

問題 79 浄化槽の衛生・安全対策に関する用語とその解説との組み合わせと

して，最も不適当なものは次のうちどれか．

用　語	解　説
(1) 作業管理	作業時間・方法・手順・姿勢を適正化し，保護具を適正に使用すること
(2) 保菌者	無症状で病原体を体内に保有するヒト
(3) SDS（MSDS）	化学物質の性状及び取り扱いに関する情報を記載したデータシートのこと
(4) ヘモグロビン	赤血球の中にある銅を含むタンパク質で，酸素分子と結合する性質を持つ
(5) 3F化	故障などが常に安全側となること，作業者が引き起こすと思われる過ちを未然に防ぐ措置，危険防止のための点検をいう

問題 80 感染症に関する次の記述のうち，最も不適当なものはどれか．

(1) 1970 年代以降，世界において，新興感染症は減少している．

(2) 潜伏期間は，疾病の種類や感染時の病原体の量により，数時間から十数日以上と幅がある．

(3) 感染しても臨床症状を示さないものを不顕性感染という．

(4) 宿主の抵抗力が低下すると，日和見感染を起こすことがある．

(5) 我が国において，結核は再興感染症として，近年，脅威が増大している．

問題 81 水質分析用の混合試料に関する次の記述のうち，最も不適当なものはどれか．

(1) 各時間帯に採取した試料をその時間帯の水量の比に応じて混合する．

(2) 水質変動が小さい箇所では，試料の採水頻度を少なくできる．

(3) 混合試料はバケツ等を用いて多めに調製し，その中から必要量を分取する．

(4) pH の測定には，混合試料を用いる．

(5) 調製した試料は，氷冷して運搬する．

問題 82 ポリエチレンびんを試料容器として用いる水質試験項目として，最も不適当なものは次のうちどれか．

(1) pH

(2) SS

(3) 全窒素

(4) ヘキサン抽出物質

(5) BOD

問題 83 NH_4^+-N 14 mg が NO_2^--N に酸化される際に消費される酸素量として，正しい値は次のうちどれか．

ただし，反応は下式に従うものとし，H，N，O の原子量はそれぞれ 1，14，16 とする．

$$NH_4^+ + \frac{3}{2}O_2 \longrightarrow NO_2^- + H_2O + 2H^+$$

(1) 8 mg

(2) 16 mg

(3) 32 mg

(4) 48 mg

(5) 56 mg

問題 84 浮遊物質（SS）に関する次の文章中の[　]内の語句のうち，最も不適当なものはどれか．

SS とは，水中に懸濁している[(1) 1 μm]から[(2) 2 mm]までの浮遊物質のことであり，ガラス繊維ろ紙を用いて一定量の試料をろ過し，乾燥してろ紙上の残留物の重さを測定して濃度を算出する．SS 濃度が非常に[(3) 高い]試料では，ろ過に時間がかかるため，[(4) 遠心分離法]を用いる方法もある．浄化槽の槽内水では，SS と BOD は[(5) 負の相関]を示す．

問題 85 汚泥に関する次の記述のうち，最も不適当なものはどれか．

(1) 流入汚水のピーク流量が大きい場合，汚泥がほとんど蓄積しないこと

がある.

(2) みなし浄化槽では，SV_{30} の値から沈殿分離室の清掃時期の判断を行う.

(3) 汚泥の沈降性が悪化すると，SVI が高くなる.

(4) MLSS は，微生物濃度の指標として用いられる.

(5) MLVSS は，MLSS 中の有機性の SS を表したものである.

問題 86 市販されている簡易測定器の水質項目と測定原理の組み合わせのうち，最も不適当なものはどれか.

　　　水質項目　　　　　測定原理
(1) MLSS ─────── 電極法
(2) COD ─────── 電量滴定法
(3) NO_2^--N ─────── 比色試験紙法
(4) 残留塩素 ─────── 比色試験管法
(5) $PO_4^{3-}-P$ ─────── 吸光光度法

問題 87 分離接触ばっ気方式のみなし浄化槽において，放流水に悪臭が認められる原因として，最も不適当なものは次のうちどれか.

(1) 流入管きょに汚物が付着している.
(2) 微生物に有害な物質が流入している.
(3) 流入 BOD が著しく増加している.
(4) 沈殿分離室にスカムが過剰に蓄積している.
(5) 接触ばっ気室のばっ気が停止している.

問題 88 ATU-BOD に関する次の記述のうち，最も不適当なものはどれか.

(1) 有機物質の除去効果を把握する有効な指標である.
(2) ATU-BOD の測定には，浮遊物質を除去した試料を用いる.
(3) ATU-BOD は，アリルチオ尿素を添加して測定する.
(4) BOD から ATU-BOD を引いた値が N-BOD である.
(5) 硝酸性窒素濃度は，ATU-BOD の値に影響しない.

問題89 所期の性能が維持されている既設浄化槽における処理水質の高度化に関する次の記述のうち，最も不適当なものはどれか．

(1) BOD を 10 mg/L 程度とするため，ろ過装置を設置する．

(2) COD を 10 mg/L 程度とするため，活性炭吸着装置を設置する．

(3) 窒素除去のため，間欠ばっ気運転を行う．

(4) リン除去のため，無機系凝集剤を添加する．

(5) 窒素・リン同時除去のため，膜分離装置を設置する．

問題90 既設浄化槽の機能を改善するための流量調整機能に関する次の文章中の [　] 内の数値のうち，最も不適当なものはどれか．

既設浄化槽の機能改善の方法として，流量調整機能の付加がある．活性汚泥法の浄化槽では，最終的に放流水質を左右するのが沈殿槽である．その容量は，3時間滞留であれば日平均汚水量の [(1) 1/8]，4時間滞留であれば日平均汚水量の [(2) 1/6] といった表現で示されている．すなわち，汚水が24時間にわたって均等に流入した場合，必要な滞留時間を満足する容量となっている．

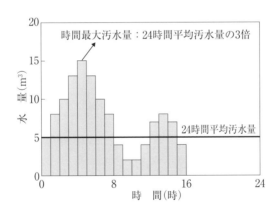

しかし，図に示した排水条件では，汚水排出時間が16時間であるから，16時間均等流入したとしても24時間均等流入の条件に比べて [(3) 1.5] 倍の水量となり，仮に4時間滞留の容量であればこれだけで [(4) 1.5] 時間滞留に減少する．また，図に示したように時間最大汚水量が24時間平均

汚水量の3倍であれば，この時間帯の沈殿槽の滞留時間は［(5)　1］時間強しかないことになり，通常の活性汚泥の沈降分離は望めない．

問題91 次に示す器具のうち，清掃業の許可を受ける際に保有することが義務付けられているものとして，最も不適当なものはどれか．
(1) 温度計
(2) 塩化物イオン濃度計
(3) 透視度計
(4) pH計
(5) 汚泥沈殿試験器具（メスシリンダー）

問題92 槽内の洗浄に使用した水に関する次の文章中の［　　］内の語句のうち，最も不適当なものはどれか．

槽内の洗浄に使用した水のうち，嫌気ろ床槽，［(1) 脱窒ろ床槽］，［(2) 消毒室］又は消毒槽以外の洗浄に使用した水は，［(3) 一次処理装置］，二階タンク，腐敗室又は［(4) 沈殿分離タンク］，沈殿分離室もしくは［(5) 沈殿槽］の張り水として使用することができる．

問題93 膜分離型小型浄化槽の膜分離槽に関する次の記述のうち，最も不適当なものはどれか．
(1) 汚泥調整は，通常，3か月に1回の保守点検，6か月に1回の清掃に合わせて行う．
(2) 膜の薬品洗浄には，通常，5 000 mg/Lの次亜塩素酸ナトリウム溶液が用いられる．
(3) 膜の薬品洗浄後の中和剤として，0.5 ％チオ硫酸ナトリウム溶液が用いられる．
(4) 膜の薬品洗浄後，吸引側の圧力計の値が−10 kPa以下であることを確認する．
(5) 汚泥引き出し後，MLSS濃度は1 000 mg/L以下とする．

問題94 除去BOD量から汚泥発生量を求める式として，正しいものは次のうちどれか．

　ただし，A：汚泥発生量（kg／日），B：流入BOD量（kg／日），C：BOD除去率（％），D：汚泥転換率（％），E：含水率（％）とする．

(1) $A = B \times \dfrac{C}{100} \times \dfrac{100}{D} \times \dfrac{100}{100-E}$

(2) $A = B \times \dfrac{C}{100} \times \dfrac{D}{100} \times \dfrac{100}{100-E}$

(3) $A = B \times \dfrac{C}{100} \times \dfrac{D}{100} \times \dfrac{100-E}{100}$

(4) $A = B \times \dfrac{100}{C} \times \dfrac{D}{100} \times \dfrac{100-E}{100}$

(5) $A = B \times \dfrac{100}{C} \times \dfrac{100}{D} \times \dfrac{100-E}{100}$

問題95 有効容量 $0.75\,\mathrm{m}^3$ のばっ気室において，混合液の SV_{30} が70％であった．SV_{30} が10％になるようにばっ気室から汚泥を引き出す場合の引き出し量として，最も適当な値は次のうちどれか．ただし，汚泥の引き出しは，30分間沈殿させた後の沈殿汚泥の部分から行うものとする．

(1) $0.23\,\mathrm{m}^3$

(2) $0.30\,\mathrm{m}^3$

(3) $0.45\,\mathrm{m}^3$

(4) $0.53\,\mathrm{m}^3$

(5) $0.64\,\mathrm{m}^3$

問題96 清掃時に沈殿分離槽のスカムを引き出すときに有効な用具として，最も適当なものは次のうちどれか．

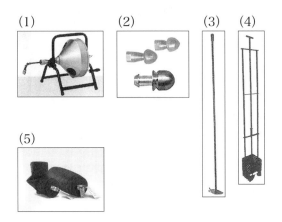

(1)

(2)

(3) (4)

(5)

問題97 処理対象人員5人の全ばっ気型浄化槽の年間の余剰汚泥量（kg/年）として，最も近い値は次のうちどれか.

〔条件〕

し尿排出量 ：1 L/（人・日）

し尿のSS濃度 ：20 000 mg/L

ばっ気室及び沈殿室におけるSS除去率：80 ％

除去SS当たりの汚泥転換率 ：50 ％

使用人員 ：5人

(1) 6 kg/年

(2) 9 kg/年

(3) 12 kg/年

(4) 15 kg/年

(5) 30 kg/年

問題98 浄化槽汚泥の処理，処分に関する次の文章中の ［ ］ 内の語句のうち，最も不適当なものはどれか.

浄化槽汚泥の大部分は，［(1) し尿処理施設（汚泥再生処理センターを含む）］に搬入して処理されているが，そのほか下水道投入して下水とともに処理されたり，［(2) 農地還元］，その他の方法により処分されている.

なお，浄化槽汚泥の［(3) 自家処理］は，［(4) ロンドン条約］を踏まえ，［(5) 廃棄物処理法］施行令が改正されたことにより，平成19年1月末をもって禁止された．

問題99 清掃時期の判断の目安（昭和61年1月13日付け衛環第3号厚生省環境整備課長通知（最終改正平成13年9月25日））に関する次の記述のうち，最も不適当なものはどれか．
(1) 散水ろ床の散水装置，ろ床，ポンプ升及び分水装置にあっては，異物の付着が認められ，かつ，収集，運搬及び処分を伴う異物等の引き出しの必要性が認められたとき．
(2) 凝集槽にあっては，スカムの生成が認められ，かつ，収集，運搬及び処分を伴うスカムの引き出しの必要性が認められたとき．
(3) ばっ気室にあっては，30分間汚泥沈殿率がおおむね40%に達したとき．
(4) 汚泥貯留タンクを有しない浄化槽のばっ気タンクにあって，標準活性汚泥方式及び分注ばっ気方式の場合には，混合液浮遊物質濃度がおおむね3 000 mg/Lに達したとき．
(5) 汚泥移送装置を有しない浄化槽の接触ばっ気槽にあっては，当該槽内液にはく離汚泥もしくは堆積汚泥が認められ，かつ，収集，運搬及び処分を伴うはく離汚泥等の引き出しの必要性が認められたとき．

問題100 浄化槽の清掃に関する次の記述のうち，最も不適当なものはどれか．
(1) 各処理工程の稼働状況に対して，汚泥の過剰蓄積による悪影響が確認された後に，清掃を実施する．
(2) 処理機能が維持されていれば，浄化槽の蓄積汚泥量は増加する．
(3) 浄化槽の機能を維持するため，清掃が必要である．
(4) 清掃を適正に実施するためには，清掃汚泥の収集，運搬，処理処分のシステムが円滑に機能しなければならない．
(5) 清掃では，汚泥の引き出しだけでなく，各単位装置の洗浄や内部の異常確認も行う．

【問題 1】 ノニルフェノールは，水生生物の保全に係る環境基準として定められているが，富栄養化とは直接の関係性はない．

答 (3)

【問題 2】 水質汚濁に係る環境基準は，人の健康の保護に関する環境基準（健康項目）と生活環境の保全に関する環境基準（生活環境項目）に分けて設定されており，前者は公共用水域一律の重金属，有機塩素系化合物，農薬などの有害物質の基準が，後者は BOD，COD といった有機汚濁指標や窒素，リンなどが河川，湖沼，海域ごとに定められている．

答 (3)

【問題 3】 地点 A の BOD 濃度は次式により求められる．

$$\frac{1600\,(\mathrm{m^3/日})\times 1\,(\mathrm{mg/L})+200\,(\mathrm{m^3/日})\times 28\,(\mathrm{mg/L})}{1600\,(\mathrm{m^3/日})+200\,(\mathrm{m^3/日})}$$

$$=\frac{7\,200\,(\mathrm{g/日})}{1800\,(\mathrm{m^3/日})}=4\,(\mathrm{g/m^3})=4\,(\mathrm{mg/L})$$

地点 A の BOD が 4 mg/L，地点 B の BOD が 3 mg/L であるから，BOD 減少率は次式により求められる．

$$\frac{4\,(\mathrm{mg/L})-3\,(\mathrm{mg/L})}{4\,(\mathrm{mg/L})}\times 100=25\,(\%)$$

答 (3)

【問題 4】 分流式下水道は，汚水用管路と雨水用管路に分かれている．汚水は下水処理場へ，雨水は川や海に直接放流される．したがって，雨水利用施設の有無は，終末処理場への汚濁負荷に関係がない．

答 (2)

【問題 5】 人々は便器で用を足し，それを道路側溝に流したり，あるいは直接河川に捨てたり，さらには窓から公道に捨てることも行われてきた．

答 (1)

【問題 6】 (1) BOD は，生物分解可能な有機物の指標である．

(3) BOD は，汚水処理装置の処理機能の評価に用いられている．

(4) 過マンガン酸カリウムによる有機物質の酸化の程度を示すのは，COD で

ある.

(5) 水中に存在する有機物質の総量を示すのは，TOC である.

答 (2)

【問題 7】生物学的リン除去法では，リンは活性汚泥中に蓄積される.

答 (5)

【問題 8】TOC は水中に存在する有機物に含まれる炭素の総量を表す指標であり，各物質中の炭素量は以下のとおりである.

(1) $30 (mg/L) \times \dfrac{12}{32} = 11.25 (mg/L)$

(2) $30 (mg/L) \times \dfrac{12 \times 2}{46} = 15.65 (mg/L)$

(3) $30 (mg/L) \times \dfrac{12}{60} = 6.0 (mg/L)$

(4) $30 (mg/L) \times \dfrac{12 \times 3}{74} = 14.59 (mg/L)$

(5) $30 (mg/L) \times \dfrac{72}{180} = 12.0 (mg/L)$

したがって，最も低い TOC 値を示すのは（3）である.

答 (3)

【問題 9】比増殖速度 μ は，菌体濃度（X：MLSS あるいは個体数）に依存しており，反応槽の容量は関係がない.

答 (4)

【問題 10】ストークスの式では，粒子は水より重いほど，また，粒径の 2 乗に比例して，速く沈降する.

答 (5)

【問題 11】浄化槽法の規定に関する記述としてはイとエが誤りで，正しい記述は以下のとおりとなる.

イ．浄化槽保守点検業の都道府県による登録制度を定める.

エ．浄化槽清掃業を営もうとする者の，市町村長による許可制度を定める.

答 (3)

【問題 12】(2) 単独処理浄化槽の新設は，原則として禁止されている.

(3) 国土交通大臣が定めた下水道法に規定する予定処理地域を，浄化槽設置義務づけの対象から除外した.

[327]

(4) みなし浄化槽は，浄化槽法の適用対象である．

(5) 水質に関する定期検査を受けなければならない．

答 (1)

【問題 13】 正しい記述はアとウであり，イ・エ・オは以下が正しい記述となる．

イ．浄化槽の構造基準は，建築基準法ならびにこれに基づく命令および条例で定める．

エ．浄化槽の保守点検の技術上の基準は，環境省令（浄化槽法施行規則）で定める．

オ．浄化槽の清掃の技術上の基準は，環境省令（浄化槽法施行規則）で定める．

答 (2)

【問題 14】 (4) は，「要綱」ではなく「条例」とするのが正しい．

答 (4)

【問題 15】

(1) 国土交通大臣の認定を受ければよい．国土交通大臣が型式を認定したとき，取り消したときには，環境大臣に通知するとともに，官報に公示しなければならない．

(2) 現場打ち浄化槽には，型式認定は必要ない．

(3) 試験的に製造される場合は，型式認定は不要である．

(4) 認定の期間は5年間で，更新を受けなければその効力を失う．

答 (5)

【問題 16】 処理対象人員によらず，毎年1回（環境省令で定める場合は，環境省令で定める回数），定期検査を行わなければならない．

答 (1)

【問題 17】 事業活動に伴い発生する19種類の廃棄物が産業廃棄物，産業廃棄物以外の残りの廃棄物が一般廃棄物と定義されている．一般廃棄物は，日常生活から排出されるごみや生活排水であって，し尿や浄化槽汚泥は，この一般廃棄物に分類される．

答 (4)

【問題 18】 環境大臣が定める浄化槽の保守点検回数については，浄化槽法施行規則の規定にかかわらず，環境大臣が定める回数とするとされている．

答 (2)

【問題 19】平成 26 年度末の水洗化人口は 1 億 2 037 万人，公共下水道による
ものが 9 369 万人，浄化槽およびみなし浄化槽によるものが 2 669 万人となっ
ている．浄化槽およびみなし浄化槽による水洗化人口のうち，コミュニティプ
ラント人口が 30 万人，合併処理人口が 1 456 万人なので，みなし浄化槽の割
合は約 45 ％である．

答（3）

【問題 20】最初の保守点検は，浄化槽を使用する直前に行う．これは，設置さ
れている浄化槽が適正なものであるかどうか，また，汚水が流入してから直ち
に生物処理などが行われる状態にあるかどうかを確認したうえで使用されるべ
きであるから，規定されているものである．

答（1）

【問題 21】
(1) 比重が水より大きい固形物は，その大きさが大きいほど沈降しやすい．
　また，比重が水より小さい固形物は，その粒子の密度が小さいほど浮上し
　やすい．
(2) 水中の飽和溶存酸素濃度は，水温が低下すると増加する．
(4) 活性炭の吸着能力は，ある限界を過ぎると，その能力が急激に低下する．
(5) 精密ろ過膜が分離の対象とする物質は，細菌（粒径 $0.025 \sim 10 \mu m$）である．

答（3）

【問題 22】菌体は $C_5H_7NO_2$ で表すことができる．この構成元素と同じで，活
性汚泥が分解可能な物質は以下のとおり．
　　c．ブドウ糖　$C_6H_{12}O_6$
　　d．酢酸　CH_3COOH

答（4）

【問題 23】完全混合槽では，流入した水塊の一部は瞬時に流出側に達する．

答（4）

【問題 24】活性汚泥法では，余剰汚泥を引き出すと増殖速度の遅い微生物から
減少する．

答（5）

【問題 25】コロイド粒子を除去する技術としては，限外ろ過膜（UF 膜）が適
当である．

【問題 26】 接触ばっ気槽の有効容量は次式により求められる.

180〔人〕×200〔L/(人・日)〕×200〔mg/L〕÷0.30〔kg/(m³・日)〕＝24〔m³〕

答 (2)

【問題 27】 浮上濃縮は 30 分間前後で行われるのが一般的であり,沈殿処理(重力濃縮)に比べると処理時間が短い.

答 (3)

【問題 28】 以下に示すように,適当と考えられる順に建築物を特定していく.

ア 共同住宅では朝夕に使用が集中する.戸建住宅に比べると朝夕の時間最大汚水量が流入する時間帯は多少長くなる.

オ 工場の稼動時間が 9 時間であり,排水時間と一致している.

イ 水量のピークが昼時であることと,処理対象人員 23 人(日平均汚水量 4.6 m³/日)を考えると,喫茶店が適当といえる.

エ 排水時間から考えて,事務所と判断される(ホテルではない).

ウ 排水が途切れる時間帯がなく,汚水量が比較的多いので,ホテルと判断される.

答 (3)

【問題 29】 簡易宿泊所・合宿所・ユースホステル・青年の家は,人員 n〔人〕＝定員〔人〕である.

答 (5)

【問題 30】 グレーチングは鋼材を格子状に組んだもので,現場打ち浄化槽の消毒槽用点検蓋に用いられる.なお,水槽の底部に設けるくぼみは,釜場という.

答 (4)

【問題 31】 微細目スクリーンは,故障や点検補修時に備えて,目幅が 5 mm 以下のスクリーンを有する副水路を設ける必要がある.このことから考えて,組み合わせとして正しいのは (1) である.

答 (1)

【問題 32】 アンスラサイトは,ろ過砂よりも比重が小さく,空隙率が大きいという特性がある.

答 (5)

【問題 33】 ホッパー型沈殿槽は,汚泥の自重により槽の中心部に集泥されるた

め，汚泥掻き寄せ機は設けられていない．

答 （4）

【問題 34】 2室または3室に区分し，直列に接続する．

答 （3）

【問題 35】 構造基準では，嫌気ろ床槽のろ材の充填率は第1室がおおむね40%，その他の室がおおむね 60% と定められている．

答 （5）

【問題 36】 定水位排出型は，上澄水吸引部周辺の堆積汚泥をエアリフトポンプで汚泥濃縮貯留槽（汚泥貯留槽）へ移送後，一定の水深に設置された水中ポンプなどで上澄水を排出する．

答 （1）

【問題 37】 ターボポンプは，ケーシングの中で羽根車を回転し，液体にエネルギーを与えるものであり，それらのうち，羽根車の遠心力により，主軸に対して直角の方向に液体を吐出するのが渦巻ポンプである．また，主軸方向に液体を吐出するものは軸流ポンプ，その中間方向へ液体を吐出するものは斜流ポンプである．

答 （1）

【問題 38】 浄化槽の原単位は次のように設定されている．

BOD 負荷量 40〔g/(人・日)〕＝汚水量 200〔L/(人・日)〕×汚水の BOD 200〔mg/L〕

一方，ディスポーザー排水の BOD 負荷量は次式による．

排水量 5〔L/(人・日)〕×BOD 4 000〔mg/L〕＝20〔g/(人・日)〕

したがって，浄化槽への流入負荷量は，

40＋20＝60〔g/(人・日)〕

となる．使用人員は，この流入負荷量から次のように算出される．

60〔g/(人・日)〕×4〔人〕÷200〔L/(人・日)〕÷200〔mg/L〕＝6〔人〕

答 （2）

【問題 39】 便所の水洗化を目的とした単独処理浄化槽から「ア　水質汚濁防止」および「イ　生活環境の保全」を目的とした合併処理浄化槽へと移行し，現在はすべての規模の浄化槽について合併処理の構造が示されたとともに，「ウ　富栄養化防止」の観点から「エ　窒素」と「オ　リン」の除去性能を有する浄

［331］

化槽が定められた.

答 (2)

【問題40】 SVI（汚泥容量指標）は，SV_{30} を MLSS 濃度で割った値であり，活性汚泥の沈降性の良否を示す．SVI が高いということは沈降性の悪化を示しており，200 以上となった場合を膨化（バルキング）という．

答 (4)

【問題41】 ②下面図は以下のようになる．

答 (2)

【問題42】 コンクリートおよび鉄筋コンクリートの表示記号は以下のとおりである．

答 (2)

【問題43】 設問の浄化槽には，流量調整装置は設けられていない．

答 (3)

【問題44】 鋼管という区分での配管（管種）記号は存在しない（配管用炭素鋼鋼管は「SGP」）．ちなみに，「CIP」は鋳鉄管である．

答 (1)

【問題45】 (2) は図示記号が逆止弁で，写真が三方弁である．

答 (2)

【問題46】 型式認定の対象として，工場出荷の段階で完成品としての姿をしているものが工場生産浄化槽である．したがって，現場に応じて浄化槽内部の改造を行って設置してはならない．

答 (5)

【問題47】 基礎工事は，割栗石地業，目潰し砂利地業，捨てコンクリート打設に分けられる．地盤を強固にするために割栗石を敷いて，突き固める．次に，割栗石の隙間に目潰し用の砂利を敷き詰め，さらに突き固める．捨てコンクリー

ト は，墨出しを行うために必要であり，掘り過ぎた高さの調節もこれで行う．
基礎工事の手順だけでも，ウ→イ→キとなり，適当なものは（4）のみとなる．

答（4）

【問題 48】 直線部分でも，適切な距離ごとに升を設ける．

答（4）

【問題 49】 ターンバックルは，ほぼ対角線となる順序で，均等な力で締める．

答（5）

【問題 50】 槽本体の浮上を防止するために行うのは，水張りではなく，浮上防止金具による固定である．

答（1）

【問題 51】 長時間ばっ気方式の保守点検回数は，1 週間に 1 回以上である．

答（5）

【問題 52】 流入管きょと放流管きょの勾配ではなく，流入管きょと槽の接続の状況，放流管きょと槽の接続の状況である．

答（1）

【問題 53】 管きょに設けられた升の蓋が地面より高い位置にあり，雨水の流入のおそれがないことを確認する．

答（5）

【問題 54】 洗浄水は放流してはならず，腐敗室への張り水として，水中ポンプなどを用いて移送するのが望ましい．

答（5）

【問題 55】 溶存酸素は，散気管直上部の濃度ではなく，接触ばっ気室内の濃度分布を調べる．

答（1）

【問題 56】
（1）嫌気ろ床槽第 1 室のスカム生成状況の写真で，表面が固化している．
（3）嫌気ろ床槽第 1 室のスカム生成状況の写真で，あまり乾燥していない．
（4）嫌気ろ床槽第 2 室上部に汚泥が蓄積している状況の写真である．
（5）接触ばっ気槽における発泡状況の写真である．

答（2）

【問題57】一次処理装置の水位上昇の原因として，ろ床内や各槽の移流部の閉塞が考えられる．一方，流量調整装置，循環装置，逆洗装置の運転が不適切であることが，水位上昇の原因である場合も多い．

答（1）

【問題58】ブロワ1台で循環装置とばっ気装置への空気供給をしている場合は，ばっ気装置への空気供給量が不足するおそれがある（硝化が生じないおそれがある）．このような状況が認められた場合は，循環水量を減少させる．

答（4）

【問題59】ばっ気槽のORPが上昇している時間帯は，ばっ気工程と判断される．DOもほぼ同様と考えてよいが，ばっ気開始後すぐには上昇しないことがあるため，判定の際には注意する必要がある．このほかの時間帯は，撹拌工程である．以上からすると，（1）と（4）が適当ということになる．

一方，ばっ気槽のDOがほぼ0 mg/L付近にあるときに，アンモニア態窒素（NH_4^+-N）が増加している．これは，流入水中のアンモニア態窒素によるものと判断される．このため，（1）が適当である．

答（1）

【問題60】関係式よりばっ気槽のMLSSを求める．

$$C_A = \frac{100 \times 160 \,〔\text{mg/L}〕 + 60 \times 8\,000 \,〔\text{mg/L}〕}{100 + 60}$$
$$= 3\,100 \,〔\text{mg/L}〕$$

答（2）

【問題61】回転板は，常時適正な円周速度で連続的に回転していなければならない．回転板の円周速度が速すぎると生物膜が剥離し，遅すぎると酸素溶解効率が低下するとともに，槽内に汚泥が堆積する．したがって，毎分20 m以下の，設計時に定められた円周速度を維持するようにする．

答（1）

【問題62】沈殿槽からの汚泥の流出が起こらないようにするには，活性汚泥の性状である沈降性の良否が重要である．このため，ばっ気槽内液のDOや流入汚水中の栄養源（BOD量）などを確認する必要がある．

答（3）

【問題63】流出水のCODを測定し，処理水質以下であることを確認する．

COD が高い場合には活性炭の交換を行う．亜硝酸性窒素は COD として検出されるが，活性炭では除去できないので，前段の生物処理で亜硝酸性窒素が残留しないように管理する必要がある．

答 (3)

【問題 64】 ポリアクリルアミドは，高分子凝集剤の一種である．

答 (2)

【問題 65】 消化汚泥ではなく，生活系排水処理施設の活性汚泥が望ましい．

答 (3)

【問題 66】 汚泥返送量は，汚泥返送率 150％を 1.5 として，次式により求められる．

300〔人〕×200〔L/(人・日)〕×1.5÷24〔時間〕＝3.75

≒3.8〔m³/時〕

答 (2)

【問題 67】 脱窒性能への影響を考慮して，酸素を過剰に溶解させない，BOD/N 比を低下させない，などに留意する必要がある．

答 (3)

【問題 68】 破砕状況が悪い原因として，切断歯の摩耗や閉塞が考えられる．その対処法は，切断歯の交換，分解掃除である．

答 (5)

【問題 69】 電磁式ブロワの異常な発熱の原因として考えられるのは，フィルターの目詰まり，バルブの摩耗，過負荷である．

答 (5)

【問題 70】 輸送途中で生じる破損事故は，主に積み降ろしの際の不注意によることが多い．

答 (2)

【問題 71】 転倒スイッチは，本体が水密構造になっているため，内部を点検・修理することが不可能である．したがって，故障した場合は新品と交換する．

答 (4)

【問題 72】 吐出空気量が少ない原因として考えられるのは，フィルターの目詰まり，オイル切れ，V ベルトの緩みなどである．その対処法は，フィルターの点検，オイルの補充・交換，ベルトの調整である．

【問題73】水温が低い場合，飽和DO値が高いことから供給酸素量は多い．水温が高くなるに従い，飽和DO値が低くなるため，供給酸素量は少なくなる．これに対し，生物活動は水温が低い時期に「ア　衰え」，水温が高い時期には「イ　活発」に活動する．したがって，生物活動に伴う消費酸素量は水温が低い時期には「ウ　少なく」，水温が高い時期には「エ　多く」なる．このため，槽内DOは水温の低い時期に「オ　高く」，水温の高い時期に「カ　低い」値を示すことが一般的である．

答　(3)

【問題74】嫌気ろ床槽への水量負荷に関する要因をチェックするべきであり，流入水のpHは不適当である．

答　(2)

【問題75】塩素剤の消費量は，生物ろ過槽や処理水槽の状況把握とは関係がない．

答　(5)

【問題76】沈殿室にスカムが発生しやすい場合は，沈殿室内部の汚泥の停滞箇所をなくすことが有効と考えられる．

答　(4)

【問題77】消毒槽では，消毒剤（塩素剤）に由来する塩素臭が発生する．

答　(5)

【問題78】ジクロルボス樹脂蒸散剤を用いると，浄化槽における微生物に悪影響を与えることなく，3か月近くにわたって成虫を駆除することが可能である．

答　(1)

【問題79】ヘモグロビンは，血液中に存在する赤血球の中にある鉄を含むたんぱく質で，酸素分子と結合する性質を持つ．

答　(4)

【問題80】これまで知られなかった感染症が新興感染症として，1970年以降，少なくとも30種類以上出現している．

答　(1)

【問題81】pHの測定には混合試料を用いず，直ちに測定する．

答　(4)

【問題 82】ポリエチレンびんは，衝撃に強く，軽く，耐薬品性に優れている．しかし，重金属，リン酸イオン，ヘキサン抽出物質などを吸着する傾向がある．したがって，測定項目によっては好ましくない．

答 （4）

【問題 83】反応式より，NH_4^+-N（原子量 14）1 mg が NO_2^--N に酸化される際に消費される酸素量（原子量 $\frac{3}{2} \times 16 \times 2 = 48$）は，次式により求められる．

　　$48 \div 14 = 3.428 \fallingdotseq 3.43$〔mg/mg〕

　よって，設問の酸素量は，

　　14〔mg〕$\times 3.43$〔mg/mg〕$= 48.02 \fallingdotseq 48$〔mg〕

答 （4）

【問題 84】浄化槽の槽内水では，有機性の SS が大部分を占めるため，SS と BOD との相関が成立する．

答 （5）

【問題 85】分離ばっ気方式では，沈殿分離室の清掃時に合わせて清掃する．その場合，清掃時期は，必ずしも SV_{30} の値には関係しない．

答 （2）

【問題 86】MLSS の測定に用いられるのは透過光法である．

答 （1）

【問題 87】流入管きょに汚物が付着している場合，流入管きょ途中の点検升などから悪臭が認められる可能性がある．放流水ではない．

答 （1）

【問題 88】浮遊物質を除去してしまうと，有機物質を主とした BOD まで除去されてしまうため，測定には不適当である．

答 （2）

【問題 89】窒素・リン同時除去のため，構造基準の第 9 ～ 11 に示される三次処理装置を適用するのが効果的である．ただし，状況により，既設ばっ気槽用ブロワのタイマーによる間欠ばっ気運転や，ばっ気槽への無機凝集剤添加により達成できる可能性もある．

　膜分離装置は，清澄な処理水は得られるが，窒素・リンの除去の目的では使用しない．

答 (5)

【問題90】 16時間均等流入となった場合の滞留時間は, 次式により求められる.

$$滞留時間4〔時間〕×\frac{16}{24}=2.667≒2.7〔時間〕$$

答 (4)

【問題91】 塩化物イオン濃度計は含まれない. (2) を除く4点以外では, スカムおよび汚泥厚測定器具, スカム破砕器具, 自吸式ポンプ, パイプおよびスロット掃除器具, ろ床洗浄器具などがある.

答 (2)

【問題92】 (5) は沈殿槽ではなく, 沈殿分離槽とするのが正しい.

答 (5)

【問題93】 汚泥の引き出し後の MLSS 濃度は, 3 000 mg/L 以上とする.

答 (5)

【問題94】 汚泥発生量は, 次式により求められる.

$$汚泥発生量=流入BOD量×\frac{BOD除去率}{100}×\frac{汚泥転換率}{100}×\frac{100}{100-含水率}$$

答 (2)

【問題95】 70%を0.7, 10%を0.1 として, 汚泥の引き出し量は次式により求められる.

$$0.75〔m^3〕×(0.7-0.1)=0.45〔m^3〕$$

答 (3)

【問題96】 (3) が適当であり, スカムの破砕および掻き寄せ時に使用する. ちなみに, その他4点の道具は以下のとおり.

(1) ワイヤーによる配管洗浄用具
(2) 高圧洗浄機用の洗浄ノズル
(4) 夾雑物取り除き用具
(5) 洗浄廃水をせき止めるための止水プラグ

答 (3)

【問題97】 80%を0.8, 50%を0.5 として, 年間の余剰汚泥量〔kg/年〕は次式により求められる.

$$余剰汚泥量=5〔人〕×1〔L/(人・日)〕×20 000〔mg/L〕×0.8×0.5×365〔日/年〕$$
$$=100 000〔mg/日〕×0.8×0.5×365〔日/年〕$$

$$=0.1〔kg/日〕×0.8×0.5×365〔日/年〕$$
$$=14.6〔kg/年〕$$

答（4）

【問題 98】（3）は自家処理ではなく，海洋投入処分が正しい．ロンドン条約は，船舶，海洋施設，航空機からの陸上発生廃棄物の海洋投棄や洋上での焼却処分を規制するための国際条約である．

答（3）

【問題 99】ばっ気室にあっては，SV_{30}（30 分間汚泥沈殿率）がおおむね 60% に達したとき，が正しい．

答（3）

【問題 100】各処理工程の稼働状況に応じて，汚泥の過剰蓄積による悪影響が生じる以前に清掃を定期的に実施し，汚泥を系外に排除することが不可欠である．

答（1）

関連法規

- 浄化槽法
- 浄化槽法施行令（抄）
- 環境省関係浄化槽法施行規則
- 屎尿浄化槽及び合併処理浄化槽の構造方法を定める件（告示）
- 浄化槽法の運用に伴う留意事項について（通知）
- （環境基本法に基づく）水質汚濁に係る環境基準（抜粋）
- （水質汚濁防止法に基づく）排水基準を定める省令（抜粋）

関連法規

浄 化 槽 法

昭和 58 年 5 月 18 日法律第 43 号

最終改正：令和元年 6 月 19 日法律第 40 号

第 1 章 総則

（目的）

第 1 条 この法律は，浄化槽の設置，保守点検，清掃及び製造について規制するとともに，浄化槽工事業者の登録制度及び浄化槽清掃業の許可制度を整備し，浄化槽設備士及び浄化槽管理士の資格を定めること等により，公共用水域等の水質の保全等の観点から浄化槽によるし尿及び雑排水の適正な処理を図り，もつて生活環境の保全及び公衆衛生の向上に寄与することを目的とする．

（定義）

第 2 条 この法律において，次の各号に掲げる用語の意義は，それぞれ当該各号に定めるところによる．

一 浄化槽 便所と連結してし尿及びこれと併せて雑排水（工場廃水，雨水その他の特殊な排水を除く．以下同じ．）を処理し，下水道法（昭和 33 年法律第 79 号）第 2 条第 6 号に規定する終末処理場を有する公共下水道（以下「終末処理下水道」という．）以外に放流するための設備又は施設であつて，同法に規定する公共下水道及び流域下水道並びに廃棄物の処理及び清掃に関する法律（昭和 45 年法律第 137 号）第 6 条第 1 項の規定により定められた計画に従つて市町村が設置したし尿処理施設以外のものをいう．

一の二 公共浄化槽 第 12 条の 4 第 1 項の規定により指定された浄化槽処理促進区域内に存する浄化槽のうち，第 12 条の 5 第 1 項の設置計画に基づき設置された浄化槽であつて市町村が管理するもの及び第 12 条の 6 の規定により市町村が管理する浄化槽をいう．

二 浄化槽工事 浄化槽を設置し，又はその構造若しくは規模の変更をする工事をいう．

三 浄化槽の保守点検 浄化槽の点検，調整又はこれらに伴う修理をする作業をいう．

四 浄化槽の清掃 浄化槽内に生じた汚泥，スカム等の引出し，その引出し後の槽内の汚泥等の調整並びにこれらに伴う単位装置及び附属機器類の洗浄，掃除等を行う作業をいう．

五 浄化槽製造業者 第 13 条第 1 項又は第 2 項の認定を受けて当該認定に係る型式の浄化槽を製造する事業を営む者をいう．

六　浄化槽工事業　浄化槽工事を行う事業をいう．

七　浄化槽工事業者　第21条第1項又は第3項の登録を受けて浄化槽工事業を営む者をいう．

八　浄化槽清掃業　浄化槽の清掃を行う事業をいう．

九　浄化槽清掃業者　第35条第1項の許可を受けて浄化槽清掃業を営む者をいう．

十　浄化槽設備士　浄化槽工事を実地に監督する者として第42条第1項の浄化槽設備士免状の交付を受けている者をいう．

十一　浄化槽管理士　浄化槽管理士の名称を用いて浄化槽の保守点検の業務に従事する者として第45条第1項の浄化槽管理士免状の交付を受けている者をいう．

十二　特定行政庁　建築基準法（昭和25年法律第201号）第2条第35号本文に規定する特定行政庁をいう．ただし，同法第97条の2第1項の市町村又は特別区の区域については，当該浄化槽に係る建築物の審査を行うべき建築主事を置く市町村若しくは特別区の長又は都道府県知事をいう．

（浄化槽によるし尿処理等）

第3条　何人も，終末処理下水道又は廃棄物の処理及び清掃に関する法律第8条に基づくし尿処理施設で処理する場合を除き，浄化槽で処理した後でなければ，し尿を公共用水域等に放流してはならない．

2　何人も，浄化槽で処理した後でなければ，浄化槽をし尿の処理のために使用する者が排出する雑排水を公共用水域等に放流してはならない．

3　浄化槽を使用する者は，浄化槽の機能を正常に維持するための浄化槽の使用に関する環境省令で定める準則を遵守しなければならない．

第3条の2　何人も，便所と連結してし尿を処理し，終末処理下水道以外に放流するための設備又は施設として，浄化槽以外のもの（下水道法に規定する公共下水道及び流域下水道並びに廃棄物の処理及び清掃に関する法律第6条第1項の規定により定められた計画に従つて市町村が設置したし尿処理施設を除く．）を設置してはならない．ただし，下水道法第4条第1項の事業計画において定められた同法第5条第1項第5号に規定する予定処理区域内の者が排出するし尿のみを処理する設備又は施設については，この限りでない．

2　前項ただし書に規定する設備又は施設は，この法律の規定（前条第2項，前項及び第51条の規定を除く．）の適用については，浄化槽とみなす．

（浄化槽に関する基準等）

第4条　環境大臣は，浄化槽から公共用水域等に放流される水の水質について，環境省令で，技術上の基準を定めなければならない．

2　浄化槽の構造基準に関しては，建築基準法並びにこれに基づく命令及び条例で定

めるところによる.

3　前項の構造基準は，これにより第1項の技術上の基準が確保されるものとして定められなければならない.

4　国土交通大臣は，浄化槽の構造基準を定め，又は変更しようとする場合には，あらかじめ，環境大臣に協議しなければならない.

5　浄化槽工事の技術上の基準は，国土交通省令・環境省令で定める.

6　都道府県は，地域の特性，水域の状態等により，前項の技術上の基準のみによつては生活環境の保全及び公衆衛生上の支障を防止し難いと認めるときは，条例で，同項の技術上の基準について特別の定めをすることができる.

7　浄化槽の保守点検の技術上の基準は，環境省令で定める.

8　浄化槽の清掃の技術上の基準は，環境省令で定める.

第2章　浄化槽の設置

（設置等の届出，勧告及び変更命令）

第5条　浄化槽を設置し，又はその構造若しくは規模の変更（国土交通省令・環境省令で定める軽微な変更を除く．第7条第1項，第12条の4第2項において同じ．）をしようとする者は，国土交通省令・環境省令で定めるところにより，その旨を都道府県知事（保健所を設置する市又は特別区にあつては，市長又は区長とする．第5項，第7条第1項，第12条の4第2項，第5章，第48条第4項，第49条第1項及び第57条を除き，以下同じ．）及び当該都道府県知事を経由して特定行政庁に届け出なければならない．ただし，当該浄化槽に関し，建築基準法第6条第1項（同法第87条第1項において準用する場合を含む．）の規定による建築主事の確認を申請すべきとき，又は同法第18条第2項（同法第87条第1項において準用する場合を含む．）の規定により建築主事に通知すべきときは，この限りでない.

2　都道府県知事は，前項の届出を受理した場合において，当該届出に係る浄化槽の設置又は変更の計画について，その保守点検及び清掃その他生活環境の保全及び公衆衛生上の観点から改善の必要があると認めるときは，同項の届出が受理された日から21日（第13条第1項又は第2項の規定により認定を受けた型式に係る浄化槽にあつては，10日）以内に限り，その届出をした者に対し，必要な勧告をすることができる．ただし，次項の特定行政庁の権限に係るものについては，この限りでない.

3　特定行政庁は，第1項の届出を受理した場合において，当該届出に係る浄化槽の設置又は変更の計画が浄化槽の構造に関する建築基準法並びにこれに基づく命令及び条例の規定に適合しないと認めるときは，前項の期間内に限り，その届出をし

た者に対し，当該届出に係る浄化槽の設置又は変更の計画の変更又は廃止を命ずることができる．

4　第1項の届出をした者は，第2項の期間を経過した後でなければ，当該届出に係る浄化槽工事に着手してはならない．ただし，当該届出の内容が相当であると認める旨の都道府県知事及び特定行政庁の通知を受けた後においては，この限りでない．

5　第1項の規定により保健所を設置する市又は特別区が処理することとされている事務（都道府県知事に対する届出の経由に係るものに限る．）は，地方自治法（昭和22年法律第67号）第2条第9項第2号に規定する第2号法定受託事務とする．

（浄化槽工事の施工）

第6条　浄化槽工事は，浄化槽工事の技術上の基準に従つて行わなければならない．

（設置後等の水質検査）

第7条　新たに設置され，又はその構造若しくは規模の変更をされた浄化槽については，環境省令で定める期間内に，環境省令で定めるところにより，当該浄化槽の所有者，占有者その他の者で当該浄化槽の管理について権原を有するもの（以下「浄化槽管理者」という．）は，都道府県知事が第57条第1項の規定により指定する者（以下「指定検査機関」という．）の行う水質に関する検査を受けなければならない．

2　指定検査機関は，前項の水質に関する検査を実施したときは，環境省令で定めるところにより，遅滞なく，環境省令で定める事項を都道府県知事に報告しなければならない．

（設置後等の水質検査についての勧告及び命令等）

第7条の2　都道府県知事は，前条第1項の規定の施行に関し必要があると認めるときは，浄化槽管理者に対し，同項の水質に関する検査を受けることを確保するために必要な指導及び助言をすることができる．

2　都道府県知事は，浄化槽管理者が前条第1項の規定を遵守していないと認める場合において，生活環境の保全及び公衆衛生上必要があると認めるときは，当該浄化槽管理者に対し，相当の期限を定めて，同項の水質に関する検査を受けるべき旨の勧告をすることができる．

3　都道府県知事は，前項の規定による勧告を受けた浄化槽管理者が，正当な理由がなくてその勧告に係る措置をとらなかつたときは，当該浄化槽管理者に対し，相当の期限を定めて，その勧告に係る措置をとるべきことを命ずることができる．

第3章　浄化槽の保守点検及び浄化槽の清掃等

（保守点検）

第8条　浄化槽の保守点検は，浄化槽の保守点検の技術上の基準に従つて行わなければならない．

（清掃）

第9条　浄化槽の清掃は，浄化槽の清掃の技術上の基準に従つて行わなければならない．

（浄化槽管理者の義務）

第10条　浄化槽管理者は，環境省令で定めるところにより，毎年1回（環境省令で定める場合にあつては，環境省令で定める回数），浄化槽の保守点検及び浄化槽の清掃をしなければならない．ただし，第11条の2第1項の規定による使用の休止の届出に係る浄化槽（使用が再開されたものを除く．）については，この限りでない．

2　政令で定める規模の浄化槽の浄化槽管理者は，当該浄化槽の保守点検及び清掃に関する技術上の業務を担当させるため，環境省令で定める資格を有する技術管理者（以下「技術管理者」という．）を置かなければならない．ただし，自ら技術管理者として管理する浄化槽については，この限りでない．

3　浄化槽管理者は，浄化槽の保守点検を，第48条第1項の規定により条例で浄化槽の保守点検を業とする者の登録制度が設けられている場合には当該登録を受けた者に，若しくは当該登録制度が設けられていない場合には浄化槽管理士に，又は浄化槽の清掃を浄化槽清掃業者に委託することができる．

第10条の2　浄化槽管理者は，当該浄化槽の使用開始の日（当該浄化槽が第12条の5第1項の設置計画に基づき設置された公共浄化槽である場合にあつては，当該公共浄化槽について第12条の11の規定による最初の届出があつた日）から30日以内に，環境省令で定める事項を記載した報告書を都道府県知事に提出しなければならない．

2　前条第2項に規定する政令で定める規模の浄化槽の浄化槽管理者は，技術管理者を変更したときは，変更の日から30日以内に，環境省令で定める事項を記載した報告書を都道府県知事に提出しなければならない．

3　浄化槽管理者に変更があつたときは，新たに浄化槽管理者になつた者は，変更の日から30日以内に，環境省令で定める事項を記載した報告書を都道府県知事に提出しなければならない．

（定期検査）

第11条　浄化槽管理者は，環境省令で定めるところにより，毎年1回（環境省令で定める浄化槽については，環境省令で定める回数），指定検査機関の行う水質に関

する検査を受けなければならない．ただし，次条第１項の規定による使用の休止の届出に係る浄化槽（使用が再開されたものを除く．）については，この限りでない．

2　第７条第２項の規定は，前項の水質に関する検査について準用する．

（使用の休止の届出等）

第11条の2　浄化槽管理者は，当該浄化槽の使用の休止に当たつて当該浄化槽の清掃をしたときは，環境省令で定めるところにより，当該浄化槽の使用の休止について都道府県知事に届け出ることができる．

2　浄化槽管理者は，前項の規定による使用の休止の届出に係る浄化槽の使用を再開したとき又は当該浄化槽の使用が再開されていることを知つたときは，環境省令で定めるところにより，当該浄化槽の使用を再開した日又は当該浄化槽の使用が再開されていることを知つた日から30日以内に，その旨を都道府県知事に届け出なければならない．

（廃止の届出）

第11条の3　浄化槽管理者は，当該浄化槽の使用を廃止したときは，環境省令で定めるところにより，その日から30日以内に，その旨を都道府県知事に届け出なければならない．

（保守点検又は清掃についての改善命令等）

第12条　都道府県知事は，生活環境の保全及び公衆衛生上必要があると認めるときは，浄化槽管理者，浄化槽管理者から委託を受けた浄化槽の保守点検を業とする者，浄化槽管理士若しくは浄化槽清掃業者又は技術管理者に対し，浄化槽の保守点検又は浄化槽の清掃について，必要な助言，指導又は勧告をすることができる．

2　都道府県知事は，浄化槽の保守点検の技術上の基準又は浄化槽の清掃の技術上の基準に従つて浄化槽の保守点検又は浄化槽の清掃が行われていないと認めるときは，当該浄化槽管理者，当該浄化槽管理者から委託を受けた浄化槽の保守点検を業とする者，浄化槽管理士若しくは浄化槽清掃業者又は当該技術管理者に対し，浄化槽の保守点検又は浄化槽の清掃について必要な改善措置を命じ，又は当該浄化槽管理者に対し，10日以内の期間を定めて当該浄化槽の使用の停止を命ずることができる．

（定期検査についての勧告及び命令等）

第12条の2　都道府県知事は，第11条第１項の規定の施行に関し必要があると認めるときは，浄化槽管理者に対し，同項本文の水質に関する検査を受けることを確保するために必要な指導及び助言をすることができる．

2　都道府県知事は，浄化槽管理者が第11条第１項の規定を遵守していないと認める場合において，生活環境の保全及び公衆衛生上必要があると認めるときは，当該

浄化槽管理者に対し，相当の期限を定めて，同項本文の水質に関する検査を受けるべき旨の勧告をすることができる．

3　都道府県知事は，前項の規定による勧告を受けた浄化槽管理者が，正当な理由がなくてその勧告に係る措置をとらなかつたときは，当該浄化槽管理者に対し，相当の期限を定めて，その勧告に係る措置をとるべきことを命ずることができる．

（環境大臣の責務）

第12条の3　環境大臣は，都道府県知事に対して，第11条第1項本文の水質に関する検査に関する事務その他この章に規定する事務の実施に関し必要な助言，情報の提供その他の支援を行うように努めなければならない．

第3章の2　浄化槽処理促進区域

第1節　浄化槽処理促進区域の指定

第12条の4　市町村は，当該市町村の区域（下水道法第2条第8号に規定する処理区域及び同法第5条第1項第5号に規定する予定処理区域を除く．）のうち自然的経済的社会的諸条件からみて浄化槽によるし尿及び雑排水（以下「汚水」という．）の適正な処理を特に促進する必要があると認められる区域を，浄化槽処理促進区域として指定することができる．

2　市町村は，前項の規定により浄化槽処理促進区域を指定しようとするときは，あらかじめ，都道府県知事に協議しなければならない．

3　市町村は，第1項の規定による指定をしたときは，環境省令で定めるところにより，その旨を公告しなければならない．

4　前2項の規定は，浄化槽処理促進区域の変更又は廃止について準用する．

第2節　公共浄化槽

（設置等）

第12条の5　市町村は，浄化槽処理促進区域内に存する建築物（国又は地方公共団体が所有する建築物を除く．）に居住する者の日常生活に伴い生ずる汚水を処理するために浄化槽を設置しようとするときは，国土交通省令・環境省令で定めるところにより，浄化槽の設置に関する計画（以下「設置計画」という．）を作成するものとする．

2　設置計画においては，次に掲げる事項を定めるものとする．

一　前項に規定する浄化槽ごとに，設置場所，種類，規模及び能力

二　前項に規定する浄化槽ごとに，設置の予定年月日

三　その他国土交通省令・環境省令で定める事項

3 市町村は，設置計画を作成しようとするときは，環境省令で定めるところにより，あらかじめ，第1項に規定する浄化槽ごとに，当該浄化槽を設置することについて，当該浄化槽が設置される土地の所有者及び当該浄化槽で汚水を処理させる建築物の所有者の同意を得なければならない．

4 市町村は，設置計画を作成しようとする場合において，国土交通省令・環境省令で定めるところにより，あらかじめ，都道府県知事及び特定行政庁に協議し，その同意を得たときは，当該同意の日において，第1項に規定する浄化槽の設置について，第5条第1項の規定による届出及び同条第四項ただし書に規定する通知があつたものとみなす．

5 前2項の規定は，設置計画の変更について準用する．

第12条の6 市町村は，浄化槽処理促進区域内に存する浄化槽であつて地方公共団体以外の者が所有するものについて，環境省令で定めるところにより，自ら管理することができる．

（設置の完了の通知等）

第12条の7 市町村は，設置計画に基づき浄化槽の設置が完了したときは，当該浄化槽で汚水を処理させることとなる建築物の所有者に対し，その旨を通知しなければならない．

2 前項の規定による通知は，公告をもつてこれに代えることができる．

（排水設備の設置等）

第12条の8 第12条の5第3項の規定による同意をした建築物の所有者及びその相続人その他の一般承継人は，前条第1項の規定による通知を受けたとき又は同条第2項の規定による公告があつたときは，遅滞なく，当該建築物の汚水を公共浄化槽に流入させるために必要な汚水管その他の排水施設（以下「排水設備」という．）を設置しなければならない．この場合において，当該建築物にくみ取便所が設けられているときは，遅滞なく，そのくみ取便所を水洗便所（汚水管が公共浄化槽に連結されたものに限る．以下同じ．）に改造しなければならない．

2 前項の規定により設置された排水設備の改築又は修繕は，同項の規定によりこれを設置すべき者が行うものとし，その清掃その他の維持は，当該建築物の占有者が行うものとする．

3 市町村は，第1項の規定に違反している者に対し，相当の期限を定めて，排水設備を設置し，又はくみ取便所を水洗便所に改造すべきことを命ずることができる．ただし，当該建築物が近く除却され又は移転される予定のものである場合，必要な資金の調達が困難な事情がある場合等相当の理由があると認められる場合は，この限りでない．

4　市町村は，第1項の規定により排水設備を設置し，又はくみ取便所を水洗便所に改造しようとする者に対し，必要な資金の融通又はそのあつせん，その設置又は改造に関し利害関係を有する者との間に紛争が生じた場合における和解の仲介その他の援助に努めるものとする．

5　国は，市町村が前項の資金の融通を行う場合には，これに必要な資金の融通又はそのあつせんに努めるものとする．

（排水設備の設置等に関する受忍義務等）

第12条の9　前条第1項の規定により排水設備を設置しなければならない者は，他人の土地又は排水設備を使用しなければ汚水を公共浄化槽に流入させることが困難であるときは，他人の土地に排水設備を設置し，又は他人の排水設備を使用することができる．この場合においては，他人の土地又は排水設備にとつて最も損害の少ない場所又は箇所及び方法を選ばなければならない．

2　前項の規定により他人の排水設備を使用する者は，その利益を受ける割合に応じて，その設置，改築，修繕及び維持に要する費用を負担しなければならない．

3　第1項の規定により他人の土地に排水設備を設置することができる者又は前条第2項の規定により当該排水設備の維持をしなければならない者は，当該排水設備の設置，改築若しくは修繕又は維持をするためやむを得ない必要があるときは，他人の土地を使用することができる．この場合においては，あらかじめ，その旨を当該土地の占有者に告げなければならない．

4　前項の規定により他人の土地を使用した者は，当該使用により他人に損失を与えた場合においては，その者に対し，通常生ずべき損失を補償しなければならない．

（排水設備の設置の承認）

第12条の10　汚水を公共浄化槽に流入させるために必要な排水設備を第12条の5第3項の規定による同意に係る建築物以外の建築物に設置しようとする者は，環境省令で定めるところにより，あらかじめ，市町村の承認を受けなければならない．

2　前2条の規定は，前項の規定により承認を受けた者について準用する．

（使用の開始の届出）

第12条の11　汚水を公共浄化槽に流入させるために必要な排水設備が設置されている建築物の占有者は，当該建築物に係る公共浄化槽の使用を開始したときは，環境省令で定めるところにより，当該公共浄化槽の使用を開始した日から30日以内に，その旨を市町村に届け出なければならない．

（排水設備等の検査）

第12条の12　市町村は，公共浄化槽の機能及び構造を保全し，又は公共浄化槽から公共用水域等に放流される水の水質を第4条第1項の技術上の基準に適合させる

ために必要な限度において，その職員をして他人の土地又は建物に立ち入り，排水設備その他の物件を検査させることができる．ただし，住居に立ち入る場合においては，あらかじめ，その居住者の承諾を得なければならない．

2　前項の場合には，当該職員は，その身分を示す証明書を携帯し，かつ，関係者の請求があるときは，これを提示しなければならない．

3　第1項の権限は，犯罪捜査のために認められたものと解釈してはならない．

（使用制限）

第12条の13　市町村は，公共浄化槽に関する工事を施工する場合その他やむを得ない理由がある場合には，当該公共浄化槽の使用を一時制限することができる．

2　市町村は，前項の規定により公共浄化槽の使用を制限しようとするときは，使用を制限しようとする期間及び時間制限をする場合にあつてはその時間をあらかじめ関係者に周知させる措置を講じなければならない．

（料金）

第12条の14　市町村は，条例で定めるところにより，公共浄化槽の使用に係る料金を徴収することができる．

2　前項の料金は，次の原則によつて定めなければならない．

　一　汚水の量及び水質その他使用者の使用の態様に応じて妥当なものであること．

　二　能率的な管理の下における適正な原価を超えないものであること．

　三　定率又は定額をもつて明確に定められていること．

　四　特定の使用者に対し不当な差別的取扱いをするものでないこと．

（他人の土地の立入り）

第12条の15　市町村又はその命じた者若しくは委任した者は，公共浄化槽に関する調査，測量若しくは工事又は公共浄化槽の管理のためやむを得ない必要があるときは，他人の土地に立ち入ることができる．

2　前項の規定により他人の土地に立ち入ろうとするときは，あらかじめ，当該土地の占有者にその旨を通知しなければならない．ただし，あらかじめ通知することが困難であるときは，この限りでない．

3　第1項の規定により宅地又は垣，柵等で囲まれた土地に立ち入ろうとするときは，立入りの際，あらかじめ，その旨を当該土地の占有者に告げなければならない．

4　日出前及び日没後においては，占有者の承諾があつた場合を除き，前項に規定する土地に立ち入つてはならない．

5　第1項の規定により他人の土地に立ち入ろうとする者は，その身分を示す証明書を携帯し，関係者の請求があつたときは，これを提示しなければならない．

6　土地の占有者又は所有者は，正当な理由がない限り，第1項の規定による立入

りを拒み，又は妨げてはならない．

7　市町村は，第1項の規定による立入りによつて損失を受けた者に対し，通常生ずべき損失を補償しなければならない．

（排水設備の使用の廃止）

第12条の16　汚水を公共浄化槽に流入させるために必要な排水設備が設置されている建築物の所有者は，当該排水設備の使用を廃止してはならない．ただし，当該建築物を撤去する場合その他環境省令で定める場合は，この限りでない．

2　前項本文の建築物の所有者は，同項ただし書に規定する場合において，排水設備の使用を廃止しようとするときは，あらかじめ，環境省令で定めるところにより，その旨を市町村に届け出なければならない．

（条例で規定する事項）

第12条の17　この法律又はこの法律に基づく命令で定めるもののほか，公共浄化槽の設置及び管理に関し必要な事項は，市町村の条例で定める．

第4章　浄化槽の型式の認定

（認定）

第13条　浄化槽を工場において製造しようとする者は，製造しようとする浄化槽の型式について，国土交通大臣の認定を受けなければならない．ただし，試験的に製造する場合においては，この限りでない．

2　外国の工場において本邦に輸出される浄化槽を製造しようとする者は，製造しようとする浄化槽の型式について，国土交通大臣の認定を受けることができる．

（認定の申請）

第14条　前条第1項又は第2項の認定を受けようとする者は，国土交通大臣に，次の事項を記載した申請書を提出しなければならない．

　一　氏名又は名称及び住所並びに法人にあつては，その代表者の氏名

　二　工場の所在地

　三　その他国土交通省令で定める事項

2　前項の申請書には，構造図，仕様書，計算書その他の国土交通省令で定める図書を添付しなければならない．

3　浄化槽製造業者は，第1項各号の事項を変更したときは，速やかに国土交通大臣に届け出なければならない．

（認定の基準）

第15条　国土交通大臣は，第13条第1項又は第2項の認定の申請に係る型式の浄化槽が建築基準法及びこれに基づく命令で定める浄化槽の構造基準に適合すると認

めるときは，認定をしなければならない．

（認定の更新）

第16条 第13条第1項又は第2項の認定は，5年ごとにその更新を受けなければ，その期間の経過によつて，その効力を失う．

（認定の表示等）

第17条 浄化槽製造業者は，当該認定に係る型式の浄化槽（第13条第2項の認定に係る型式の浄化槽にあつては，本邦に輸出されるものに限る．）を販売する時までに，これに国土交通省令で定める方式による表示を付さなければならない．

2　何人も，前項に規定する場合を除くほか，浄化槽に同項の表示又はこれに紛らわしい表示を付してはならない．

3　浄化槽を輸入しようとする者は，第13条第2項の認定に係る型式の浄化槽であつて第1項の表示を付したものでなければ，輸入してはならない．

（認定の取消し）

第18条 国土交通大臣は，第15条に規定する浄化槽の構造基準が変更され，既に第13条第1項又は第2項の認定を受けた浄化槽が当該変更後の浄化槽の構造基準に適合しないと認めるときは，当該認定を取り消さなければならない．

2　国土交通大臣は，第13条第1項の認定を受けた浄化槽製造業者が，不正の手段により同項の認定を受けたとき，同項の認定を受けた型式と異なる浄化槽を製造したとき（試験的に製造したときを除く．），又は前条第1項の規定に違反したときは，当該認定を取り消すことができる．

3　国土交通大臣は，第13条第2項の認定を受けた浄化槽製造業者が，不正の手段により同項の認定を受けたとき，第14条第3項の規定による届出をせず，若しくは虚偽の届出をしたとき，前条第1項の規定に違反したとき，又は第53条第1項の規定による報告をせず，若しくは虚偽の報告をしたときは，当該認定を取り消すことができる．

（環境大臣に対する通知等）

第19条 国土交通大臣は，第13条第1項若しくは第2項の認定，第16条の認定の更新又は前条第1項，第2項若しくは第3項の認定の取消しをしたときは，その旨を環境大臣に通知するとともに，官報に公示しなければならない．

（国土交通省令への委任）

第20条 この章に定めるもののほか，認定の更新その他浄化槽の型式の認定に関し必要な事項は，国土交通省令で定める．

第5章　浄化槽工事業に係る登録

（登録）

第21条　浄化槽工事業を営もうとする者は，当該業を行おうとする区域を管轄する都道府県知事の登録を受けなければならない．

2　前項の登録の有効期間は，5年とする．

3　前項の有効期間の満了後引き続き浄化槽工事業を営もうとする者は，更新の登録を受けなければならない．

4　更新の登録の申請があつた場合において，第2項の有効期間の満了の日までにその申請に対する登録又は登録の拒否の処分がなされないときは，従前の登録は，同項の有効期間の満了後もその処分がなされるまでの間は，なおその効力を有する．

5　前項の場合において，更新の登録がなされたときは，その登録の有効期間は，従前の登録の有効期間の満了の日の翌日から起算するものとする．

（登録の申請）

第22条　前条第1項又は第3項の登録を受けようとする者(以下「工事業登録申請者」という．)は，次の事項を記載した申請書を都道府県知事に提出しなければならない．

一　氏名又は名称及び住所並びに法人にあつては，その代表者の氏名

二　営業所の名称及び所在地

三　法人にあつては，その役員（業務を執行する社員，取締役，執行役又はこれらに準ずる者をいい，相談役，顧問その他いかなる名称を有する者であるかを問わず，法人に対し業務を執行する社員，取締役，執行役又はこれらに準ずる者と同等以上の支配力を有するものと認められる者を含む．第24条第1項において同じ．）の氏名

四　第29条第1項に規定する浄化槽設備士の氏名及びその者が交付を受けた浄化槽設備士免状の交付番号

2　前項の申請書には，工事業登録申請者が第24条第1項各号に該当しない者であることを誓約する書面その他の国土交通省令で定める書類を添付しなければならない．

（登録の実施，浄化槽工事業者登録簿の謄本の交付等）

第23条　都道府県知事は，前条の規定による申請書の提出があつたときは，次条第1項の規定により登録を拒否する場合を除くほか，遅滞なく，前条第1項各号に掲げる事項並びに登録の年月日及び登録番号を浄化槽工事業者登録簿に登録しなければならない．

2　都道府県知事は，前項の規定による登録をした場合においては，直ちにその旨を当該工事業登録申請者に通知しなければならない．

3 何人も，都道府県知事に対し，その登録をした浄化槽工事業者に関する浄化槽工事業者登録簿の謄本の交付又は閲覧を請求することができる．

（登録の拒否）

第24条 都道府県知事は，工事業登録申請者が次の各号のいずれかに該当する者であるとき，又は申請者若しくはその添付書類の重要な事項について虚偽の記載があり，若しくは重要な事実の記載が欠けているときは，その登録を拒否しなければならない．

一 この法律又はこの法律に基づく処分に違反して罰金以上の刑に処せられ，その執行を終わり，又は執行を受けることがなくなつた日から2年を経過しない者

二 第32条第2項の規定により登録を取り消され，その処分のあつた日から2年を経過しない者

三 浄化槽工事業者で法人であるものが第32条第2項の規定により登録を取り消された場合において，その処分のあつた日前30日以内にその浄化槽工事業者の役員であつた者でその処分のあつた日から2年を経過しないもの

四 第32条第2項の規定により事業の停止を命ぜられ，その停止の期間が経過しない者

五 暴力団員による不当な行為の防止等に関する法律（平成3年法律第77号）第2条第6号に規定する暴力団員又は同号に規定する暴力団員でなくなつた日から5年を経過しない者（第9号において「暴力団員等」という．）

六 浄化槽工事業に係る営業に関し成年者と同一の行為能力を有しない未成年者でその法定代理人が前各号又は次号のいずれかに該当するもの

七 法人でその役員のうちに前各号のいずれかに該当する者があるもの

八 第29条第1項に規定する要件を欠く者

九 暴力団員等がその事業活動を支配する者

2 都道府県知事は，前項の規定により登録を拒否したときは，その理由を示して，直ちにその旨を工事業登録申請者に通知しなければならない．

（変更の届出）

第25条 浄化槽工事業者は，第22条第1項各号に掲げる事項に変更があつたときは，変更の日から30日以内に，その旨を都道府県知事に届け出なければならない．

2 第22条第2項の規定は前項の規定による届出に，第23条第1項及び第2項並びに前条の規定は前項の規定による届出があつた場合に準用する．

（廃業等の届出）

第26条 浄化槽工事業者が，次の各号のいずれかに該当することとなつた場合においては，当該各号に掲げる者は，30日以内に，その旨を都道府県知事に届け出な

ければならない．

一　死亡した場合　その相続人

二　法人が合併により消滅した場合　その役員（業務を執行する社員，取締役，執行役又はこれらに準ずる者をいう．以下同じ．）であつた者

三　法人が破産手続開始の決定により解散した場合　その破産管財人

四　法人が合併又は破産手続開始の決定以外の事由により解散した場合　その清算人

五　浄化槽工事業を廃止した場合　浄化槽工事業者であつた個人又は浄化槽工事業者であつた法人の役員

（登録の抹消）

第 27 条　都道府県知事は，前条の規定による届出があつた場合（同条の規定による届出がなくて同条各号の一に該当する事実が判明した場合を含む．）又は登録がその効力を失つた場合は，浄化槽工事業者登録簿につき，当該浄化槽工事業者の登録を抹消しなければならない．

2　第 24 条第 2 項の規定は，前項の規定により登録を抹消した場合に準用する．

（登録の抹消の場合における浄化槽工事の措置）

第 28 条　前条の規定により浄化槽工事業者が登録を抹消された場合においては，浄化槽工事業者であつた者又はその一般承継人は，登録の抹消前に締結された請負契約に係る浄化槽工事を引き続いて施工することができる．この場合において，当該浄化槽工事業者であつた者又はその一般承継人は，登録の抹消の後，遅滞なく，その旨を当該浄化槽工事の注文者に通知しなければならない．

2　都道府県知事は，前項の規定にかかわらず，公益上必要があると認めるときは，当該浄化槽工事の施工の差止めを命ずることができる．

3　第 1 項の規定による浄化槽工事を引き続いて施工する者は，当該浄化槽工事を完成する目的の範囲内においては，なお浄化槽工事業者とみなす．

4　浄化槽工事の注文者は，第 1 項の規定による通知を受けた日から 30 日以内に限り，その浄化槽工事の請負契約を解除することができる．

（浄化槽設備士の設置等）

第 29 条　浄化槽工事業者は，営業所ごとに，浄化槽設備士を置かなければならない．

2　浄化槽工事業者は，前項の規定に抵触する営業所が生じたときは，2 週間以内に同項の規定に適合させるため必要な措置をとらなければならない．

3　浄化槽工事業者は，浄化槽工事を行うときは，これを浄化槽設備士に実地に監督させ，又はその資格を有する浄化槽工事業者が自ら実地に監督しなければならない．ただし，これらの者が自ら浄化槽工事を行う場合は，この限りでない．

4　浄化槽設備士は，その職務を行うときは，国土交通省令で定める浄化槽設備士証を携帯していなければならない．

（標識の掲示）

第30条　浄化槽工事業者は，国土交通省令で定めるところにより，その営業所及び浄化槽工事の現場ごとに，その見やすい場所に，氏名又は名称，登録番号その他の国土交通省令で定める事項を記載した標識を掲げなければならない．

（帳簿の備付け等）

第31条　浄化槽工事業者は，国土交通省令で定めるところにより，その営業所ごとに帳簿を備え，その業務に関し国土交通省令で定める事項を記載し，これを保存しなければならない．

（指示，登録の取消し，事業の停止等）

第32条　都道府県知事は，浄化槽工事について，生活環境の保全及び公衆衛生上必要があると認めるときは，当該浄化槽工事業者に対し，必要な指示をすることができる．

2　都道府県知事は，浄化槽工事業者が次の各号のいずれかに該当するときは，その登録を取り消し，又は6月以内の期間を定めてその事業の全部若しくは一部の停止を命ずることができる．

　一　不正の手段により第21条第1項又は第3項の登録を受けたとき．

　二　第24条第1項第1号，第3号又は第5号から第9号までのいずれかに該当することとなつたとき．

　三　第25条第1項の規定による届出をせず，又は虚偽の届出をしたとき．

　四　前項の指示に従わず，情状特に重いとき．

3　第24条第2項の規定は，前項の規定による処分をした場合に準用する．

（建設業者に関する特例）

第33条　第21条から第28条まで及び前条の規定は，建設業法（昭和24年法律第100号）第2条第3項に規定する建設業者であつて同法別表第一下欄に掲げる土木工事業，建築工事業又は管工事業の許可を受けているものには，適用しない．

2　前項に規定する者であつて浄化槽工事業を営むものについては，同項に掲げる規定を除き，第21条第1項の登録を受けた浄化槽工事業者とみなしてこの法律の規定を適用する．

3　第1項に規定する者は，浄化槽工事業を開始したときは，国土交通省令で定めるところにより，遅滞なく，その旨を都道府県知事に届け出なければならない．その届出に係る事項について変更があつたとき又は浄化槽工事業を廃止したときも同様とする．

4　浄化槽工事業者が第1項に規定する建設業者となつたときは，その者に係る第21条第1項又は第3項の登録は，その効力を失う．

（国土交通省令への委任等）

第34条　この章に定めるもののほか，浄化槽工事業者登録簿の様式その他浄化槽工事業者の登録に関し必要な事項については，国土交通省令で定める．

2　国土交通大臣は，この章の国土交通省令を定め，又は変更しようとする場合には，あらかじめ，環境大臣に協議しなければならない．

第6章　浄化槽清掃業の許可

（許可）

第35条　浄化槽清掃業を営もうとする者は，当該業を行おうとする区域を管轄する市町村長の許可を受けなければならない．

2　前項の許可には，期限を付し，又は生活環境の保全及び公衆衛生上必要な条件を付することができる．

3　第1項の許可を受けようとする者（以下「清掃業許可申請者」という．）は，環境省令で定める申請書及び添付書類を市町村長に提出しなければならない．

4　市町村長は，第1項の許可又は不許可の処分をした場合には，直ちにその旨を清掃業許可申請者に通知しなければならない．

（許可の基準）

第36条　市町村長は，前条第1項の許可の申請が次の各号のいずれにも適合していると認めるときでなければ，同項の許可をしてはならない．

一　その事業の用に供する施設及び清掃業許可申請者の能力が環境省令で定める技術上の基準に適合するものであること．

二　清掃業許可申請者が次のいずれにも該当しないこと．

イ　この法律又はこの法律に基づく処分に違反して罰金以上の刑に処せられ，その執行を終わり，又は執行を受けることがなくなつた日から2年を経過しない者

ロ　第41条第2項の規定により許可を取り消され，その取消しの日から2年を経過しない者

ハ　浄化槽清掃業者で法人であるものが第41条第2項の規定により許可を取り消された場合において，その処分のあつた日前30日以内にその浄化槽清掃業者の役員であつた者でその処分のあつた日から2年を経過しないもの

ニ　第41条第2項の規定により事業の停止を命ぜられ，その停止の期間が経過しない者

ホ　その業務に関し不正又は不誠実な行為をするおそれがあると認めるに足りる相当の理由がある者

ヘ　廃棄物の処理及び清掃に関する法律第7条第1項若しくは第6項の規定，第7条の2第1項の規定若しくは同法第16条の規定（一般廃棄物に係るものに限る．）又は同法第7条の3の規定による命令に違反して罰金以上の刑に処せられ，その執行を終わり，又は執行を受けることがなくなつた日から2年を経過しない者

ト　廃棄物の処理及び清掃に関する法律第7条の4の規定により許可を取り消され，その取消しの日から2年を経過しない者

チ　廃棄物の処理及び清掃に関する法律第7条第1項又は第6項の許可を受けて一般廃棄物の収集，運搬又は処分を業として行う者（以下「一般廃棄物処理業者」という．）で法人であるものが同法第7条の4の規定により許可を取り消された場合において，その処分のあつた日前30日以内にその一般廃棄物処理業者の役員であつた者でその処分のあつた日から2年を経過しないもの

リ　浄化槽清掃業に係る営業に関し成年者と同一の行為能力を有しない未成年者でその法定代理人がイからチまで又はヌのいずれかに該当するもの

ヌ　法人でその役員のうちにイからリまでのいずれかに該当する者があるもの

（変更の届出）

第37条　浄化槽清掃業者は，環境省令で定めるところにより，第35条第3項の申請書及び添付書類の記載事項に変更があつたときは，変更の日から30日以内に，その旨を市町村長に届け出なければならない．

（廃業等の届出）

第38条　浄化槽清掃業者が，次の各号のいずれかに該当することとなつた場合においては，当該各号に掲げる者は，30日以内に，その旨を市町村長に届け出なければならない．

一　死亡した場合　その相続人

二　法人が合併により消滅した場合　その役員であつた者

三　法人が破産手続開始の決定により解散した場合　その破産管財人

四　法人が合併又は破産手続開始の決定以外の事由により解散した場合　その清算人

五　浄化槽清掃業を廃止した場合　浄化槽清掃業者であつた個人又は浄化槽清掃業者であつた法人の役員

（標識の掲示）

第39条　浄化槽清掃業者は，環境省令で定めるところにより，その営業所ごとに，

その見やすい場所に，氏名又は名称その他の環境省令で定める事項を記載した標識を掲げなければならない．

（帳簿の備付け等）

第40条　浄化槽清掃業者は，環境省令で定めるところにより，その営業所ごとに帳簿を備え，その業務に関し環境省令で定める事項を記載し，これを保存しなければならない．

（指示，許可の取消し，事業の停止等）

第41条　市町村長は，浄化槽の清掃について，生活環境の保全及び公衆衛生上必要があると認めるときは，当該浄化槽清掃業者に対し，必要な指示をすることができる．

2　市町村長は，浄化槽清掃業者の事業の用に供する施設若しくは浄化槽清掃業者の能力が第36条第1号の基準に適合しなくなつたとき，又は浄化槽清掃業者が次の各号の一に該当するときは，その許可を取り消し，又は6月以内の期間を定めてその事業の全部若しくは一部の停止を命ずることができる．

一　第12条第2項の命令に違反したとき．

二　不正の手段により第35条第1項の許可を受けたとき．

三　第36条第2号イ，ハ又はホからヌまでのいずれかに該当することとなつたとき．

四　第37条の規定による届出をせず，又は虚偽の届出をしたとき．

五　前項の指示に従わず，情状特に重いとき．

3　第35条第4項の規定は，前項の規定による処分をした場合に準用する．

第7章　浄化槽設備士

（浄化槽設備士免状）

第42条　浄化槽設備士免状は，次の各号のいずれかに該当する者に対し，国土交通大臣が交付する．

一　浄化槽設備士試験に合格した者

二　建設業法第27条に基づく管工事施工管理に係る技術検定（第二次検定に限る．）に合格した後，国土交通大臣及び環境大臣の指定する者（以下この章において「指定講習機関」という．）が国土交通省令・環境省令で定めるところにより行う浄化槽工事に関して必要な知識及び技能に関する講習（以下この章において「講習」という．）の課程を修了した者

2　国土交通大臣は，次の各号の一に該当する者に対しては，浄化槽設備士免状の交付を行わないことができる．

一　次項の規定により浄化槽設備士免状の返納を命ぜられ，その日から１年を経過しない者

二　この法律又はこの法律に基づく処分に違反して罰金以上の刑に処せられ，その執行を終わり，又は執行を受けることがなくなつた日から２年を経過しない者

3　国土交通大臣は，浄化槽設備士がこの法律又はこの法律に基づく処分に違反したときは，その浄化槽設備士免状の返納を命ずることができる．

4　浄化槽設備士免状の交付，再交付，書換え及び返納に関し必要な事項は，国土交通省令で定める．

（浄化槽設備士試験）

第43条　浄化槽設備士試験は，浄化槽工事に関して必要な知識及び技能について行う．

2　浄化槽設備士試験は，国土交通大臣が行う．

3　浄化槽設備士試験の実施に関する事務を行わせるため，国土交通省に浄化槽設備士試験委員を置く．ただし，次項の規定により指定された者に当該事務の全部を行わせることとした場合は，この限りでない．

4　国土交通大臣は，国土交通大臣及び環境大臣の指定する者（以下この章において「指定試験機関」という．）に，浄化槽設備士試験の実施に関する事務（以下この章において「試験事務」という．）の全部又は一部を行わせることができる．

5　浄化槽設備士試験委員その他浄化槽設備士試験の実施に関する事務をつかさどる者は，その事務の施行に当たつて厳正を保持し，不正の行為がないようにしなければならない．

6　国土交通大臣は，浄化槽設備士試験に関して不正の行為があつた場合には，その不正行為に関係のある者に対しては，その受験を停止させ，又はその試験を無効とすることができる．

7　国土交通大臣は，前項の規定による処分を受けた者に対し，期間を定めて浄化槽設備士試験を受けることができないものとすることができる．

（指定試験機関の指定）

第43条の2　指定試験機関の指定は，主務省令で定めるところにより，試験事務を行おうとする者の申請により行う．

2　主務大臣は，他に前条第４項の規定により指定を受けた者がなく，かつ，前項の申請が次の要件を満たしていると認めるときでなければ，指定試験機関の指定をしてはならない．

一　職員，設備，試験事務の実施の方法その他の事項についての試験事務の実施に関する計画が試験事務の適正かつ確実な実施のために適切なものであること．

二　前号の試験事務の実施に関する計画の適正かつ確実な実施に必要な経理的及び技術的な基礎を有するものであること.

3　主務大臣は, 第1項の申請が, 次の各号のいずれかに該当するときは, 指定試験機関の指定をしてはならない.

一　申請者が, 一般社団法人又は一般財団法人以外の者であること.

二　申請者がその行う試験事務以外の業務により試験事務を公正に実施することができないおそれがあること.

三　申請者が, 第43条の12の規定により指定を取り消され, その取消しの日から起算して2年を経過しない者であること.

四　申請者の役員のうちに, 次のいずれかに該当する者があること.

イ　この法律に違反して, 刑に処せられ, その執行を終わり, 又は執行を受けることがなくなつた日から起算して2年を経過しない者

ロ　次条第2項の命令により解任され, その解任の日から起算して2年を経過しない者

（指定試験機関の役員の選任及び解任）

第43条の3　指定試験機関の役員の選任及び解任は, 主務大臣の認可を受けなければ, その効力を生じない.

2　主務大臣は, 指定試験機関の役員が, この法律（この法律に基づく命令又は処分を含む.）若しくは第43条の5第1項に規定する試験事務規程に違反する行為をしたとき, 又は試験事務に関し著しく不適当な行為をしたときは, 指定試験機関に対し, 当該役員の解任を命ずることができる.

（事業計画の認可等）

第43条の4　指定試験機関は, 毎事業年度, 事業計画及び収支予算を作成し, 当該事業年度の開始前に（第43条第4項の規定による指定を受けた日の属する事業年度にあつては, その指定を受けた後遅滞なく）, 主務大臣の認可を受けなければならない. これを変更しようとするときも, 同様とする.

2　指定試験機関は, 毎事業年度の経過後3月以内に, その事業年度の事業報告書及び収支決算書を作成し, 主務大臣に提出しなければならない.

（試験事務規程）

第43条の5　指定試験機関は, 試験事務の開始前に, 試験事務の実施に関する規程（以下この章において「試験事務規程」という.）を定め, 主務大臣の認可を受けなければならない. これを変更しようとするときも, 同様とする.

2　試験事務規程で定めるべき事項は, 主務省令で定める.

3　主務大臣は, 第1項の認可をした試験事務規程が試験事務の適正かつ確実な実

施上不適当となつたと認めるときは，指定試験機関に対し，これを変更すべきことを命ずることができる．

（指定試験機関の浄化槽設備士試験委員）

第43条の6　指定試験機関は，浄化槽設備士試験の問題の作成及び採点を浄化槽設備士試験委員（以下この条及び第43条の8第1項において「試験委員」という．）に行わせなければならない．

2　指定試験機関は，試験委員を選任しようとするときは，主務省令で定める要件を備える者のうちから選任しなければならない．

3　指定試験機関は，試験委員を選任したときは，主務省令で定めるところにより，主務大臣にその旨を届け出なければならない．試験委員に変更があつたときも，同様とする．

4　第43条の3第2項の規定は，試験委員の解任について準用する．

（受験の停止等）

第43条の7　指定試験機関が試験事務を行う場合において，指定試験機関は，浄化槽設備士試験に関して不正の行為があつたときは，その不正行為に関係のある者に対しては，その受験を停止させることができる．

2　前項に定めるもののほか，指定試験機関が試験事務を行う場合における第43条第6項及び第7項の規定の適用については，同条第6項中「その受験を停止させ，又はその試験」とあるのは「その試験」と，同条第7項中「前項」とあるのは「前項又は第43条の7第1項」とする．

（秘密保持義務等）

第43条の8　指定試験機関の役員若しくは職員（試験委員を含む．次項において同じ．）又はこれらの職にあつた者は，試験事務に関して知り得た秘密を漏らしてはならない．

2　試験事務に従事する指定試験機関の役員又は職員は，刑法（明治40年法律第45号）その他の罰則の適用については，法令により公務に従事する職員とみなす．

（帳簿の備付け等）

第43条の9　指定試験機関は，主務省令で定めるところにより，帳簿を備え付け，これに試験事務に関する事項で主務省令で定めるものを記載し，及びこれを保存しなければならない．

（監督命令）

第43条の10　主務大臣は，この法律を施行するため必要があると認めるときは，指定試験機関に対し，試験事務に関し監督上必要な命令をすることができる．

（試験事務の休廃止）

第43条の11　指定試験機関は，主務大臣の許可を受けなければ，試験事務の全部又は一部を休止し，又は廃止してはならない．

（指定の取消し等）

第43条の12　主務大臣は，指定試験機関が第43条の2第3項各号（第3号を除く．）のいずれかに該当するに至つたときは，その指定を取り消さなければならない．

2　主務大臣は，指定試験機関が次の各号のいずれかに該当するに至つたときは，その指定を取り消し，又は期間を定めて試験事務の全部若しくは一部の停止を命ずることができる．

　一　第43条の2第2項各号の要件を満たさなくなつたと認められるとき．

　二　第43条の3第2項（第43条の6第4項において準用する場合を含む．），第43条の5第3項又は第43条の10の規定による命令に違反したとき．

　三　第43条の4，第43条の6第1項から第3項まで又は前条の規定に違反したとき．

　四　第43条の5第1項の認可を受けた試験事務規程によらないで試験事務を行つたとき．

　五　次条第1項の条件に違反したとき．

（指定等の条件）

第43条の13　第43条第4項，第43条の3第1項，第43条の4第1項，第43条の5第1項又は第43条の11の規定による指定，認可又は許可には，条件を付し，及びこれを変更することができる．

2　前項の条件は，当該指定，認可又は許可に係る事項の確実な実施を図るため必要な最小限度のものに限り，かつ，当該指定，認可又は許可を受ける者に不当な義務を課することとなるものであつてはならない．

（指定試験機関がした処分等に係る審査請求）

第43条の14　指定試験機関が行う試験事務に係る処分又はその不作為については，主務大臣に対し，審査請求をすることができる．この場合において，主務大臣は，行政不服審査法（平成26年法律第68号）第25条第2項及び第3項，第46条第1項及び第2項，第47条並びに第49条第3項の規定の適用については，指定試験機関の上級行政庁とみなす．

（国土交通大臣による試験事務の実施）

第43条の15　国土交通大臣は，指定試験機関の指定をしたときは，試験事務を行わないものとする．

2　国土交通大臣は，指定試験機関が第43条の11の規定による許可を受けて試験

事務の全部若しくは一部を休止したとき，第43条の12第2項の規定により指定試験機関に対し試験事務の全部若しくは一部の停止を命じたとき，又は指定試験機関が天災その他の事由により試験事務の全部若しくは一部を実施することが困難となつた場合において必要があると認めるときは，試験事務の全部又は一部を自ら行うものとする．

（公示）

第43条の16 主務大臣は，次の場合には，その旨を官報に公示しなければならない．

一 第43条第4項の規定による指定をしたとき．

二 第43条の11の規定による許可をしたとき．

三 第43条の12の規定により指定を取り消し，又は試験事務の全部若しくは一部の停止を命じたとき．

四 前条第2項の規定により試験事務の全部若しくは一部を国土交通大臣が行うこととするとき，又は国土交通大臣が行つていた試験事務の全部若しくは一部を行わないこととするとき．

（主務省令への委任）

第43条の17 第43条から前条までに規定するもののほか，浄化槽設備士試験の試験科目，受験手続その他浄化槽設備士試験の実施に関し必要な事項並びに指定試験機関及びその行う試験事務に関し必要な事項は，主務省令で定める．

（指定講習機関の指定）

第43条の18 指定講習機関の指定は，主務省令で定めるところにより，講習を行おうとする者の申請により行う．

2 主務大臣は，前項の申請が次の要件を満たしていると認めるときでなければ，指定講習機関の指定をしてはならない．

一 職員，設備，講習の実施の方法その他の事項についての講習の実施に関する計画が講習の適正かつ確実な実施のために適切なものであること．

二 前号の講習の実施に関する計画の適正かつ確実な実施に必要な経理的及び技術的な基礎を有するものであること．

3 主務大臣は，第1項の申請が，次の各号のいずれかに該当するときは，指定講習機関の指定をしてはならない．

一 申請者が，一般社団法人又は一般財団法人以外の者であること．

二 申請者がその行う講習に関する業務（以下この章において「講習業務」という．）以外の業務により講習業務を公正に実施することができないおそれがあること．

三 申請者が，第43条の25の規定により指定を取り消され，その取消しの日から起算して2年を経過しない者であること．

四　申請者の役員のうちに，この法律に違反して，刑に処せられ，その執行を終わり，又は執行を受けることがなくなつた日から起算して2年を経過しない者があること．

（事業計画の認可等）

第43条の19　指定講習機関は，毎事業年度，事業計画及び収支予算を作成し，当該事業年度の開始前に（第42条第1項第2号の規定による指定を受けた日の属する事業年度にあつては，その指定を受けた後遅滞なく），主務大臣の認可を受けなければならない．これを変更しようとするときも，同様とする．

2　指定講習機関は，毎事業年度の経過後3月以内に，その事業年度の事業報告書及び収支決算書を作成し，主務大臣に提出しなければならない．

（講習業務規程）

第43条の20　指定講習機関は，講習業務の開始前に，講習業務の実施に関する規程（以下この章において「講習業務規程」という．）を定め，主務大臣の認可を受けなければならない．これを変更しようとするときも，同様とする．

2　講習業務規程で定めるべき事項は，主務省令で定める．

3　主務大臣は，第1項の認可をした講習業務規程が講習業務の適正かつ確実な実施上不適当となつたと認めるときは，指定講習機関に対し，これを変更すべきことを命ずることができる．

（役員及び職員の地位）

第43条の21　講習業務に従事する指定講習機関の役員又は職員は，刑法その他の罰則の適用については，法令により公務に従事する職員とみなす．

（帳簿の備付け等）

第43条の22　指定講習機関は，主務省令で定めるところにより，帳簿を備え付け，これに講習業務に関する事項で主務省令で定めるものを記載し，及びこれを保存しなければならない．

（監督命令）

第43条の23　主務大臣は，この法律を施行するため必要があると認めるときは，指定講習機関に対し，講習業務に関し監督上必要な命令をすることができる．

（講習業務の休廃止）

第43条の24　指定講習機関は，主務大臣の許可を受けなければ，講習業務の全部又は一部を休止し，又は廃止してはならない．

（指定の取消し等）

第43条の25　主務大臣は，指定講習機関が第43条の18第3項各号（第3号を除く．）のいずれかに該当するに至つたときは，その指定を取り消さなければならない．

2　主務大臣は，指定講習機関が次の各号のいずれかに該当するに至つたときは，その指定を取り消し，又は期間を定めて講習業務の全部若しくは一部の停止を命ずることができる．

一　第43条の18第2項各号の要件を満たさなくなつたと認められるとき．

二　第43条の19又は前条の規定に違反したとき．

三　第43条の20第1項の認可を受けた講習業務規程によらないで講習業務を行つたとき．

四　第43条の20第3項又は第43条の23の規定による命令に違反したとき．

五　次条第1項の条件に違反したとき．

（指定等の条件）

第43条の26　第42条第1項第2号，第43条の19第1項，第43条の20第1項又は第43条の24の規定による指定，認可又は許可には，条件を付し，及びこれを変更することができる．

2　前項の条件は，当該指定，認可又は許可に係る事項の確実な実施を図るため必要な最小限度のものに限り，かつ，当該指定，認可又は許可を受ける者に不当な義務を課することとなるものであつてはならない．

（公示）

第43条の27　主務大臣は，次の場合には，その旨を官報に公示しなければならない．

一　第42条第1項第2号の規定による指定をしたとき．

二　第43条の24の規定による許可をしたとき．

三　第43条の25の規定により指定を取り消し，又は講習業務の全部若しくは一部の停止を命じたとき．

（主務大臣等）

第43条の28　この章における主務大臣は，国土交通大臣及び環境大臣とする．ただし，第43条の5第1項及び第3項，第43条の6第3項，第43条の11並びに第43条の14に規定する主務大臣は，国土交通大臣とする．

2　この章における主務省令は，国土交通省令・環境省令とする．ただし，第43条の5第2項，第43条の6第2項及び第3項，第43条の9並びに第43条の17に規定する主務省令は，国土交通省令とする．

3　国土交通大臣は，前項ただし書に規定する国土交通省令を定め，又は変更しようとする場合には，あらかじめ，環境大臣に協議しなければならない．

（名称の使用制限）

第44条　浄化槽設備士でなければ，浄化槽設備士又はこれに紛らわしい名称を用いてはならない．

第8章　浄化槽管理士

（浄化槽管理士免状）

第45条　浄化槽管理士免状は，次の各号のいずれかに該当する者に対し，環境大臣が交付する.

一　浄化槽管理士試験に合格した者

二　環境大臣の指定する者（以下この章において「指定講習機関」という.）が環境省令で定めるところにより行う浄化槽の保守点検に関して必要な知識及び技能に関する講習（以下この章において「講習」という.）の課程を修了した者

2　環境大臣は，次の各号の一に該当する者に対しては，浄化槽管理士免状の交付を行わないことができる.

一　次項の規定により浄化槽管理士免状の返納を命ぜられ，その日から1年を経過しない者

二　この法律又はこの法律に基づく処分に違反して罰金以上の刑に処せられ，その執行を終わり，又は執行を受けることがなくなつた日から2年を経過しない者

3　環境大臣は，浄化槽管理士がこの法律又はこの法律に基づく処分に違反したときは，その浄化槽管理士免状の返納を命ずることができる.

4　浄化槽管理士免状の交付，再交付，書換え及び返納に関し必要な事項は，環境省令で定める.

（浄化槽管理士試験）

第46条　浄化槽管理士試験は，浄化槽の保守点検に関して必要な知識及び技能について行う.

2　浄化槽管理士試験は，環境大臣が行う.

3　浄化槽管理士試験の実施に関する事務を行わせるため，環境省に浄化槽管理士試験委員を置く. ただし，次項の規定により指定された者に当該事務の全部を行わせることとした場合は，この限りでない.

4　環境大臣は，その指定する者（以下この章において「指定試験機関」という.）に，浄化槽管理士試験の実施に関する事務（以下この章において「試験事務」という.）の全部又は一部を行わせることができる.

5　浄化槽管理士試験委員その他浄化槽管理士試験の実施に関する事務をつかさどる者は，その事務の施行に当たつて厳正を保持し，不正の行為がないようにしなければならない.

6　環境大臣は，浄化槽管理士試験に関して不正の行為があつた場合には，その不正行為に関係のある者に対しては，その受験を停止させ，又はその試験を無効とすることができる.

7 環境大臣は，前項の規定による処分を受けた者に対し，期間を定めて浄化槽管理士試験を受けることができないものとすることができる．

（準用）

第46条の2 第43条の2の規定は第46条第4項の規定による指定について，第43条の3から第43条の17までの規定は指定試験機関について，第43条の18の規定は第45条第1項第2号の規定による指定について，第43条の19から第43条の27までの規定は指定講習機関について準用する．この場合において，第43条の6の見出し中「浄化槽設備士試験委員」とあるのは「浄化槽管理士試験委員」と，同条第1項中「浄化槽設備士試験」とあるのは「浄化槽管理士試験」と，「浄化槽設備士試験委員」とあるのは「浄化槽管理士試験委員」と，第43条の7第1項及び第43条の14中「浄化槽設備士試験」とあるのは「浄化槽管理士試験」と，第43条の15及び第43条の16第4号中「国土交通大臣」とあるのは「環境大臣」と，第43条の17中「浄化槽設備士試験」とあるのは「浄化槽管理士試験」と読み替えるほか，必要な技術的読替えは，政令で定める．

（主務大臣等）

第46条の3 前条において準用する第43条の2から第43条の27までに規定する主務大臣は，環境大臣とする．

2 前条において準用する第43条の2から第43条の22までに規定する主務省令は，環境省令とする．

（名称の使用制限）

第47条 浄化槽管理士でなければ，浄化槽管理士又はこれに紛らわしい名称を用いてはならない．

第9章　条例による浄化槽の保守点検を業とする者の登録制度

第48条 都道府県（保健所を設置する市又は特別区にあつては，市又は特別区とする．）は，条例で，浄化槽の保守点検を業とする者について，都道府県知事の登録を受けなければ浄化槽の保守点検を業としてはならないとする制度を設けることができる．

2 前項の条例には，登録の要件，登録の取消し等登録制度を設ける上で必要とされる事項を定めるほか，次の各号に掲げる事項を定めるものとする．

一　5年以内の登録の有効期間に関する事項

二　備えるべき器具に関する事項

三　浄化槽管理士の設置及び浄化槽管理士に対する研修の機会の確保に関する事項

四　浄化槽清掃業者との連絡に関する事項

五　保守点検の業務を行おうとする区域を記載した書面の提出等に関する事項

3　第1項の登録を受けた浄化槽の保守点検を業とする者は，浄化槽管理士の資格を有する者を浄化槽の保守点検の業務に従事させなければならない．

4　市町村長（保健所を設置する市及び特別区の長を除く．）は，第1項の登録を受けた浄化槽の保守点検を業とする者の業務に関し，違法又は不適正な事実があると認めるときは，都道府県知事に対し，必要な措置をとるべきことを申し出ることができる．

第10章　雑則

（浄化槽台帳の作成）

第49条　都道府県知事は当該都道府県の区域（保健所を設置する市及び特別区の区域を除く．）に存する浄化槽ごとに，保健所を設置する市又は特別区の長は当該市又は特別区の区域に存する浄化槽ごとに，次に掲げる事項を記載した浄化槽台帳を作成するものとする．

　　一　その浄化槽の存する土地の所在及び地番並びに浄化槽管理者の氏名又は名称
　　二　第7条第1項及び第11条第1項本文の水質に関する検査の実施状況
　　三　その他環境省令で定める事項

2　都道府県知事は，浄化槽台帳の作成のため必要があると認めるときは，関係地方公共団体の長その他の者に対し，浄化槽に関する情報の提供を求めることができる．

3　前2項に規定するもののほか，浄化槽台帳に関し必要な事項は，環境省令で定める．

（手数料）

第50条　次に掲げる者は，政令で定めるところにより，手数料を国（第43条第4項又は第46条第4項に規定する指定試験機関に試験の実施に関する事務の全部を行わせる場合にあつては，当該指定試験機関．次項において「指定試験機関」という．）に納付しなければならない．

　　一　第16条の認定の更新を受けようとする者
　　二　浄化槽設備士免状の交付，再交付又は書換えを受けようとする者
　　三　浄化槽設備士試験を受けようとする者
　　四　浄化槽管理士免状の交付，再交付又は書換えを受けようとする者
　　五　浄化槽管理士試験を受けようとする者

2　前項の規定により指定試験機関に納付された手数料は，指定試験機関の収入とする．

（浄化槽の設置の援助）

第51条 国又は地方公共団体は，浄化槽の設置について，必要があると認める場合には，所要の援助その他必要な措置を講ずるように努めるものとする．

（市町村し尿処理施設の利用）

第52条 市町村は，当該市町村の区域内で収集された浄化槽内に生じた汚泥，スカム等について，当該市町村のし尿処理施設で処理するように努めなければならない．

（報告徴収，立入検査等）

第53条 当該行政庁は，この法律の施行に必要な限度において，次に掲げる者に，その管理する浄化槽の保守点検若しくは浄化槽の清掃又は業務に関し報告させることができる．

　一　浄化槽管理者

　二　浄化槽製造業者

　三　浄化槽工事業者

　四　浄化槽清掃業者

　五　第10条第3項の規定により委託を受けた浄化槽の保守点検を業とする者又は浄化槽管理士

　六　指定検査機関

　七　第42条第1項第2号又は第45条第1項第2号に規定する指定講習機関

　八　第43条第4項又は第46条第4項に規定する指定試験機関

2 当該行政庁は，この法律を施行するため特に必要があると認めるときは，その職員に，前項各号に掲げる者の事務所若しくは事業場又は浄化槽のある土地若しくは建物に立ち入り，帳簿書類その他の物件を検査させ，又は関係者に質問させることができる．ただし，住居に立ち入る場合においては，あらかじめ，その居住者の承諾を得なければならない．

3 前項の場合には，当該職員は，その身分を示す証明書を携帯し，かつ，関係者の請求があるときは，これを提示しなければならない．

4 第2項の権限は，犯罪捜査のために認められたものと解釈してはならない．

（協議会）

第54条 都道府県及び市町村は，浄化槽管理者に対する支援，公共浄化槽の設置等，浄化槽台帳の作成その他のその都道府県又は市町村の区域における浄化槽による汚水の適正な処理の促進に関し必要な協議を行うため，環境省令で定めるところにより，当該都道府県又は市町村，関係地方公共団体及び浄化槽管理者，浄化槽工事業者，浄化槽清掃業者，第48条第1項の登録を受けた浄化槽の保守点検を業とする者，指定検査機関その他の当該都道府県又は市町村が必要と認める者により構成される

協議会（次項及び第 3 項において単に「協議会」という．）を組織することができる．

2　協議会において協議が調つた事項については，協議会の構成員は，その協議の結果を尊重しなければならない．

3　前 2 項に定めるもののほか，協議会の組織及び運営に関し必要な事項は，協議会が定める．

（聴聞の方法の特例）

第 55 条　次に掲げる処分に係る聴聞の期日における審理は，公開により行わなければならない．

一　第 18 条第 1 項，第 2 項又は第 3 項の規定による認定の取消し

二　第 32 条第 2 項の規定による浄化槽工事業者の登録の取消し

三　第 41 条第 2 項の規定による浄化槽清掃業者の許可の取消し

四　第 42 条第 3 項の規定による浄化槽設備士免状の返納命令

五　第 43 条の 12（第 46 条の 2 において準用する場合を含む．）の規定による指定試験機関の指定の取消し

六　第 43 条の 25（第 46 条の 2 において準用する場合を含む．）の規定による指定講習機関の指定の取消し

七　第 45 条第 3 項の規定による浄化槽管理士免状の返納命令

（権限の委任）

第 56 条　この法律に規定する国土交通大臣の権限は，国土交通省令で定めるところにより，その一部を地方整備局長又は北海道開発局長に委任することができる．

2　この法律に規定する環境大臣の権限は，環境省令で定めるところにより，その一部を地方環境事務所長に委任することができる．

（指定検査機関）

第 57 条　都道府県知事は，当該都道府県の区域において第 7 条第 1 項及び第 11 条第 1 項本文の水質に関する検査の業務を行う者を指定する．

2　都道府県知事は，前項の指定をしたときは，環境省令で定める事項を公示しなければならない．

3　第 1 項の指定の手続その他指定検査機関に関し必要な事項は，環境省令で定める．

（経過措置）

第 58 条　この法律の規定に基づき，命令を制定し，又は改廃する場合においては，その命令で，その制定又は改廃に伴い合理的に必要と判断される範囲内において，所要の経過措置（罰則に関する経過措置を含む．）を定めることができる．

第11章　罰則

第59条　次の各号のいずれかに該当する者は，1年以下の懲役又は150万円以下の罰金に処する．

一　第13条第1項の規定に違反して認定を受けた型式の浄化槽以外の浄化槽を製造した者

二　第17条第3項の規定に違反して浄化槽を輸入した者

三　第21条第1項又は第3項の登録を受けないで浄化槽工事業を営んだ者

四　不正の手段により第21条第1項又は第3項の登録を受けた者

五　第32条第2項又は第41条第2項の規定による命令に違反した者

六　第35条第1項の許可を受けないで浄化槽清掃業を営んだ者

七　不正の手段により第35条第1項の許可を受けた者

第60条　第43条の8第1項（第46条の2において準用する場合を含む．）の規定に違反して，試験事務（第43条第4項又は第46条第4項に規定する試験事務をいう．以下同じ．）に関して知り得た秘密を漏らした者は，1年以下の懲役又は100万円以下の罰金に処する．

第61条　第43条の12第2項又は第43条の25第2項（これらの規定を第46条の2において準用する場合を含む．）の規定による試験事務又は講習業務（第43条の18第3項第2号（第46条の2において準用する場合を含む．）に規定する講習業務をいう．以下同じ．）の停止命令に違反したときは，その違反行為をした指定試験機関又は指定講習機関の役員又は職員は，1年以下の懲役又は100万円以下の罰金に処する．

第62条　第12条第2項の規定による命令に違反した者は，6月以下の懲役又は100万円以下の罰金に処する．

第63条　次の各号のいずれかに該当する者は，3月以下の懲役又は50万円以下の罰金に処する．

一　第5条第1項の規定による届出をせず，又は虚偽の届出をした者

二　第5条第3項の規定による命令に違反した者

第64条　次の各号のいずれかに該当する者は，30万円以下の罰金に処する．

一　第5条第4項の規定に違反して浄化槽工事を施工した者

二　第10条第2項の規定に違反して技術管理者を置かなかつた者

三　第12条の8第3項（第12条の10第2項において準用する場合を含む．）の規定による命令に違反した者

四　第12条の10第1項の規定に違反して承認を受けないで排水設備を設置した者

五　第12条の12第1項の規定による検査を拒み，妨げ，又は忌避した者

六　第12条の15第6項の規定に違反して土地の立入りを拒み，又は妨げた者

七　第12条の16第1項の規定に違反して排水設備の使用を廃止した者

八　第17条第1項の規定に違反して表示を付さなかつた者

九　第17条第2項の規定に違反して表示を付した者

十　第29条第2項の規定に違反して措置をとらなかつた者

十一　第29条第3項の規定に違反して浄化槽工事を行つた者

十二　第31条又は第40条の規定に違反して帳簿を備えず，帳簿に記載せず，若しくは虚偽の記載をし，又は帳簿を保存しなかつた者

十三　第43条第5項又は第46条第5項の規定に違反して故意に不正の採点をした者

十四　第44条又は第47条の規定に違反した者

十五　第53条第1項（第7号又は第8号に係る部分を除く．）の規定による報告をせず，又は虚偽の報告をした者

十六　第53条第2項（同条第1項第7号又は第8号に掲げる者に係る部分を除く．以下この号において同じ．）の規定による検査を拒み，妨げ，若しくは忌避し，又は同条第2項の規定による質問に対して答弁をせず，若しくは虚偽の答弁をした者

第65条　次の各号のいずれかに該当するときは，その違反行為をした指定試験機関又は指定講習機関の役員及び職員は，30万円以下の罰金に処する．

一　第43条の9又は第43条の22（これらの規定を第46条の2において準用する場合を含む．）の規定に違反して帳簿を備えず，帳簿に記載せず，若しくは虚偽の記載をし，又は帳簿を保存しなかつたとき．

二　第43条の11又は第43条の24（これらの規定を第46条の2において準用する場合を含む．）の許可を受けないで試験事務又は講習業務の全部を廃止したとき．

三　第53条第1項（第7号又は第8号に係る部分に限る．）の規定による報告をせず，又は虚偽の報告をしたとき．

四　第53条第2項（同条第1項第7号又は第8号に掲げる者に係る部分に限る．以下この号において同じ．）の規定による検査を拒み，妨げ，若しくは忌避し，又は同条第2項の規定による質問に対して答弁をせず，若しくは虚偽の答弁をしたとき．

第66条　法人の代表者又は法人若しくは人の代理人，使用人その他の従業者が，その法人又は人の業務に関し，第59条，第62条，第63条及び第64条（第13号

を除く.）の違反行為をしたときは，行為者を罰するほか，その法人又は人に対しても，各本条の罰金刑を科する.

第66条の2 第7条の2第3項又は第12条の2第3項の規定による命令に違反した者は，30万円以下の過料に処する.

第67条 次の各号のいずれかに該当する者は，20万円以下の過料に処する.

一　第14条第3項，第25条第1項，第26条，第33条第3項，第37条又は第38条の規定による届出をせず，又は虚偽の届出をした者

二　第28条第1項後段の規定による通知をしなかつた者

三　第30条又は第39条の規定に違反して標識を掲げない者

四　正当な理由がないのに，第42条第3項又は第45条第3項の規定による命令に違反して浄化槽設備士免状又は浄化槽管理士免状を返納しなかつた者

第68条 次の各号のいずれかに該当する者は，5万円以下の過料に処する.

一　第11条の2第1項の規定による届出をする場合において虚偽の届出をした者

二　第11条の2第2項，第11条の3，第12条の11又は第12条の16第2項の規定による届出をせず，又は虚偽の届出をした者

附則（略）

浄化槽法施行令（抄）

平成 13 年 9 月 19 日政令第 310 号

最終改正：令和 5 年 2 月 3 日政令第 30 号

　内閣は，浄化槽法（昭和 58 年法律第 43 号）第 10 条第 2 項，第 46 条の 2 及び第 50 条第 1 項の規定に基づき，この政令を制定する．

（技術管理者を置かなければならない浄化槽の規模）

第 1 条　浄化槽法(以下「法」という.)第 10 条第 2 項の政令で定める規模の浄化槽は，建築基準法施行令（昭和 25 年政令第 338 号）第 32 条第 1 項第 1 号の表に規定する方法により算定した処理対象人員が 501 人以上の浄化槽とする．

第 2 条　（浄化槽管理士試験に係る指定試験機関等に関する読替え）（略）

（手数料）

第 3 条　法第 50 条第 1 項の規定により次の各号に掲げる者が納付しなければならない手数料の額は，それぞれ当該各号に定める額とする．

　一　法第 16 条の認定の更新を受けようとする者（次号に掲げる者を除く.）　1 万円

　二　既に法第 13 条第 1 項又は第 2 項の認定を受けている型式（以下この号において「既認定型式」という.）と国土交通大臣が定める基準からみて重要でない部分のみが異なる型式（当該既認定型式が既に法第 16 条の認定の更新を受けているものに限る.）について法第 16 条の認定の更新を受けようとする者　1 万円を超えない範囲内において実費を勘案して国土交通大臣が定める額

　三　浄化槽設備士免状の交付，再交付又は書換えを受けようとする者　2300 円

　四　浄化槽設備士試験を受けようとする者　3 万 1700 円

　五　浄化槽管理士免状の交付，再交付又は書換えを受けようとする者　2300 円

　六　浄化槽管理士試験を受けようとする者　2 万 3600 円

2　前項に規定する手数料は，これを納付した後においては，返還しない．

附則（略）

環境省関係浄化槽法施行規則

昭和 59 年 3 月 30 日厚生省令第 17 号

最終改正：令和 4 年 2 月 28 日環境省令第 2 号

　浄化槽法（昭和 58 年法律第 43 号）第 3 条第 2 項，第 4 条第 5 項及び第 6 項，第 10 条第 1 項，第 45 条第 1 項第 2 号及び第 4 項並びに第 46 条第 5 項の規定に基づき，並びに同法を実施するため，厚生省関係浄化槽法施行規則を次のように定める．

第1章　浄化槽の保守点検及び清掃等

（使用に関する準則）

第1条　浄化槽法（以下「法」という．）第 3 条第 3 項の規定による浄化槽の使用に関する準則は，次のとおりとする．

　一　し尿を洗い流す水は，適正量とすること．

　二　殺虫剤，洗剤，防臭剤，油脂類，紙おむつ，衛生用品等であつて，浄化槽の正常な機能を妨げるものは，流入させないこと．

　三　法第 3 条の 2 第 2 項又は浄化槽法の一部を改正する法律（平成 12 年法律第 106 号）附則第 2 条の規定により浄化槽とみなされたもの（以下「みなし浄化槽」という．）にあつては，雑排水を流入させないこと．

　四　浄化槽（みなし浄化槽を除く．第 6 条第 2 項において同じ．）にあつては，工場廃水，雨水その他の特殊な排水を流入させないこと．

　五　電気設備を有する浄化槽にあつては，電源を切らないこと．

　六　浄化槽の上部又は周辺には，保守点検又は清掃に支障を及ぼすおそれのある構造物を設けないこと．

　七　浄化槽の上部には，その機能に支障を及ぼすおそれのある荷重をかけないこと．

　八　通気装置の開口部をふさがないこと．

　九　浄化槽に故障又は異常を認めたときは，直ちに，浄化槽管理者にその旨を通報すること．

（放流水の水質の技術上の基準）

第1条の2　法第 4 条第 1 項の規定による浄化槽からの放流水の水質の技術上の基準は，浄化槽からの放流水の生物化学的酸素要求量が 1 リットルにつき 20mg 以下であること及び浄化槽への流入水の生物化学的酸素要求量の数値から浄化槽からの放流水の生物化学的酸素要求量の数値を減じた数値を浄化槽への流入水の生物化学的酸素要求量の数値で除して得た割合が 90％以上であることとする．ただし，

[377]

みなし浄化槽については，この限りでない．

（保守点検の技術上の基準）

第2条 法第4条第7項の規定による浄化槽の保守点検の技術上の基準は，次のとおりとする．

一 浄化槽の正常な機能を維持するため，次に掲げる事項を点検すること．

　　イ 第1条の準則の遵守の状況

　　ロ 流入管きよと槽の接続及び放流管きよと槽の接続の状況

　　ハ 槽の水平の保持の状況

　　ニ 流入管きよにおけるし尿，雑排水等の流れ方の状況

　　ホ 単位装置及び附属機器類の設置の位置の状況

　　ヘ スカムの生成，汚泥等の堆積，スクリーンの目づまり，生物膜の生成その他単位装置及び附属機器類の機能の状況

二 流入管きよ，インバート升，移流管，移流口，越流ぜき，流出口及び放流管きよに異物等が付着しないようにし，並びにスクリーンが閉塞しないようにすること．

三 流量調整タンク又は流量調整槽及び中間流量調整槽にあつては，ポンプ作動水位及び計量装置の調整を行い，汚水を安定して移送できるようにすること．

四 ばつ気装置及びかくはん装置にあつては，散気装置が目づまりしないようにし，又は機械かくはん装置に異物等が付着しないようにすること．

五 駆動装置及びポンプ設備にあつては，常時又は一定の時間ごとに，作動するようにすること．

六 嫌気ろ床槽及び脱窒ろ床槽にあつては，死水域が生じないようにし，及び異常な水位の上昇が生じないようにすること．

七 接触ばつ気室又は接触ばつ気槽，硝化用接触槽，脱窒用接触槽及び再ばつ気槽にあつては，溶存酸素量が適正に保持されるようにし，及び死水域が生じないようにすること．

八 ばつ気タンク，ばつ気室又はばつ気槽，流路，硝化槽及び脱窒槽にあつては，溶存酸素量及び混合液浮遊物質濃度が適正に保持されるようにすること．

九 散水ろ床型二次処理装置又は散水ろ床にあつては，ろ床に均等な散水が行われ，及びろ床に嫌気性変化が生じないようにすること．

十 平面酸化型二次処理装置にあつては，流水部に均等に流水するようにし，及び流水部に異物等が付着しないようにすること．

十一 汚泥返送装置又は汚泥移送装置及び循環装置にあつては，適正に作動するようにすること．

十二　砂ろ過装置及び活性炭吸着装置にあつては，通水量が適正に保持され，及び
　　　ろ材又は活性炭の洗浄若しくは交換が適切な頻度で行われるようにすること．

十三　汚泥濃縮装置及び汚泥脱水装置にあつては，適正に作動するようにすること．

十四　吸着剤，凝集剤，水素イオン濃度調整剤，水素供与体その他の薬剤を使用す
　　　る場合には，その供給量を適度に調整すること．

十五　悪臭並びに騒音及び振動により周囲の生活環境を損なわないようにし，及び
　　　蚊，はえ等の発生の防止に必要な措置を講じること．

十六　放流水（地下浸透方式の浄化槽からの流出水を除く．）は，環境衛生上の支
　　　障が生じないように消毒されるようにすること．

十七　水量又は水質を測定し，若しくは記録する機器にあつては，適正に作動する
　　　ようにすること．

十八　前各号のほか，浄化槽の正常な機能を維持するため，必要な措置を講じるこ
　　　と．

（清掃の技術上の基準）

第3条　法第4条第8項の規定による浄化槽の清掃の技術上の基準は，次のとおり
とする．

　一　多室型，二階タンク型又は変型二階タンク型一次処理装置，沈殿分離タンク又
　　　は沈殿分離室，多室型又は変型多室型腐敗室，単純ばつ気型二次処理装置，別置
　　　型沈殿室，汚泥貯留タンクを有しない浄化槽の沈殿池及び汚泥貯留タンク又は汚
　　　泥貯留槽の汚泥，スカム，中間水等の引き出しは，全量とすること．

　二　汚泥濃縮貯留タンク又は汚泥濃縮貯留槽の汚泥，スカム等の引き出しは，脱離
　　　液を流量調整槽，脱窒槽又はばつ気タンク若しくはばつ気槽に移送した後の全量
　　　とすること．

　三　嫌気ろ床槽及び脱窒ろ床槽の汚泥，スカム等の引き出しは，第一室にあつては
　　　全量とし，第一室以外の室にあつては適正量とすること．

　四　二階タンク，沈殿分離槽，流量調整タンク又は流量調整槽，中間流量調整槽，
　　　汚泥移送装置を有しない浄化槽の接触ばつ気室又は接触ばつ気槽，回転板接触槽，
　　　凝集槽，汚泥貯留タンクを有する浄化槽の沈殿池，重力返送式沈殿室又は重力移
　　　送式沈殿室若しくは重力移送式沈殿槽及び消毒タンク，消毒室又は消毒槽の汚泥，
　　　スカム等の引き出しは，適正量とすること．

　五　汚泥貯留タンクを有しない浄化槽のばつ気タンク，流路及びばつ気室の汚泥の
　　　引き出しは，張り水後のばつ気タンク，流路及びばつ気室の混合液浮遊物質濃度
　　　が適正に保持されるように行うこと．

　六　第1号から第5号までの規定にかかわらず，使用の休止に当たつて清掃をす

る場合には，汚泥，スカム，中間水等の引き出しは全量とすること．

七　前各号に規定する引き出しの後，必要に応じて単位装置及び附属機器類の洗浄，掃除等を行うこと．

八　散水ろ床型二次処理装置又は散水ろ床及び平面酸化型二次処理装置にあつては，ろ床の生物膜の機能を阻害しないように，付着物を引き出し，洗浄すること．

九　地下砂ろ過型二次処理装置にあつては，ろ層を洗浄すること．

十　流入管きよ，インバート升，スクリーン，排砂槽，移流管，移流口，越流ぜき，散気装置，機械かくはん装置，流出口及び放流管きよにあつては，付着物，沈殿物等を引き出し，洗浄，掃除等を行うこと．

十一　槽内の洗浄に使用した水は，引き出すこと．ただし，使用の休止に当たつて清掃をする場合を除き，嫌気ろ床槽，脱室ろ床槽，消毒タンク，消毒室又は消毒槽以外の部分の洗浄に使用した水は，一次処理装置，二階タンク，腐敗室又は沈殿分離タンク，沈殿分離室若しくは沈殿分離槽の張り水として使用することができる．

十二　単純ばつ気型二次処理装置，流路，ばつ気室，汚泥貯留タンクを有しない浄化槽のばつ気タンク，汚泥移送装置を有しない浄化槽の接触ばつ気室又は接触ばつ気槽，回転板接触槽，凝集槽，汚泥貯留タンクを有しない浄化槽の沈殿池及び別置型沈殿室の張り水には，水道水等を使用すること．

十三　使用の休止に当たつて清掃をする場合には，一次処理装置，二階タンク，腐敗室又は沈殿分離タンク，沈殿分離室及び沈殿分離槽の張り水には，水道水等を使用すること．

十四　引き出し後の汚泥，スカム等が適正に処理されるよう必要な措置を講じること．

十五　前各号のほか，浄化槽の正常な機能を維持するため，必要な措置を講じること．

（設置後等の水質検査の内容等）

第4条　法第7条第1項の環境省令で定める期間は，使用開始後3月を経過した日から5月間とする．

2　法第7条第1項の規定による設置後等の水質検査の項目，方法その他必要な事項は，環境大臣が定めるところによるものとする．

3　浄化槽管理者は，設置後等の水質検査に係る手続きを，当該浄化槽を設置する浄化槽工事業者に委託することができる．

（設置後等の水質検査の報告）

第4条の2　法第7条第2項の規定による報告は，毎月末までに，その前月中に実

施した設置後等の水質検査について行わなければならない.

2　法第7条第2項の環境省令で定める事項は,次のとおりとする.

一　設置後等の水質検査を行つた年月日

二　浄化槽管理者の氏名又は名称及び住所

三　設置場所

四　法第13条第1項又は第2項の認定を受けている浄化槽にあつては,当該浄化槽を製造した者の氏名又は名称及び浄化槽の名称

五　浄化槽工事及び保守点検を行つた者の氏名又は名称（設置後等の水質検査の前に清掃を行つた場合にあつては,当該清掃を行つた者の氏名又は名称を含む.）

六　設置後等の水質検査の結果（浄化槽の機能に障害が生じ,又は生ずるおそれがあると認められる場合にあつては,その原因を含む.）

（保守点検の時期及び記録等）

第5条　浄化槽管理者は,法第10条第1項の規定による最初の保守点検を,浄化槽の使用開始の直前に行うものとする.

2　浄化槽管理者は,法第10条第1項の規定による保守点検又は清掃の記録を作成しなければならない.ただし,法第10条第3項の規定により保守点検又は清掃を委託した場合には,当該委託を受けた者（以下この条において「受託者」という.）は,保守点検又は清掃の記録を作成し,浄化槽管理者に交付しなければならない.

3　受託者は,前項ただし書の規定による保守点検の記録を交付しようとするとき（次項の規定により保守点検の記録に記載すべき事項を提供しようとするときを含む.）は,浄化槽管理者に対し,その内容を説明しなければならない.

4　受託者は,第2項ただし書の規定による保守点検又は清掃の記録の交付に代えて,第6項の定めるところにより,当該浄化槽管理者の承諾を得て,当該記録に記載すべき事項を電子情報処理組織を使用する方法その他の情報通信の技術を利用する方法であつて次に掲げるもの（以下この条において「電磁的方法」という.）により提供することができる.この場合において,当該受託者は,当該記録の交付をしたものとみなす.

一　電子情報処理組織（受託者の使用に係る電子計算機と浄化槽管理者の使用に係る電子計算機とを電気通信回線で接続した電子情報処理組織をいう.）を使用する方法のうちイ又はロに掲げるもの

イ　受託者の使用に係る電子計算機と浄化槽管理者の使用に係る電子計算機とを接続する電気通信回線を通じて送信し,受信者の使用に係る電子計算機に備えられたファイルに記録する方法

ロ　受託者の使用に係る電子計算機に備えられたファイルに記録された保守点検

又は清掃の記録に記載すべき事項を電気通信回線を通じて浄化槽管理者の閲覧に供し，当該浄化槽管理者の使用に係る電子計算機に備えられたファイルに当該事項を記録する方法（電磁的方法による提供を受ける旨の承諾又は受けない旨の申出を行う場合にあつては，受託者の使用に係る電子計算機に備えられたファイルにその旨を記録する方法）

二　磁気ディスク，シー・ディー・ロムその他これらに準ずる方法により一定の事項を確実に記録しておくことができる物（第36条及び第50条において「磁気ディスク等」という．）をもつて調製するファイルに保守点検又は清掃の記録に記載すべき事項を記録したものを交付する方法

5　前項に規定する方法は，浄化槽管理者がファイルへの記録を出力することにより書面を作成することができるものでなければならない．

6　受託者は，第4項の規定により保守点検又は清掃の記録に記載すべき事項を提供しようとするときは，あらかじめ，当該浄化槽管理者に対し，その用いる次に掲げる電磁的方法の種類及び内容を示し，書面又は電磁的方法による承諾を得なければならない．

一　第4項各号に規定する方法のうち受託者が使用するもの

二　ファイルへの記録の方式

7　前項の規定による承諾を得た受託者は，当該浄化槽管理者から書面又は電磁的方法により電磁的方法による提供を受けない旨の申出があつたときは，当該浄化槽管理者に対し，保守点検又は清掃の記録に記載すべき事項を電磁的方法により提供してはならない．ただし，当該浄化槽管理者が再び前項の規定による承諾をした場合には，この限りではない．

8　浄化槽管理者は，第2項本文の規定により作成した保守点検若しくは清掃の記録又は同項ただし書の規定により交付された保守点検若しくは清掃の記録若しくは第4項に規定する電磁的方法により提供された電磁的記録（電子的方式，磁気的方式その他人の知覚によつては認識することができない方式により作成される保守点検又は清掃の記録であつて，電子計算機による情報処理の用に供されるものをいう．次項において同じ．）を3年間保存しなければならない．

9　受託者は，第2項ただし書の規定により作成した保守点検若しくは清掃の記録の写し又は第4項に規定する電磁的方法により作成された電磁的記録を3年間保存しなければならない．

（保守点検の回数の特例）

第6条　みなし浄化槽に関する法第10条第1項の規定による保守点検の回数は，通常の使用状態において，次の表に掲げる期間ごとに1回以上とする．

処理方式	浄化槽の種類		期間
全ばつ気方式	1	処理対象人員が20人以下の浄化槽	3月
	2	処理対象人員が21人以上300人以下の浄化槽	2月
	3	処理対象人員が301人以上の浄化槽	1月
分離接触ばつ気方式，分離ばつ気方式又は単純ばつ気方式	1	処理対象人員が20人以下の浄化槽	4月
	2	処理対象人員が21人以上300人以下の浄化槽	3月
	3	処理対象人員が301人以上の浄化槽	2月
散水ろ床方式，平面酸化床方式又は地下砂ろ過方式			6月

備考）この表における処理対象人員の算定は，日本産業規格「建築物の用途別によるし（屎）尿浄化槽の処理対象人員算定基準（JIS A 3302）」に定めるところによるものとする．この場合において，1未満の端数は，切り上げるものとする．

2　浄化槽に関する法第10条第1項の規定による保守点検の回数は，通常の使用状態において，次の表に掲げる期間ごとに1回以上とする．

処理方式	浄化槽の種類		期間
分離接触ばつ気方式，嫌気ろ床接触ばつ気方式又は脱窒ろ床接触ばつ気方式	1	処理対象人員が20人以下の浄化槽	4月
	2	処理対象人員が21人以上50人以下の浄化槽	3月
活性汚泥方式			1週
回転板接触方式，接触ばつ気方式又は散水ろ床方式	1	砂ろ過装置，活性炭吸着装置又は凝集槽を有する浄化槽	1週
	2	スクリーン及び流量調整タンク又は流量調整槽を有する浄化槽（1に掲げるものを除く．）	2週
	3	1及び2に掲げる浄化槽以外の浄化槽	3月

備考）この表における処理対象人員の算定は，日本産業規格「建築物の用途別によるし（屎）尿浄化槽の処理対象人員算定基準（JIS A 3302）」に定めるところによるものとする．この場合において，1未満の端数は，切り上げるものとする．

3　環境大臣が定める浄化槽については，前2項の規定にかかわらず，環境大臣が定める回数とする．

4　法第11条の2第2項の規定による再開の届出に当たって保守点検が行われたときは，前3項の規定の適用については，これを法第10条第1項に基づく保守点検とみなす．

5　駆動装置又はポンプ設備の作動状況の点検及び消毒剤の補給は，前4項の規定にかかわらず，必要に応じて行うものとする．

（清掃の回数の特例）

第7条　法第10条第1項の規定による清掃の回数は，全ばつ気方式の浄化槽にあっては，おおむね6月ごとに1回以上とする．

（技術管理者の資格）

第8条 法第10条第2項の規定による技術管理者の資格は，浄化槽管理士の資格を有し，かつ，同項に規定する政令で定める規模の浄化槽の保守点検及び清掃に関する技術上の業務に関し2年以上実務に従事した経験を有する者又はこれと同等以上の知識及び技能を有すると認められる者であることとする．

（報告の記載事項）

第8条の2 法第10条の2第1項の環境省令で定める事項は，次のとおりとする．

一　氏名又は名称及び住所並びに法人にあつては，その代表者の氏名

二　浄化槽の規模

三　設置場所

四　設置の届出の年月日

五　使用開始年月日

六　法第10条第2項に規定する政令で定める規模の浄化槽にあつては，技術管理者の氏名

2　法第10条の2第2項の環境省令で定める事項は，次のとおりとする．

一　氏名又は名称及び住所並びに法人にあつては，その代表者の氏名

二　設置場所

三　変更後の技術管理者の氏名

四　変更年月日

3　法第10条の2第3項の環境省令で定める事項は，次のとおりとする．

一　氏名又は名称及び住所並びに法人にあつては，その代表者の氏名

二　設置場所

三　変更前の浄化槽管理者の氏名又は名称

四　変更年月日

（期限の特例）

第8条の3 法第10条の2に規定する報告書の提出の期限が地方自治法（昭和22年法律第67号）第4条の2第1項に規定する地方公共団体の休日に当たるときは，地方公共団体の休日の翌日をもつてその期限とみなす．

（定期検査の内容等）

第9条 法第11条第1項の規定による定期検査の項目，方法その他必要な事項は，環境大臣が定めるところによるものとする．

2　浄化槽管理者は，定期検査に係る手続きを，当該浄化槽の保守点検又は清掃を行う者に委託することができる．

（定期検査の報告）

第9条の2　第4条の2の規定は，法第11条第2項において準用する法第7条第2項の規定による報告について準用する．この場合において，第4条の2中「設置後等の水質検査」とあるのは「定期検査」と，同条第2項第5号中「浄化槽工事及び保守点検を行つた者の氏名又は名称（設置後等の水質検査の前に清掃を行つた場合にあつては，当該清掃を行つた者の氏名又は名称を含む．）」とあるのは「前回の定期検査（定期検査を受けたことのない浄化槽にあつては，設置後等の水質検査）の後に保守点検及び清掃を行つた者の氏名又は名称」と読み替えるものとする．

（使用の休止の届出）

第9条の3　法第11条の2第1項の規定による休止の届出は，様式第一号の届出書に，清掃の記録を添えて行うものとする．

（使用の再開の届出）

第9条の4　法第11条の2第2項の規定による再開の届出は，様式第一号の二の届出書を提出することにより行うものとする．

（廃止の届出）

第9条の5　法第11条の3の規定による届出は，様式第一号の三の届出書を提出することにより行うものとする．

第1章の2　浄化槽処理促進区域

（浄化槽処理促進区域の指定の公告）

第9条の6　法第12条の4第3項の規定による公告は，浄化槽処理促進区域の位置及び区域について，市町村長が定める方法で行うものとする．

2　前項の公告は，市町村長が定める方法により表示する図面で行うものとする．

（設置等）

第9条の7　市町村は，法第12条の5第3項の規定による同意を得ようとするときは，浄化槽が設置される土地の所有者及び当該浄化槽で汚水を処理させる建築物の所有者に対し，設置計画の概要を記した文書を交付して説明を行い，書面により同意を得なければならない．

第9条の8　市町村は，法第12条の6の規定による浄化槽の管理を行おうとするときは，寄贈又は寄託を受けることにつき，当該浄化槽の所有者から書面により同意を得なければならない．

（排水設備の設置の承認）

第9条の9　法第12条の10第1項の承認の申請は，次に掲げる事項を記載した書面によらなければならない．

一　汚水を公共浄化槽に流入させるために必要な排水設備を設置しようとする建築物の所有者の氏名又は名称

二　当該建築物の所在地及び用途

三　処理対象人員及び算定根拠

（使用の開始の届出）

第9条の10　法第12条の11の規定による届出は，使用開始年月日を記載した届出書を提出することにより行うものとする．

（排水設備の使用廃止の届出）

第9条の11　法第12条の16第2項の規定による届出は，建築物の撤去予定年月日を記載した届出書を提出することにより行うものとする．

第1章の3　浄化槽清掃業の許可

（浄化槽清掃業の許可の申請）

第10条　法第35条第3項の規定による申請書は，次に掲げる事項を記載したものとする．

一　氏名又は名称及び住所並びに法人にあつては，その代表者の氏名

二　営業所の所在地

三　事業の用に供する施設の概要

2　前項の申請書に添付しなければならない書類は，次に掲げるものとする．

一　清掃業許可申請者が法人である場合には，その法人の定款又は寄附行為及び登記事項証明書

二　清掃業許可申請者が個人である場合には，その住民票の写し

三　清掃業許可申請者（清掃業許可申請者が浄化槽清掃業に係る営業に関し成年者と同一の行為能力を有しない未成年者又は法人である場合には，その法定代理人（法定代理人が法人である場合においては，その役員を含む．）又はその役員を含む．）が法第36条第2号イからニまで及びへからチまでのいずれにも該当しない旨を記載した書類

四　清掃業許可申請者が次条第4号に該当する旨を記載した書類

五　前各号に掲げるもののほか市町村長が必要と認める書類

（浄化槽清掃業の許可の技術上の基準）

第11条　法第36条第1号の規定による技術上の基準は，次のとおりとする．

一　スカム及び汚泥厚測定器具並びに自吸式ポンプその他の浄化槽内に生じた汚泥，スカム等の引出しに適する器具を有していること．

二　温度計，透視度計，水素イオン濃度指数測定器具，汚泥沈殿試験器具その他の

浄化槽内に生じた汚泥，スカム等の引出し後の槽内の汚泥等の調整に適する器具を有していること．

三　パイプ及びスロット掃除器具並びにろ床洗浄器具その他の浄化槽内に生じた汚泥，スカム等の引出し後の槽内の汚泥等の調整に伴う単位装置及び附属機器類の洗浄，掃除等に適する器具を有していること．

四　浄化槽の清掃に関する専門的知識，技能及び2年以上実務に従事した経験を有していること．

（変更の届出の方法）

第12条　法第37条の規定による変更の届出は，第10条に定める申請書又は添付書類の記載事項のうち変更があつたものにつき，その内容及び変更年月日を記載した届出書を提出することにより行うものとする．

（標識の記載事項等）

第13条　法第39条の規定による標識の記載事項は，次のとおりとする．

一　氏名又は名称及び法人にあつては，その代表者の氏名

二　許可を行つた市町村長名

三　許可番号，許可年月日及び許可の期間

2　法第39条の規定により浄化槽清掃業者が掲げる標識は，様式第一号の四によるものとする．

（帳簿の記載事項等）

第14条　法第40条の規定による帳簿の記載事項は，次のとおりとする．

一　清掃年月日

二　清掃を行つた浄化槽の浄化槽管理者の氏名又は名称及び当該浄化槽の設置場所

2　前項の帳簿は，毎月末までに，前月中における前項に規定する事項について，記載を終了していなければならない．

3　第1項の帳簿の保存は，次によるものとする．

一　帳簿は，1年ごとに閉鎖すること．

二　帳簿は，閉鎖後5年間営業所ごとに保存すること．

第2章　浄化槽管理士免状

（免状の申請手続）

第15条　法第45条第1項の規定により浄化槽管理士免状（以下「免状」という．）の交付を受けようとする者は，様式第二号による申請書に次に掲げる書類を添えて，これを環境大臣に提出しなければならない．

一　戸籍の謄本若しくは抄本若しくは本籍の記載のある住民票の写し又はこれらに

代わる書面

二　法第 45 条第 1 項第 1 号に掲げる者にあつては，浄化槽管理士試験の合格証書の写し

三　法第 45 条第 1 項第 2 号に掲げる者にあつては，同号に規定する指定講習機関（以下「指定講習機関」という．）が行う浄化槽の保守点検に関して必要な知識及び技能に関する講習（以下「講習」という．）の修了証書の写し

（免状の様式）

第 16 条　法第 45 条第 1 項の規定により交付する免状の様式は，様式第三号による．

（免状の再交付）

第 17 条　免状の交付を受けている者は，免状を破り，汚し，又は失つたときは，環境大臣に免状の再交付を申請することができる．

2　前項の免状の再交付の申請書の様式は，様式第四号による．

3　免状を破り，又は汚した者が第 1 項の申請をする場合には，申請書にその免状を添えなければならない．

4　免状の交付を受けている者は，免状の再交付を受けた後，失つた免状を発見したときは，5 日以内に，これを環境大臣に返納しなければならない．

（免状の書換え）

第 18 条　免状の交付を受けている者は，免状の記載事項に変更を生じたときは，免状に戸籍の謄本若しくは抄本若しくは本籍の記載のある住民票の写し又はこれらに代わる書面を添えて，環境大臣に免状の書換えを申請することができる．

2　前項の免状の書換えの申請書の様式は，様式第五号による．

（免状の返納）

第 19 条　免状の交付を受けている者が死亡し，又は失そうの宣告を受けたときは，戸籍法（昭和 22 年法律第 224 号）に規定する死亡又は失そうの届出義務者は，1 月以内に，環境大臣に免状を返納しなければならない．

第 3 章　浄化槽管理士試験

（試験の公示）

第 20 条　環境大臣は，浄化槽管理士試験（以下「試験」という．）を行う期日及び場所並びに受験申請書の提出期限及び提出先を，あらかじめ，官報に公示しなければならない．

（試験科目）

第 21 条　試験の科目は，次のとおりとする．

一　浄化槽概論

　　二　浄化槽行政

　　三　浄化槽の構造及び機能

　　四　浄化槽工事概論

　　五　浄化槽の点検，調整及び修理

　　六　水質管理

　　七　浄化槽の清掃概論

（受験の申請）

第22条　試験を受けようとする者は，様式第六号による受験申請書に写真（申請前6月以内に脱帽して正面から撮影した縦6cm横4cmのもので，その裏面には撮影年月日及び氏名を記載すること．）を添えて，これを環境大臣（法第46条第4項に規定する指定試験機関（以下「指定試験機関」という．）が受験申請書の受理に関する事務を行う場合にあつては，当該指定試験機関）に提出しなければならない．

（合格証書の交付）

第23条　環境大臣（指定試験機関が合格証書の交付に関する事務を行う場合にあつては，当該指定試験機関）は，試験に合格した者に合格証書を交付しなければならない．

（合格証書の再交付）

第24条　合格証書の交付を受けた者は，合格証書を破り，汚し，又は失つたときは，環境大臣（指定試験機関が合格証書の再交付に関する事務を行う場合にあつては，当該指定試験機関）に合格証書の再交付を申請することができる．

（浄化槽管理士試験委員）

第25条　法第46条第3項の規定による浄化槽管理士試験委員（以下この条において「委員」という．）は，環境大臣が，学識経験のある者のうちから任命する．

2　委員の数は，30人以内とする．

3　委員の任期は，2年とする．ただし，補欠の委員の任期は，前任者の残任期間とする．

4　委員は，非常勤とする．

第4章　指定試験機関

（試験事務の範囲等）

第26条　環境大臣は，指定試験機関に試験の実施に関する事務（以下「試験事務」という．）の全部又は一部を行わせようとするときは，指定試験機関に行わせる当該試験事務の範囲及び実施の方法を定めるものとする．

2　環境大臣は，指定試験機関に試験事務の全部又は一部を行わせることとしたとき

は，当該試験事務の全部又は一部を行わないものとする．

（指定の申請）

第27条 法第46条第4項の規定による指定（第40条において「指定」という．）を受けようとする者は，次に掲げる事項を記載した申請書を環境大臣に提出しなければならない．

一　名称及び住所

二　試験事務を行おうとする事務所の名称及び所在地

三　行おうとする試験事務の範囲

四　試験事務を開始しようとする年月日

2　前項の申請書には，次に掲げる書類を添えなければならない．

一　定款又は寄付行為及び登記事項証明書

二　申請の日の属する事業年度の前事業年度における財産目録及び貸借対照表（申請の日の属する事業年度に設立された法人にあつては，その設立時における財産目録）

三　申請の日の属する事業年度及び翌事業年度の事業計画書及び収支予算書

四　申請に係る意思の決定を証する書類

五　役員の氏名及び略歴を記載した書類

六　組織及び運営に関する事項を記載した書類

七　試験事務を行おうとする事務所ごとの試験用設備の概要及び整備計画を記載した書類

八　現に行つている業務の概要を記載した書類

九　試験事務の実施の方法に関する計画を記載した書類

十　法第46条の2において準用する法第43条の6第1項に規定する試験委員（以下「試験委員」という．）の選任に関する事項を記載した書類

十一　法第46条の2において準用する法第43条の2第3項第4号の規定に関する役員の誓約書

十二　その他参考となる事項を記載した書類

（名称の変更等の届出）

第28条 指定試験機関は，その名称又は住所を変更しようとするときは，次に掲げる事項を記載した届出書を環境大臣に提出しなければならない．

一　変更後の指定試験機関の名称又は住所

二　変更しようとする年月日

三　変更の理由

2　指定試験機関は，試験事務を行う事務所を新設し，又は廃止しようとするときは，

次に掲げる事項を記載した届出書を環境大臣に提出しなければならない．

一　新設し，又は廃止しようとする事務所の名称及び所在地

二　新設し，又は廃止しようとする事務所において試験事務を開始し，又は廃止しようとする年月日

三　新設又は廃止の理由

（役員の選任及び解任の認可の申請）

第29条　指定試験機関は，法第46条の2において準用する法第43条の3第1項の認可を受けようとするときは，次に掲げる事項を記載した申請書を環境大臣に提出しなければならない．

一　役員として選任しようとする者又は解任しようとする者の氏名

二　選任又は解任の理由

三　選任の場合にあつては，その者の略歴

2　前項の場合において，選任の認可を受けようとするときは，同項の申請書に，当該選任に係る者の就任承諾書及び法第46条の2において準用する法第43条の2第3項第4号の規定に関する誓約書を添えなければならない．

（事業計画等の認可の申請）

第30条　指定試験機関は，法第46条の2において準用する法第43条の4第1項前段の認可を受けようとするときは，その旨を記載した申請書に，当該認可に係る事業計画書及び収支予算書を添え，これを環境大臣に提出しなければならない．

2　指定試験機関は，法第46条の2において準用する法第43条の4第1項後段の認可を受けようとするときは，次に掲げる事項を記載した申請書を環境大臣に提出しなければならない．

一　変更しようとする事項

二　変更しようとする年月日

三　変更の理由

（試験事務規程の認可の申請）

第31条　指定試験機関は，法第46条の2において準用する法第43条の5第1項前段の認可を受けようとするときは，その旨を記載した申請書に，当該認可に係る試験事務規程を添え，これを環境大臣に提出しなければならない．

2　指定試験機関は，法第46条の2において準用する法第43条の5第1項後段の認可を受けようとするときは，次に掲げる事項を記載した申請書を環境大臣に提出しなければならない．

一　変更しようとする事項

二　変更しようとする年月日

三　変更の理由

（試験事務規程の記載事項）

第32条　法第46条の2において準用する法第43条の5第2項の試験事務規程で定めるべき事項は，次のとおりとする．

　　一　試験事務を行う時間及び休日に関する事項

　　二　試験事務を行う事務所及び試験地に関する事項

　　三　試験事務の実施の方法に関する事項

　　四　受験手数料の収納の方法に関する事項

　　五　試験委員の選任及び解任に関する事項

　　六　試験事務に関する秘密の保持に関する事項

　　七　試験事務に関する帳簿及び書類の管理に関する事項

　　八　その他試験事務の実施に関し必要な事項

（試験委員の要件）

第33条　法第46条の2において準用する法第43条の6第2項の主務省令で定める要件は，次の各号のいずれかに該当する者であることとする．

　　一　学校教育法（昭和22年法律第26号）に基づく大学若しくは高等専門学校において化学，工学若しくは公衆衛生学に関する科目を担当する教授若しくは准教授の職にあり，又はあつた者

　　二　学校教育法に基づく大学若しくは高等専門学校において理科系統の正規の課程を修めて卒業した者（当該課程を修めて同法に基づく専門職大学の前期課程を修了した者を含む．）で，その後10年以上国，地方公共団体，一般社団法人又は一般財団法人その他これらに準ずるものの研究機関において浄化槽に関する研究に従事した経験を有するもの

　　三　国又は地方公共団体の職員又は職員であつた者で，浄化槽について専門的な知識を有するもの

　　四　環境大臣が前三号に掲げる者と同等以上の知識及び技能を有すると認める者

（試験委員の選任及び変更の届出）

第34条　法第46条の2において準用する法第43条の6第3項の規定による届出は，次に掲げる事項を記載した届出書によつて行わなければならない．

　　一　選任し，又は変更した試験委員の氏名及び略歴

　　二　選任し，又は変更した年月日

　　三　選任又は変更の理由

（受験停止の処分の報告）

第35条　指定試験機関は，試験に関する不正行為に関係のある者に対して，法第

46条の2において準用する法第43条の7第1項の規定によりその受験を停止させたときは，遅滞なく次に掲げる事項を記載した報告書を環境大臣に提出しなければならない．

一　処分を受けた者の氏名，生年月日及び住所

二　処分の内容及び処分を行つた年月日

三　不正の行為の内容

（帳簿）

第36条　法第46条の2において準用する法第43条の9の主務省令で定める事項は，次のとおりとする．

一　試験実施年月日

二　試験地

三　受験者の受験番号，氏名，生年月日，試験の成績及び合否の別並びに試験の合格者の合格証書の番号

四　合格した者に書面でその旨を通知した日（次条第1項において「合格通知日」という．）

2　前項各号に掲げる事項が電子計算機に備えられたファイル又は磁気ディスク等に記録され，必要に応じ電子計算機その他の機器を用いて明確に紙面に表示されるときは，当該記録をもつて法第46条の2において準用する法第43条の9に規定する帳簿への記載に代えることができる．

3　法第46条の2において準用する法第43条の9に規定する帳簿（前項の規定による記録が行われた同項のファイル又は磁気ディスク等を含む．）は，試験事務を廃止するまで保存しなければならない．

（試験事務の実施結果の報告）

第37条　指定試験機関は，試験事務を実施したときは，遅滞なく次に掲げる事項を記載した報告書を環境大臣に提出しなければならない．

一　試験実施年月日

二　試験地

三　受験申請者数

四　受験者数

五　合格者数

六　合格通知日

七　合否判定に関する資料

2　前項の報告書には，合格者の氏名，生年月日，住所及び合格証書の番号を記載した合格者一覧表を添えなければならない．

（試験事務の休廃止の許可の申請）

第 38 条　指定試験機関は，法第 46 条の 2 において準用する法第 43 条の 11 の許可を受けようとするときは，次に掲げる事項を記載した申請書を環境大臣に提出しなければならない．

一　休止し，又は廃止しようとする試験事務の範囲

二　休止し，又は廃止しようとする年月日及び休止しようとする場合にあつては，その期間

三　休止又は廃止の理由

（試験事務の引継ぎ等）

第 39 条　指定試験機関は，法第 46 条の 2 において準用する法第 43 条の 11 の許可を受けて試験事務の全部若しくは一部を廃止する場合，法第 46 条の 2 において準用する法第 43 条の 12 の規定により指定を取り消された場合又は法第 46 条の 2 において準用する法第 43 条の 15 第 2 項の規定により環境大臣が試験事務の全部若しくは一部を自ら行う場合には，次に掲げる事項を行わなければならない．

一　試験事務を環境大臣に引き継ぐこと．

二　試験事務に関する帳簿及び書類を環境大臣に引き継ぐこと．

三　その他環境大臣が必要と認める事項

（指定試験機関の指定）

第 40 条　指定試験機関の名称及び主たる事務所の所在地並びに指定をした日は，次のとおりとする．

名　称	主たる事務所の所在地	指定をした日
公益財団法人 日本環境整備教育センター	東京都墨田区菊川 2 丁目 23 番 3 号	昭和 59 年 9 月 8 日

第 5 章　浄化槽管理士に係る講習

（講習科目等）

第 41 条　講習の科目及び時間数は，次のとおりとする．

一　浄化槽概論　8 時間以上

二　浄化槽行政　4 時間以上

三　浄化槽の構造及び機能　22 時間以上

四　浄化槽工事概論　4 時間以上

五　浄化槽の点検，調整及び修理　30 時間以上

六　水質管理　10 時間以上

七　浄化槽の清掃概論　2 時間以上

2　浄化槽設備士の資格を有する者については，前項第 1 号及び第 4 号に掲げる科目

を免除する.

（講師の要件）

第42条　講習の講師は，前条の各号に掲げる科目のいずれかを教授するのに適当であると認められる者であることとする.

（講習の公示）

第43条　指定講習機関は，講習を行う期日及び場所その他講習の実施に関し必要な事項を，あらかじめ，官報に公示しなければならない.

（受講の申請）

第44条　講習を受けようとする者は，受講申請書に次に掲げる書類を添付して，これを指定講習機関に提出しなければならない.

一　申請前6月以内に撮影した無帽，正面，上半身，無背景の縦の長さ 4.5cm，横の長さ 3.5cm の写真でその裏面に氏名及び撮影年月日を記入したもの2枚

二　第41条第2項の規定による免除を受けようとする場合には，同項に規定する者に該当することを証する書類

（受講手数料）

第45条　受講手数料は，適当と認められる額であることとする.

（修了証書の交付）

第46条　指定講習機関は，講習を修了した者に修了証書を交付しなければならない.

（修了証書の再交付）

第47条　修了証書の交付を受けた者は，修了証書を破り，汚し，又は失つたときは，指定講習機関に修了証書の再交付を申請することができる.

（指定の申請）

第48条　法第45条第1項第2号の規定による指定（第52条において「指定」という.）を受けようとする者は，次に掲げる事項を記載した申請書を環境大臣に提出しなければならない.

一　名称及び住所

二　講習に関する業務（以下「講習業務」という.）を行おうとする事務所の名称及び所在地

三　講習業務を開始しようとする年月日

2　前項の申請書には，次に掲げる書類を添えなければならない.

一　定款又は寄付行為及び登記事項証明書

二　申請の日の属する事業年度の前事業年度における財産目録及び貸借対照表（申請の日の属する事業年度に設立された法人にあつては，その設立時における財産目録）

三　申請の日の属する事業年度及び翌事業年度における事業計画書及び収支予算書

四　申請に係る意思の決定を証する書類

五　役員の氏名及び経歴を記載した書類

六　組織及び運営に関する事項を記載した書類

七　講習業務を行おうとする事務所ごとの講習用設備の概要及び整備計画を記載した書類

八　現に行つている業務の概要を記載した書類

九　講習業務の実施の方法に関する計画を記載した書類

十　講習の講師の選任に関する事項を記載した書類

十一　法第46条の2において準用する法第43条の18第3項第4号の規定に関する役員の誓約書

十二　その他参考となる事項を記載した書類

（講習業務規程の記載事項）

第49条　法第46条の2において準用する法第43条の20第2項の講習業務規程で定めるべき事項は，次のとおりとする．

一　講習業務を行う時間及び休日に関する事項

二　講習業務を行う事務所及び講習の実施場所に関する事項

三　講習業務の実施の方法に関する事項

四　受講手数料の額及び収納の方法に関する事項

五　講習の講師の選任及び解任に関する事項

六　講習業務に関する帳簿及び書類の管理に関する事項

七　その他講習業務の実施に関し必要な事項

（帳簿）

第50条　法第46条の2において準用する法第43条の22の主務省令で定める事項は，次のとおりとする．

一　講習の実施年月日

二　実施場所

三　受講者の受講番号，氏名，生年月日，住所及び講習の修了の可否の別並びに講習の修了者の修了証書の番号

四　修了した者に書面でその旨を通知した日（次条第1項において「修了通知日」という．）

2　前項各号に掲げる事項が電子計算機に備えられたファイル又は磁気ディスク等に記録され，必要に応じ電子計算機その他の機器を用いて明確に紙面に表示されるときは，当該記録をもつて法第46条の2において準用する法第43条の22に規定

する帳簿への記載に代えることができる.

3　法第46条の2において準用する法第43条の22に規定する帳簿（前項の規定による記録が行われた同項のファイル又は磁気ディスク等を含む.）は，講習業務を廃止するまで保存しなければならない.

（講習の実施結果の報告）

第51条　指定講習機関は，講習を実施したときは，遅滞なく次に掲げる事項を記載した報告書を環境大臣に提出しなければならない.

一　実施年月日

二　実施場所

三　受講申請者数

四　受講者数

五　修了者数

六　修了通知日

七　修了の可否の判定に関する資料

2　前項の報告書には，修了者の氏名，生年月日，住所及び修了証書の番号を記載した修了者一覧表を添えなければならない.

（指定講習機関の指定）

第52条　指定講習機関の名称及び主たる事務所の所在地並びに指定をした日は，次のとおりとする.

名　称	主たる事務所の所在地	指定をした日
公益財団法人 日本環境整備教育センター	東京都墨田区菊川2丁目23番3号	昭和60年4月16日

（準用）

第53条　第28条，第30条，第31条及び第38条の規定は指定講習機関について準用する.この場合において，これらの規定中「指定試験機関」とあるのは「指定講習機関」と，「試験事務」とあるのは「講習業務」と，第30条第1項中「法第43条の4第1項前段」とあるのは「法第43条の19第1項前段」と，同条第2項中「法第43条の4第1項後段」とあるのは「法第43条の19第1項後段」と，第31条の見出し中「試験事務規程」とあるのは「講習業務規程」と，同条第1項中「法第43条の5第1項前段」とあるのは「法第43条の20第1項前段」と，「試験事務規程」とあるのは「講習業務規程」と，同条第2項中「法第43条の5第1項後段」とあるのは「法第43条の20第1項後段」と，第38条中「法第43条の11」とあるのは「法第43条の24」と読み替えるものとする.

[397]

第6章　指定検査機関

（指定の申請）

第54条　指定検査機関の指定は，水質に関する検査の業務（以下「検査業務」という．）を行おうとする者の申請により行う．

2　前項の申請をしようとする者は，検査業務を行おうとする地域を管轄する都道府県知事に，様式第七号による申請書に次に掲げる書類を添えて，提出しなければならない．

一　定款又は寄附行為及び登記事項証明書

二　申請の日を含む事業年度の直前の事業年度における財産目録及び貸借対照表

三　申請の日を含む事業年度及び翌事業年度における事業計画書及び収支予算書

四　役員の氏名及び略歴を記載した書類

五　次条に規定する指定の基準に適合することを証する書類

（指定の基準）

第55条　都道府県知事は，前条第1項の申請が次の要件を満たしていると認めるときでなければ，指定検査機関の指定をしてはならない．

一　職員，設備，検査業務の実施の方法その他の事項についての検査業務の実施に関する計画が，検査業務の適正かつ確実な実施のために適切なものであること．

二　前号の検査業務の実施に関する計画の適正かつ確実な実施に必要な経理的及び技術的な基礎を有するものであること．

三　申請者による検査業務の実施が，当該業務が行われる地域における浄化槽の設置基数その他当該地域の検査業務に係る状況に照らし，必要かつ適当であること．

四　検査の手数料の額は，適当と認められる額であること．

五　浄化槽の検査に関する専門的知識，技能及び2年以上実務に従事した経験を有する者又は廃棄物の処理及び清掃に関する法律（昭和45年法律第137号）第20条に規定する環境衛生指導員として浄化槽に関する実務に従事した経験を有する者（以下「検査員」という．）が置かれているものであること．

六　次に掲げる水質に関する検査の信頼性の確保のための措置がとられているものであること．

　　イ　水質に関する検査を行う部門に検査員と同等以上の能力を有すると認められる専任の管理者が置かれているものであること．

　　ロ　検査業務の管理及び精度の確保に関する文書が作成されているものであること．

　　ハ　ロに掲げる文書に記載されたところに従い，専ら検査業務の管理及び精度の確保を行う部門が置かれているものであること．

2　都道府県知事は，前条第1項の申請が次のいずれかに該当するときは，指定検査機関の指定をしてはならない．

一　申請者が，一般社団法人又は一般財団法人以外の者であること．

二　申請者が，その役員の構成又はその行う検査業務以外の業務により検査業務を公正に実施することができないおそれがあること．

三　申請者が，法の規定に違反して，刑に処せられ，その執行を終わり，又は執行を受けることがなくなつた日から2年を経過しない者であること．

四　申請者が，指定を取り消され，その取消しの日から2年を経過しない者であること．

五　申請者の役員のうちに，第3号に該当する者があること．

（指定の付款）

第56条　法第57条第1項の指定には，検査業務を行う地域を定め，期限を付し，又は次に掲げる事項に関して必要な条件を付することができる．

一　指定検査機関の役員の選任又は解任

二　検査業務の実施に関する規程の作成又は変更

三　検査の記録の作成，保存及び都道府県知事への報告

四　事業報告書，収支決算書及び検査員の名簿の都道府県知事への提出

五　検査の手数料又は検査業務を行う地域の変更

六　検査業務の休止又は廃止

七　指定の取消し

八　前各号に掲げるもののほか検査業務の実施に関し必要な事項

（指定の公示）

第57条　法第57条第2項の環境省令で定める事項は，次のとおりとする．

一　指定検査機関の名称，所在地及び代表者の氏名

二　指定検査機関が検査業務を行う地域及び期間

三　検査の手数料

四　指定をした年月日及び検査業務の開始予定年月日

（浄化槽台帳の作成）

第57条の2　法第49条第1項第3号の環境省令で定める事項は，次のとおりとする．

一　設置届出年月日，浄化槽の種類その他の設置に関する事項

二　使用開始年月日，休止年月日その他の使用に関する事項

三　保守点検の実施状況に関する事項

四　清掃の実施状況に関する事項

五　その他当該浄化槽の管理に関し参考となる事項

2　浄化槽台帳の記録又は記録の修正若しくは消去は，この法律の規定による届出その他の情報に基づいて行うものとし，都道府県知事は，浄化槽台帳の正確な記録を確保するよう努めるものとする．

3　都道府県知事は，浄化槽台帳に関する事務の一部を指定検査機関その他当該事務を適正かつ確実に実施することができると認められる者に委託することができる．

（協議会）

第57条の3　都道府県及び市町村は，協議会を組織するに当たつては，当該協議会の組織が，地域の実情に応じたものとなるよう配慮するものとする．

第7章　雑則

（身分を示す証明書）

第58条　法第53条第3項の証明書の様式は，様式第八号による．

附則（略）

屎尿浄化槽及び合併処理浄化槽の構造方法を定める件（告示）

昭和55年7月14日建設省告示第1292号

最終改正：平成18年1月17日国土交通省告示第154号

建築基準法（昭和25年法律第201号）第31条第2項の規定に基づき，屎尿浄化槽の構造方法を第4及び第5に，建築基準法施行令（昭和25年政令第338号）第35条第1項の規定に基づき，合併処理浄化槽の構造方法を第1から第3まで及び第6から第12までに定める．

第1 環境省関係浄化槽法施行規則（昭和59年厚生省令第17号）第1条の2に規定する放流水の水質の技術上の基準に適合する合併処理浄化槽の構造は，第一号から第三号まで，第6第一号から第五号まで，第7第一号若しくは第二号，第8第一号若しくは第二号，第9第一号若しくは第二号，第10第一号若しくは第二号又は第11第一号若しくは第二号に該当し，かつ，第四号に定める構造としたものとする．

一　分離接触ばっ気方式

（一）から（四）までに定める構造の沈殿分離槽，接触ばっ気槽，沈殿槽及び消毒槽をこの順序に組み合わせた構造で処理対象人員が50人以下であるもの．

（一）沈殿分離槽

　　（イ）2室に区分し，直列に接続すること．

　　（ロ）有効容量は，処理対象人員に応じて，次の表の式によって計算した数値以上とすること．

$n \leq 5$	$V = 2.5$
$6 \leq n \leq 10$	$V = 2.5 + 0.5(n-5)$
$11 \leq n \leq 50$	$V = 5 + 0.25(n-10)$
この表において，n 及び V は，それぞれ次の数値を表すものとする． n：処理対象人員〔人〕 V：有効容量〔m³〕	

　　（ハ）第一室の有効容量は，沈殿分離槽の有効容量のおおむね3分の2とすること．

　　（ニ）各室の有効水深は，1.2m（処理対象人員が10人を超える場合においては，1.5m）以上とすること．

　　（ホ）第一室においては，流入管の開口部の位置を水面から有効水深のおおむね3分の1から4分の1までの深さとし，沈殿汚泥を攪乱しない構造とすること．

　　（ヘ）各室においては，流出管又はバッフルの下端の開口部の位置を水面から

有効水深のおおむね2分の1から3分の1までの深さとし，浮上物の流出し難い構造とすること．

(ト) ポンプにより沈殿分離槽へ汚水を移送する場合においては，当該ポンプは，次の (1) から (3) までに定めるところによること．

    (1) 2台以上備え，閉塞を生じ難い構造とすること．

    (2) 1日当たりの送水容量は，1台ごとに，日平均汚水量のおおむね2.5倍に相当する容量とすること．

    (3) ポンプ升の有効容量は，1台のポンプで移送した場合に，汚水があふれ出ない容量とすること．

(二) 接触ばっ気槽

(イ) 有効容量が 5.2m^3 を超える場合においては，2室に区分し，直列に接続すること．

(ロ) 有効容量は，処理対象人員に応じて，次の表の式によって計算した数値以上とすること．

$n \leqq 5$	$V = 1$
$6 \leqq n \leqq 10$	$V = 1 + 0.2(n-5)$
$11 \leqq n \leqq 50$	$V = 2 + 0.16(n-10)$

この表において，n 及び V は，それぞれ次の数値を表すものとする．
  n：処理対象人員〔人〕
  V：有効容量〔m^3〕	

(ハ) 2室に区分する場合においては，第一室の有効容量は，接触ばっ気槽の有効容量のおおむね5分の3とすること．

(ニ) 有効水深 (接触ばっ気槽を2室に区分する場合においては，第一室の有効水深) は，1.2m (処理対象人員が10人を超える場合においては，1.5m) 以上とすること．

(ホ) 汚水が長時間接触材に接触する構造とすること．

(ヘ) 接触材は，次の (1) から (3) までに定めるところによること．

    (1) 接触ばっ気槽の底部との距離を適切に保持する等当該槽内の循環流を妨げず，かつ，当該槽内の水流が短絡しないように充填すること．

    (2) 有効容量に対する充填率は，おおむね55％とすること．

    (3) 生物膜による閉塞が生じ難い形状とし，生物膜が付着しやすく，十分な物理的強度を有する構造とすること．

(ト) ばっ気装置は，次の (1) から (3) までに定めるところによること．

    (1) 室内の汚水を均等に攪拌することができる構造とすること．

    (2) 1時間当たりに送気できる空気量は，処理対象人員に応じて，次の表の式によって計算した数値以上とすること．

$n \leq 5$	$Q = 2$
$6 \leq n \leq 10$	$Q = 2 + 0.4(n-5)$
$11 \leq n \leq 50$	$Q = 4 + 0.25(n-10)$
この表において，n 及び Q は，それぞれ次の数値を表すものとする． n：処理対象人員〔人〕 Q：1時間当たりに送気できる空気量〔m³/時間〕	

(3) 空気量を調節できる構造とすること．

(チ) 生物膜を効率よく逆洗し，はく離することができる機能を有し，かつ，はく離汚泥その他の浮遊汚泥を沈殿分離槽へ移送することができる構造とすること．ただし，2室に区分する場合においては，各室は，はく離汚泥その他の浮遊汚泥を引き抜くことにより，沈殿分離槽へ移送することができる構造とすること．なお，ポンプ等により強制的に移送する場合においては，移送量を調整することができる構造とすること．

(リ) 有効容量が 5.2m³ を超える場合においては，消泡装置を設けること．

(三) 沈殿槽

(イ) 有効容量は，処理対象人員に応じて，次の表の式によって計算した数値以上とすること．

$n \leq 5$	$V = 0.3$
$6 \leq n \leq 10$	$V = 0.3 + 0.08(n-5)$
$11 \leq n \leq 50$	$V = 0.7 + 0.04(n-10)$
この表において，n 及び V は，それぞれ次の数値を表すものとする n：処理対象人員〔人〕 V：有効容量〔m³〕	

(ロ) 有効容量が 1.5m³ 以下の場合においては，沈殿槽の底部にスロットを設け，汚泥を重力により接触ばっ気槽へ速やかに移送することができる構造とし，有効容量が，1.5m³ を超える場合においては，当該槽の底部をホッパー型とし，汚泥を有効に集積し，かつ，自動的に引き抜くことにより，沈殿分離槽へ移送することができる構造とすること．

(ハ) 沈殿槽の底部がホッパー型の場合においては，当該槽の水面の面積は，水面の面積 1m² 当たりの日平均汚水量（以下「水面積負荷」という.）が 8m³ 以下となるようにすること．

(ニ) 越流せきを設けて汚水が沈殿槽から消毒槽へ越流する構造とし，当該越流せきの長さは，越流せきの長さ 1m 当たりの日平均汚水量（以下「越流負荷」という.）が 20m³ 以下となるようにすること．

(ホ) 有効水深は，1m 以上とすること．ただし，沈殿槽の底部がホッパー型の場合においては，ホッパー部の高さの2分の1に相当する長さを当該有効水深に含めないものとする．

（ヘ）沈殿槽の底部がホッパー型の場合においては，当該槽の平面の形状を円形又は正多角形（正三角形を除く．）とすること．

（ト）ホッパーは，勾配を水平面に対し 60 度以上とし，底部を汚泥の有効な引き抜きをすることができる構造とすること．

（チ）浮上物の流出を防止することができる構造とすること．

（四）消毒槽

消毒槽は，汚水の塩素接触による消毒作用を有効に継続して行うことができる構造とすること．

二　嫌気濾床接触ばっ気方式

（一）から（四）までに定める構造の嫌気濾床槽，接触ばっ気槽，沈殿槽及び消毒槽をこの順序に組み合わせた構造で処理対象人員が 50 人以下であるもの．

（一）嫌気濾床槽

（イ）2 室以上に区分し，直列に接続すること．

（ロ）有効容量は，処理対象人員に応じて，次の表の式によって計算した数値以上とすること．

$n \leqq 5$	$V = 1.5$
$6 \leqq n \leqq 10$	$V = 1.5 + 0.4\,(n-5)$
$11 \leqq n \leqq 50$	$V = 3.5 + 0.2\,(n-10)$
この表において，n 及び V は，それぞれ次の数値を表すものとする． n：処理対象人員〔人〕 V：有効容量〔m³〕	

（ハ）第一室の有効容量は，嫌気濾床槽の有効容量のおおむね 2 分の 1 からおおむね 3 分の 2 までとすること．

（ニ）各室の有効水深は，1.2m（処理対象人員が 10 人を超える場合においては，1.5m）以上とすること．

（ホ）各室の有効容量に対する濾材の充填率は，第一室にあってはおおむね 40％とし，その他の室にあってはおおむね 60％とすること．

（ヘ）濾材は，汚泥を捕捉しやすく，かつ，嫌気濾床槽内の水流が短絡し難い形状とし，当該槽の底部との距離を適切に保持する等当該槽内に閉塞が生じ難い構造とすること．

（ト）濾材に汚泥清掃孔（直径 15cm 以上の円が内接するものに限る．）を設けるほか，各室の浮上物及び汚泥の有効な引き抜きができる構造とすること．

（チ）ポンプにより嫌気濾床槽へ汚水を移送する場合においては，当該ポンプは，次の（1）から（3）までに定めるところによること．

（1）2 台以上備え，閉塞を生じ難い構造とすること．

（2）1日当たりの送水容量は，1台ごとに，日平均汚水量のおおむね2.5倍に相当する容量とすること．

（3）ポンプ升の有効容量は，1台のポンプで移送した場合に，汚水があふれ出ない容量とすること．

（二）接触ばっ気槽

前号（二）に定める構造に準ずるものとすること．この場合において，同号（二）（チ）中「沈殿分離槽」を「嫌気濾床槽」と，「なお，ポンプ等により強制的に移送する場合においては，移送量を調整することができる構造とすること．」を「ただし，ポンプ等により強制的に移送し，かつ，移送量を調整することができる構造に限る．」と読み替えるものとする．

（三）沈殿槽

前号（三）に定める構造に準ずるものとすること．この場合において，同号（三）（ロ）中「沈殿分離槽」を「嫌気濾床槽」と読み替えるものとする．

（四）消毒槽

第一号（四）に定める構造とすること．

三　脱窒濾床接触ばっ気方式

（一）から（四）までに定める構造の脱窒濾床槽，接触ばっ気槽，沈殿槽及び消毒槽をこの順序に組み合わせた構造で処理対象人員が50人以下であるもの．

（一）脱窒濾床槽

（イ）2室以上に区分し，直列に接続すること．

（ロ）有効容量は，処理対象人員に応じて，次の表の式によって計算した数値以上とすること．

$n \leq 5$	$V = 2.5$
$6 \leq n \leq 10$	$V = 2.5 + 0.5(n-5)$
$11 \leq n \leq 50$	$V = 5 + 0.3(n-10)$
この表において，n 及び V は，それぞれ次の数値を表すものとする． 　n：処理対象人員〔人〕 　V：有効容量〔m³〕	

（ハ）第一室の有効容量は，脱窒濾床槽の有効容量のおおむね2分の1から3分の2までとすること．

（ニ）各室の有効水深は，1.4m（処理対象人員が10人を超える場合においては，1.5m）以上とすること．

（ホ）各室の有効容量に対する濾材の充填率は，第一室にあってはおおむね40％とし，その他の室にあってはおおむね60％とすること．

（ヘ）濾材は，汚泥を捕捉しやすく，かつ，脱窒濾床槽内の水流が短絡し難い形状とし，当該槽の底部との距離を適切に保持する等当該水槽内に閉塞

が生じ難い構造とすること.

（ト）濾材に汚泥清掃孔（直径15cm以上の円が内接するものに限る.）を設けるほか，各室の浮上物及び汚泥の有効な引き抜きができる構造とすること.

（チ）ポンプにより脱窒濾床槽へ汚水を移送する場合においては，当該ポンプは，次の（1）から（3）までに定めるところによること.

 （1）2台以上備え，閉塞を生じ難い構造とすること.

 （2）1日当たりの送水容量は，1台ごとに，日平均汚水量のおおむね2.5倍に相当する容量とすること.

 （3）ポンプ升の有効容量は，1台のポンプで移送した場合に，汚水があふれ出ない容量とすること.

（二）接触ばっ気槽

（イ）処理対象人員が18人を超える場合においては，2室に区分し，直列に接続すること.

（ロ）有効容量は，処理対象人員に応じて，次の表の式によって計算した数値以上とすること.

$n \leqq 5$	$V = 1.5$
$6 \leqq n \leqq 10$	$V = 1.5 + 0.3(n-5)$
$11 \leqq n \leqq 50$	$V = 3 + 0.26(n-10)$
この表において，n 及び V は，それぞれ次の数値を表すものとする. n：処理対象人員〔人〕 V：有効容量〔m³〕	

（ハ）2室に区分する場合においては，第一室の有効容量は，接触ばっ気槽の有効容量のおおむね5分の3とすること.

（二）有効水深（接触ばっ気槽を2室に区分する場合においては，第一室の有効水深）は，1.4m（処理対象人員が10人を超える場合においては，1.5m）以上とすること.

（ホ）汚水が長時間接触材に接触する構造とすること.

（ヘ）接触材は，次の（1）から（3）までに定めるところによること.

 （1）接触ばっ気槽の底部との距離を適切に保持する等当該槽内の循環流を妨げず，かつ，当該槽内の水流が短絡しないように充填すること.

 （2）有効容量に対する充填率は，おおむね55％とすること.

 （3）生物膜による閉塞が生じ難い形状とし，生物膜が付着しやすく，十分な物理的強度を有する構造とすること.

（ト）ばっ気装置は，次の（1）から（3）までに定めるところによること.

 （1）室内の汚水を均等に攪拌することができる構造とすること.

(2) 1時間当たりに送気できる空気量は，処理対象人員に応じて，次の表の式によって計算した数値以上とすること．

$n \leq 5$	$Q = 5$
$6 \leq n \leq 10$	$Q = 5 + 0.9(n-5)$
$11 \leq n \leq 50$	$Q = 9.5 + 0.67(n-10)$
この表において，n 及び Q は，それぞれ次の数値を表すものとする． n：処理対象人員〔人〕 Q：1時間当たりに送気できる空気量〔m³/時間〕	

(3) 空気量を調節できる構造とすること．

（チ）生物膜を効率よく逆洗し，はく離することができる機能を有し，はく離汚泥その他の浮遊汚泥を引き抜くことにより，脱窒濾床槽第一室へ強制的に移送することができ，かつ，当該移送量を容易に調整することができる構造とすること．

（リ）循環装置を有し，接触ばっ気槽（当該槽を2室に区分する場合においては第二室）から脱窒濾床槽第一室の流入管の開口部付近へ汚水を安定して移送することができ，かつ，当該移送量を容易に調整し，及び計量することができる構造とすること．

（ヌ）処理対象人員が18人を超える場合においては，消泡装置を設けること．

(三) 沈殿槽

第一号（三）に定める構造に準ずるものとすること．この場合において，同号（三）（ロ）中「沈殿分離槽」を「脱窒濾床槽」と読み替えるものとする．

(四) 消毒槽

第一号（四）に定める構造とすること．

四 一般構造

イ 槽の底，周壁及び隔壁は，耐水材料で造り，漏水しない構造とすること．

ロ 槽は，土圧，水圧，自重及びその他の荷重に対して安全な構造とすること．

ハ 腐食，変形等のおそれのある部分には，腐食，変形等のし難い材料又は有効な防腐，補強等の措置をした材料を使用すること．

ニ 槽の天井がふたを兼ねる場合を除き，天井にはマンホール（径45cm（処理対象人員が51人以上の場合においては，60cm）以上の円が内接するものに限る．）を設け，かつ，密閉することができる耐水材料又は鋳鉄で造られたふたを設けること．

ホ 通気及び排気のための開口部は，雨水，土砂等の流入を防止することができる構造とするほか，昆虫類が発生するおそれのある部分に設けるものには，防虫網を設けること．

ヘ 悪臭を生ずるおそれのある部分は，密閉するか，又は臭突その他の防臭装置

を設けること.

ト　機器類は,長時間の連続運転に対して故障が生じ難い堅牢な構造とするほか,振動及び騒音を防止することができる構造とすること.

チ　流入水量,負荷量等の著しい変動に対して機能上支障がない構造とすること.

リ　合併処理浄化槽に接続する配管は,閉塞,逆流及び漏水を生じない構造とすること.

ヌ　槽の点検,保守,汚泥の管理及び清掃を容易かつ安全にすることができる構造とし,必要に応じて換気のための措置を講ずること.

ル　汚水の温度低下により処理機能に支障が生じない構造とすること.

ヲ　調整及び計量が,適切に行われる構造とすること.

ワ　イからヲまでに定める構造とするほか,合併処理浄化槽として衛生上支障がない構造とすること.

第2及び第3　削除

第4　生物化学的酸素要求量（以下「BOD」という.）の除去率が55％以上及び屎尿浄化槽からの放流水のBODが1Lにつき120mg以下である性能を有し,かつ,衛生上支障がないものの構造は,次に定める構造の腐敗室及び消毒室をこの順序に組み合わせた構造で屎尿を単独に処理するものとし,かつ,第1第四号に定める構造としたものとする.この場合において,第1第四号中「合併処理浄化槽」とあるのは「屎尿浄化槽」と読み替えるものとする.

一　腐敗室

腐敗室は,汚水の沈殿分離作用及び消化作用を行う機能を有するものとし,次の（一）又は（二）によること.

（一）多室型

（イ）2室以上4室以下の室に区分し,直列に接続すること.

（ロ）有効容量は,1.5m³以上とし,処理対象人員が5人を超える場合においては,5人を超える部分1人当たり0.1m³以上をこれに加算すること.

（ハ）第一室の有効容量は,2室型の場合にあっては腐敗室の有効容量のおおむね3分の2,3室型又は4室型の場合にあっては腐敗室の有効容量のおおむね2分の1とすること.

（ニ）最終の室に予備濾過装置を設け,当該装置の下方より汚水を通ずる構造とすること.この場合において,当該装置の砕石層又はこれに準ずるものの体積は,有効容量の10分の1を限度として当該有効容量に算入す

ることができるものとする．

（ホ）各室の有効水深は，1m以上3m以下とすること．

（ヘ）第一室においては，流入管の開口部の位置を水面から有効水深のおおむね3分の1の深さとすること．

（ト）各室においては，流出管又はバッフルの下端の開口部の位置を水面から有効水深のおおむね2分の1の深さとし，浮上物の流出し難い構造とすること．

（二）変形多室型

（イ）沈殿室の下方に消化室を設け，汚水が消化室を経由して沈殿室に流入する構造とすること．

（ロ）有効容量は，（一）（ロ）に定める数値とすること．

（ハ）消化室の有効容量は，腐敗室の有効容量のおおむね4分の3とすること．

（二）沈殿室から浮上物の流出を防止することができる構造とすること．

（ホ）沈殿室のホッパーのスロットの位置は，水面から有効水深のおおむね2分の1の深さとすること．

（ヘ）沈殿室のホッパーは，勾配を水平面に対し50度以上，スロットの幅を3cm以上10cm以下，オーバーラップを水平距離でスロットの幅以上とし，閉塞を来さない滑らかな構造とすること．

二　消毒室

第1第一号（四）に定める構造とすること．

第5　一次処理装置による浮遊物質量の除去率が55％以上，一次処理装置からの流出水に含まれる浮遊物質量が1Lにつき250mg以下及び一次処理装置からの流出水が滞留しない程度の地下浸透能力を有し，かつ，衛生上支障がない屎尿浄化槽の構造は，次の各号に定める構造としたものとする．

一　第4第一号に定める構造で，かつ，第1第四号に定める構造とした一次処理装置とこれからの流出水を土壌に均等に散水して浸透処理する地下浸透部分とを組み合わせた構造とすること．この場合において，第1第四号中「合併処理浄化槽」とあるのは「屎尿浄化槽」と読み替えるものとする．

二　地下浸透部分は，地下水位が地表面（地質が不浸透性の場合においては，トレンチの底面）から1.5m以上深い地域に，かつ，井戸その他の水源からの水平距離が30m以上の位置に設けること．

三　処理対象人員1人当たりの地下浸透部分の面積は，次の表に掲げる数値以上とすること．ただし，土壌の浸透時間は，次号に定める試験方法により測定するものと

する.

土壌の浸透時間〔分〕	1	2	3	4	5	10	15	30	45	60
1人当たりの浸透面積〔m²〕	1.5	2.0	2.5	3.0	3.5	7.0	9.0	11.0	15.0	16.5

四　土壌の浸透時間試験方法は, 次の（一）から（三）までに定める方法によること.

　（一）3箇所ないし5箇所に設置した試験孔においてそれぞれ測定した浸透時間の平均値を浸透処理予定地の浸透時間とすること.

　（二）試験孔は, 浸透処理予定地又はその近接地において, 径を30cm, 深さを散水管の深さにおおむね15cmを加算したもの（地盤面より40cm未満の場合においては, 40cm）とした円筒形の下底に厚さがおおむね5cmの砂利を敷いたものとすること.

　（三）浸透速度の測定は, 降雨時を避けて次の順序に従い行うものとすること.

　　（イ）砂利上25cmの深さになるよう清水を注水し, 水深が10cm下った時は砂利上おおむね25cmの深さにもどるまで注水し, 水深の変動と時間とをフックゲージにより測定し, 浸透水量が一定化するまで繰り返すこと.

　　（ロ）浸透水量が一定化してから20分経過後水位を砂利上25cmにもどし, 土質が粘質の場合にあっては10mm, その他の場合にあっては30mm水が降下するに要する時間を測定し, 1分当たりの浸透水深（単位 mm）で25mmを除した数値を浸透時間とすること.

五　トレンチは, 均等に散水することができる構造とし, 幅を50cm以上70cm以下, 深さを散水管の深さに15cm以上を加算したものとし, 砂利又は砂で埋めること.

六　トレンチは, 長さを20m以下とし, 散水管相互の間隔を2m以上とすること.

七　トレンチは, 泥, ごみ, 雨水等の浸入を防ぐため地表面を厚さおおむね15cm突き固めた土で覆うこと.

第6　水質汚濁防止法（昭和45年法律第138号）第3条第1項又は第3項の規定により, 同法第2条第1項に規定する公共用水域に放流水を排出する合併処理浄化槽に関して, 合併処理浄化槽からの放流水のBOD（以下「放流水のBOD」という.）を1Lにつき20mg以下とする排水基準が定められている場合においては, 当該合併処理浄化槽の構造は, 第一号から第五号までのいずれかに該当し, かつ第1第四号に定める構造としたものとする. ただし, 屎尿と雑排水とを合併して処理する方法による場合に限る.

一　回転板接触方式

　（一）及び（五）から（七）までに定める構造の沈殿分離槽, 回転板接触槽, 沈殿槽及び消毒槽をこの順序に組み合わせた構造で処理対象人員が51人以上500人以下

であるもの又は（二）及び（三）に定める構造のスクリーン及び沈砂槽に，（四）から（七）までに定める構造の流量調整槽，回転板接触槽，沈殿槽及び消毒槽をこの順序に組み合わせ，（八）に定める構造の汚泥濃縮貯留槽（処理対象人員が501人以上の場合においては，（九）及び（十）に定める構造の汚泥濃縮設備及び汚泥貯留槽）を備えた構造で処理対象人員が101人以上であるもの．

（一）沈殿分離槽

  （イ）2室又は3室に区分し，直列に接続すること．

  （ロ）有効容量は，処理対象人員に応じて，次の表の式によって計算した数値以上とすること．

$n \leq 100$	$V = 1.65qn$
$101 \leq n \leq 200$	$V = 165q + 1.1q(n-100)$
$n \geq 201$	$V = 275q + 0.55q(n-200)$
この表において，n, V及びqは，それぞれ次の数値を表すものとする． n：処理対象人員〔人〕 V：有効容量〔m³〕 q：1人当たりの日平均汚水量〔m³〕	

  （ハ）第一室の有効容量は，2室に区分する場合においては，沈殿分離槽の有効容量のおおむね3分の2とし，3室に区分する場合においては，おおむね2分の1とすること．

  （ニ）各室の有効水深は，1.8m以上5m以下とすること．

  （ホ）第一室においては，流入管の開口部の位置を水面から有効水深のおおむね3分の1から4分の1までの深さとし，沈殿汚泥を攪乱しない構造とすること．

  （ヘ）各室においては，流出管又はバッフルの下端の開口部の位置を水面から有効水深のおおむね2分の1から3分の1までの深さとし，浮上物の流出し難い構造とすること．

  （ト）ポンプにより沈殿分離槽へ汚水を移送する場合においては，当該ポンプの1日当たりの送水容量を日平均汚水量のおおむね2.5倍に相当する容量とし，ポンプ升の有効容量は，当該ポンプで移送した場合に，汚水があふれ出ない容量とすること．

  （チ）流入水の流量変動が大きい場合においては，流量を調整することができる構造とすること．

（二）スクリーン

  （イ）荒目スクリーン（処理対象人員が500人以下の場合においては，荒目スクリーン及び沈砂槽に代えて，ばっ気型スクリーンを設けることができる．）及び微細目スクリーンをこの順序に組み合わせた構造とすること．

ただし，微細目スクリーンは，流量調整槽の次に設けることができる．

(ロ) 荒目スクリーンは，目幅の有効間隔をおおむね 50mm とし，スクリーン
に付着した汚物等を除去することができる装置を設け，スクリーンから
除去した汚物等を貯留し，容易に掃除することができる構造とすること．

(ハ) ばっ気型スクリーンは，目幅の有効間隔を 30mm から 50mm 程度とし，
下部に散気装置を設け，スクリーンに付着した汚物等を除去することが
できる構造とするほか，除去した汚物等及び砂等を貯留することができ
る構造とすること．

(ニ) 微細目スクリーンは，目幅の有効間隔を 1mm から 2.5mm 程度とし，
スクリーンに付着した汚物等を自動的に除去することができる装置を設
け，スクリーンから除去した汚物等を貯留し，容易に掃除することがで
きる構造とするとともに，目幅の有効間隔が 5mm 以下のスクリーンを
備えた副水路を設けること．

(ホ) 微細目スクリーンを流量調整槽の前に設ける場合は，破砕装置と組み合
わせること．ただし，処理対象人員が 500 人以下の場合においては，こ
の限りでない．

(ヘ) 破砕装置は，汚物等を有効に破砕することができる構造とし，目幅の有
効間隔がおおむね 20mm のスクリーンを備えた副水路を設けること．

(三) 沈砂槽

(イ) 有効容量は，1 時間当たりの最大汚水量の 60 分の 1 に相当する容量以
上とすること．ただし，ばっ気装置を設ける場合においては，1 時間当
たりの最大汚水量の 60 分の 3 に相当する容量以上とし，かつ，消泡装
置を設けるものとする．

(ロ) 槽の底部は，ホッパー型とし，排砂装置を設けること．

(ハ) 槽の底部から排砂装置により排出された砂等を貯留する排砂槽を設ける
こと．

(四) 流量調整槽

(イ) 流量調整槽から移送する 1 時間当たりの汚水量は，当該槽に流入する日
平均汚水量の 24 分の 1 の 1 倍以下となる構造とすること．

(ロ) 汚水を攪拌することができる装置を設けること．

(ハ) 有効水深は，1m（処理対象人員が 501 人以上の場合においては，1.5m）
以上とすること．ただし，槽の底部及び上端から 50cm までの部分を当
該有効水深に含めないものとする．

(ニ) 当該槽において，異常に水位が上昇した場合に，次の槽に有効に汚水を

移送することができる構造とすること．

(ホ) ポンプにより汚水を移送する場合においては，2台以上のポンプを設けること．

(ヘ) 当該槽に流入する1日当たりの汚水量を計量し，及び記録することができる装置を設けること．

(ト) 当該槽から移送する1時間当たりの汚水量を容易に調整し，及び計量することができる装置を設けること．

(五) 回転板接触槽

(イ) 3室以上に区分し，汚水が長時間回転板に接触する構造とすること．

(ロ) 有効容量は，流量調整槽を設けない場合にあっては日平均汚水量の4分の1に相当する容量以上，流量調整槽を設ける場合にあっては日平均汚水量の6分の1に相当する容量以上とすること．

(ハ) 回転板の表面積は，回転板の表面積1 m^{2}に対する1日当たりの平均の流入水のBOD（以下「日平均流入水BOD」という．）が5g以下となるようにすること．

(ニ) 回転板は，その表面積のおおむね40%が汚水に接触すること．

(ホ) 回転板は，回転板相互の間隔を20mm以上とし，生物膜が付着しやすい構造とすること．

(ヘ) 回転板の円周速度は，1分間につき20m以下とすること．

(ト) 槽の壁及び底部は，回転板との間隔を回転板の径のおおむね10%とする等汚泥の堆積が生じ難く，かつ，汚水が回転板に有効に接触する構造とすること．

(チ) 槽には上家等を設け，かつ，通気を十分に行うことができる構造とすること．

(六) 沈殿槽

(イ) 有効容量は，流量調整槽を設けない場合にあっては日平均汚水量の6分の1に相当する容量以上，流量調整槽を設ける場合にあっては日平均汚水量の8分の1に相当する容量以上とすること．ただし，処理対象人員が90人以下の場合にあっては，次の表の計算式によって計算した容量以上とすること．

$V = 2.3 + (15q - 2.3)(n - 50)/40$
この表において，n, V 及び q は，それぞれ次の数値を表すものとする．
n：処理対象人員〔人〕
V：有効容量〔m^3〕
q：1人当たりの日平均汚水量〔m^3〕

(ロ) 槽の水面の面積は，水面積負荷が流量調整槽を設けない場合にあっては $8\,\mathrm{m}^3$ 以下，流量調整槽を設ける場合にあっては $12\mathrm{m}^3$（処理対象人員が 500 人を超える部分については，$15\mathrm{m}^3$）以下となるようにすること．

(ハ) 越流せきを設けて沈殿槽から汚水が越流する構造とし，越流せきの長さは，越流負荷が流量調整槽を設けない場合にあっては $30\mathrm{m}^3$ 以下，流量調整槽を設ける場合にあっては $45\mathrm{m}^3$（処理対象人員が 500 人を超える部分については，$50\mathrm{m}^3$）以下となるようにすること．

(ニ) 有効水深は，処理対象人員が 100 人以下の場合にあっては 1 m 以上，101 人以上 500 人以下の場合にあっては 1.5m 以上，501 人以上の場合にあっては 2 m 以上とすること．ただし，槽の底部がホッパー型の場合においては，ホッパー部の高さの 2 分の 1 に相当する長さを当該有効水深に含めないものとする．

(ホ) 槽の底部がホッパー型の場合においては，当該槽の平面の形状を円形又は正多角形（正三角形を除く．）とすること．

(ヘ) ホッパーは，勾配を水平面に対し 60 度以上とし，底部を汚泥の有効な引抜きをすることができる構造とすること．

(ト) 汚泥を有効に集積し，かつ，自動的に引き抜くことにより，沈殿分離槽，汚泥濃縮貯留槽又は汚泥濃縮設備へ移送することができる構造とすること．

(チ) 浮上物が生ずるおそれのあるものにあっては，浮上物を除去することができる装置を設けること．

(七) 消毒槽

第 1 第一号（四）に定める構造とすること．

(八) 汚泥濃縮貯留槽

(イ) 汚泥の濃縮により生じた脱離液を流量調整槽へ移送することができる構造とすること．

(ロ) 有効容量は，流入汚泥量及び濃縮汚泥の搬出計画に見合う容量とし，有効水深は，1.5m 以上 5 m 以下とすること．

(ハ) 流入管の開口部及び流出管又はバッフルの下端の開口部は，汚泥の固液分離を妨げない構造とすること．

(ニ) 汚泥の搬出を容易に行うことができる構造とすること．

(ホ) 槽内を攪拌することができる装置を設けること．

(九) 汚泥濃縮設備

汚泥濃縮設備は，汚泥を濃縮し，脱離液を流量調整槽へ，濃縮汚泥を汚泥貯留

槽へそれぞれ移送することができる構造とし，（イ）又は（ロ）によること．

- （イ）汚泥濃縮槽
    - (1) 有効容量は，濃縮汚泥の引抜計画に見合う容量とし，有効水深は，2m以上5m以下とすること．
    - (2) 流入管の開口部及び流出管又はバッフルの下端の開口部は，汚泥の固液分離を妨げない構造とすること．
    - (3) 汚泥かきよせ装置を設ける場合にあっては底部の勾配は100分の5以上とし，当該装置を設けない場合にあっては底部をホッパー型とし，ホッパーの勾配を水平面に対し45度以上とすること．
- （ロ）汚泥濃縮装置
    - (1) 汚泥を脱離液と濃縮汚泥とに有効に分離することができる構造とすること．
    - (2) 濃縮汚泥中の固形物の濃度をおおむね4％に濃縮できる構造とすること．

（十）汚泥貯留槽
- （イ）有効容量は，汚泥の搬出計画に見合う容量とすること．
- （ロ）汚泥の搬出を容易に行うことができる構造とすること．
- （ハ）槽内を撹拌することができる装置を設けること．

二　接触ばっ気方式

前号に定める合併処理浄化槽の構造で同号（五）の回転板接触槽を（一）から（九）までに定める構造の接触ばっ気槽に置き換えた構造としたもの．

- （一）2室以上に区分し，汚水が長時間接触材に接触する構造とすること．
- （二）有効容量は，有効容量1m^{3}に対する日平均流入水BODが0.3kg以下となるようにし，かつ，日平均汚水量の3分の2に相当する容量以上とすること．
- （三）第一室の有効容量は，第一室の有効容量1m^{3}に対する日平均流入水BODが0.5kg以下となるようにし，かつ，接触ばっ気槽の有効容量の5分の3に相当する容量以上とすること．
- （四）有効水深は，1.5m以上5m以下とすること．
- （五）有効容量に対する接触材の充填率は，55％以上とし，接触ばっ気槽の底部との距離を適切に保持する等，当該槽内の循環流を妨げず，かつ，当該槽内の水流が短絡しないように充填すること．
- （六）接触材は，生物膜による閉塞が生じ難い形状とし，生物膜が付着しやすく，十分な物理的強度を有する構造とすること．
- （七）ばっ気装置を有し，室内の汚水を均等に撹拌し，溶存酸素を1Lにつき1mg

屎尿浄化槽及び合併処理浄化槽の構造方法を定める件（告示）

関連法規

[415]

以上に保持し，かつ，空気量を容易に調整することができる構造とすること．
- （八）各室は，生物膜を効率よく逆洗し，はく離することができる機能を有し，かつ，はく離汚泥その他の浮遊汚泥を引き抜き，沈殿分離槽，沈殿槽，汚泥濃縮貯留槽又は汚泥濃縮設備へ移送することができる構造とすること．なお，ポンプ等により強制的に移送する場合においては，移送量を調整することができる構造とすること．
- （九）消泡装置を設けること．

三　散水濾床方式

（一）及び（二）に定める構造のスクリーン及び沈砂槽に，（三）から（六）までに定める構造の流量調整槽，散水濾床，沈殿槽及び消毒槽をこの順序に組み合わせ，（七）及び（八）に定める構造の汚泥濃縮設備及び汚泥貯留槽を備えた構造で処理対象人員が501人以上であるもの．

- （一）スクリーン
  - （イ）荒目スクリーン及び微細目スクリーンをこの順序に組み合わせた構造とすること．ただし，微細目スクリーンは，流量調整槽の次に設けることができる．
  - （ロ）荒目スクリーンは，目幅の有効間隔をおおむね50mmとし，スクリーンに付着した汚物等を除去することができる装置を設け，スクリーンから除去した汚物等を貯留し，容易に掃除することができる構造とすること．
  - （ハ）微細目スクリーンは，目幅の有効間隔を1mmから2.5mm程度とし，スクリーンに付着した汚物等を自動的に除去することができる装置を設け，スクリーンから除去した汚物等を貯留し，容易に掃除することができる構造とするとともに，目幅の有効間隔が5mm以下のスクリーンを備えた副水路を設けること．
  - （ニ）微細目スクリーンを流量調整槽の前に設ける場合は，破砕装置と組み合わせること．
  - （ホ）破砕装置は，汚物等を有効に破砕することができる構造とし，目幅の有効間隔がおおむね20mmのスクリーンを備えた副水路を設けること．
- （二）沈砂槽

  第一号（三）に定める構造とすること．
- （三）流量調整槽

  第一号（四）に定める構造とすること．
- （四）散水濾床
  - （イ）濾材の部分の有効容量は，砕石を用いる場合にあっては濾材 $1\,m^3$ に対す

る日平均流入水 BOD が 0.1kg 以下，砕石以外のものを用いる場合にあっては濾材の表面積 1 m² に対する日平均流入水 BOD が 3g 以下となるようにすること．

(ロ) 濾材の部分の深さは，砕石を用いる場合にあっては 1.2m 以上，砕石以外のものを用いる場合にあっては 2.5m 以上とすること．

(ハ) 散水量は，砕石を用いる場合にあっては濾床の表面積 1 m² に対して 1 日当たり 10m³ 以下，砕石以外のものを用いる場合にあっては濾材の表面積 1 m² に対して 1 日当たり 0.6m³ 以上とすること．

(ニ) 固定ノズル又は回転散水機（回転散水機の散水口と濾床の表面との間隔を 15cm 以上としたものに限る．）によって濾床の表面に均等に散水することができる構造とすること．

(ホ) 濾材受けの下面と槽の底部との間隔は，30cm 以上とし，かつ，槽の底部の勾配は，50 分の 1 以上とすること．

(ヘ) 送気及び排気のための通気設備を設けること．

(ト) 濾材には，径が 5 cm 以上 7.5cm 以下の硬質の砕石又はこれと同等以上に好気性生物膜を生成しやすく，1 m³ 当たりの表面積が 80m² 以上，かつ，空隙率が 90％以上であるものを用いること．

(チ) ポンプ升を有し，当該ポンプ升には，浮遊物によって閉塞しない構造で，かつ，十分な処理能力を有する散水用ポンプを 2 台以上設けること．

(リ) 分水装置を有し，当該装置は，砕石を用いる場合にあっては日平均汚水量の 100％に相当する容量以上，砕石以外のものを用いる場合にあっては濾材の部分の深さが 2.5m のときに日平均汚水量の 200％以上に相当する容量（濾材の部分の深さが異なる場合においては，当該深さに応じた容量）以上の散水濾床からの流出水をポンプ升へ 1 日に移送することができる構造とすること．

(五.) 沈殿槽

第一号（六）に定める構造とすること．

(六) 消毒槽

第 1 第一号（四）に定める構造とすること．

(七) 汚泥濃縮設備

第一号（九）に定める構造とすること．

(八) 汚泥貯留槽

第一号（十）に定める構造とすること．

四　長時間ばっ気方式

　（一）及び（二）に定める構造のスクリーン及び沈砂槽に，（三）から（六）までに定める構造の流量調整槽，ばっ気槽，沈殿槽及び消毒槽をこの順序に組み合わせ，（七）に定める構造の汚泥濃縮貯留槽（処理対象人員が 501 人以上の場合においては，（八）及び（九）に定める構造の汚泥濃縮設備及び汚泥貯留槽）を備えた構造で処理対象人員が 101 人以上であるもの．

　（一）スクリーン

　　　（イ）荒目スクリーンに細目スクリーン，破砕装置又は微細目スクリーンのいずれかをこの順序に組み合わせた構造とすること．ただし，微細目スクリーンにあっては，流量調整槽の次に設けることができる．

　　　（ロ）荒目スクリーンは，目幅の有効間隔をおおむね 50mm とし，スクリーンに付着した汚物等を除去することができる装置を設け，スクリーンから除去した汚物等を貯留し，容易に掃除することができる構造とすること．

　　　（ハ）細目スクリーンは，目幅の有効間隔をおおむね 20mm とし，スクリーンに付着した汚物等を除去することができる装置を設け，スクリーンから除去した汚物等を貯留し，容易に掃除することができる構造とすること．

　　　（ニ）破砕装置は，汚物等を有効に破砕することができる構造とし，目幅の有効間隔がおおむね 20mm のスクリーンを備えた副水路を設けること．

　　　（ホ）微細目スクリーンは，目幅の有効間隔を 1mm から 2.5mm 程度とし，スクリーンに付着した汚物等を自動的に除去することができる装置を設け，スクリーンから除去した汚物等を貯留し，容易に掃除することができる構造とするとともに，目幅の有効間隔がおおむね 20mm のスクリーンを備えた副水路を設けること．

　　　（ヘ）微細目スクリーンを流量調整槽の前に設ける場合は，破砕装置と組み合わせること．

　　　（ト）処理対象人員が 500 人以下の場合においては，（イ）から（ヘ）までにかかわらず，第一号（二）によることができる．

　（二）沈砂槽

　　　第一号（三）に定める構造とすること．

　（三）流量調整槽

　　　第一号（四）に定める構造とすること．

　（四）ばっ気槽

　　　（イ）有効容量は，有効容量 1m³ に対する日平均流入水 BOD が 0.2kg（処理対象人員が 500 人を超える部分については 0.3kg）以下となるようにし，

かつ，日平均汚水量の3分の2に相当する容量以上とすること．

（ロ）有効水深は，1.5m（処理対象人員が501人以上の場合においては，2m）以上5m以下とすること．ただし，特殊な装置を設けた場合においては，5mを超えることができる．

（ハ）ばっ気装置を有し，室内の汚水を均等に攪拌し，溶存酸素をおおむね1Lにつき1mg以上に保持し，かつ，空気量を容易に調整することができる構造とすること．

（ニ）沈殿槽からの汚泥返送量を容易に調整し，及び計量することができる装置を設けること．

（ホ）消泡装置を設けること．

（五）沈殿槽

（イ）有効容量は，日平均汚水量の6分の1に相当する容量以上とすること．

（ロ）槽の水面の面積は，水面積負荷が8m³（処理対象人員が500人を超える部分については，15m³）以下となるようにすること．

（ハ）越流せきを設けて沈殿槽から汚水が越流する構造とし，越流せきの長さは，越流負荷が30m³（処理対象人員が500人を超える部分については，50m³）以下となるようにすること．

（ニ）有効水深は，1.5m（処理対象人員が501人以上の場合においては，2m）以上とすること．ただし，槽の底部がホッパー型の場合においては，ホッパー部の高さの2分の1に相当する長さを当該有効水深に含めないものとする．

（ホ）槽の底部がホッパー型の場合においては，当該槽の平面の形状を円形又は正多角形（正三角形を除く．）とすること．

（ヘ）ホッパーは，勾配を水平面に対し60度以上とし，底部を汚泥の有効な引抜きをすることができる構造とすること．

（ト）汚泥を有効に集積し，かつ，自動的に引き抜くことにより，汚泥濃縮貯留槽又は汚泥濃縮設備へ移送するとともに，ばっ気槽へ日平均汚水量の200%以上に相当する汚泥を1日に移送することができる構造とすること．

（チ）浮上物が生ずるおそれのあるものにあっては，浮上物を除去することができる装置を設けること．

（六）消毒槽

第1第一号（四）に定める構造とすること．

（七）汚泥濃縮貯留槽

第一号（八）に定める構造に準ずるものとすること．この場合において，同号（八）

[419]

（イ）中「流量調整槽」を「流量調整槽又はばっ気槽」と読み替えるものとする．

（八）汚泥濃縮設備

第一号（九）に定める構造に準ずるものとすること．この場合において，同号
（九）中「流量調整槽」を「流量調整槽又はばっ気槽」と読み替えるものとする．

（九）汚泥貯留槽

第一号（十）に定める構造とすること．

五　標準活性汚泥方式

（一）及び（二）に定める構造のスクリーン及び沈砂槽に，（三）から（六）までに
定める構造の流量調整槽，ばっ気槽，沈殿槽及び消毒槽をこの順序に組み合わせ，（七）
及び（八）に定める構造の汚泥濃縮設備及び汚泥貯留槽を備えた構造で処理対象人員
が5001人以上であるもの．

（一）スクリーン

前号（一）に定める構造とすること．

（二）沈砂槽

第一号（三）に定める構造とすること．

（三）流量調整層

第一号（四）に定める構造とすること．

（四）ばっ気槽

前号（四）に定める構造に準ずるものとすること．この場合において，同号（四）
（イ）中「0.2kg（処理対象人員が500人を超える部分については0.3kg）」を「0.6kg」
と，「3分の2」を「3分の1」と，同号（四）（ロ）中「1.5m（処理対象人員
が501人以上の場合においては，2m）」を「3m」と読み替えるものとする．

（五）沈殿槽

前号（五）に定める構造に準ずるものとすること．この場合において，同号（五）
（イ）中「6分の1」を「8分の1」と，同号（五）（ロ）中「8m^3（処理対象
人員が500人を超える部分については，15m^3）」を「18m^3」と，同号（五）（ト）
中「200%」を「100%」と読み替えるものとする．

（六）消毒槽

第1第一号（四）に定める構造とすること．

（七）汚泥濃縮設備

第一号（九）に定める構造に準ずるものとすること．この場合において，同号
（九）中「流量調整槽」を「流量調整槽又はばっ気槽」と読み替えるものとする．

（八）汚泥貯留槽

第一号（十）に定める構造とすること．

第7　水質汚濁防止法第3条第1項又は第3項の規定により，同法第2条第1項に規定する公共用水域に放流水を排出する合併処理浄化槽に関して，放流水のBODを1Lにつき10mg以下とする排水基準が定められている場合においては，当該合併処理浄化槽の構造は，第一号又は第二号に該当し，かつ第1第四号に定める構造としたものとする．ただし，屎尿と雑排水とを合併して処理する方法による場合に限る．

一　接触ばっ気・濾過方式

（一）から（六）までに定める構造の接触ばっ気槽，沈殿槽，濾過原水槽，濾過装置，濾過処理水槽及び消毒槽をこの順序に組み合わせ，第6の各号に定める合併処理浄化槽の構造から消毒槽を除いたものの後に設けた構造としたもの．ただし，流量調整槽を備えた構造に限る．

（一）接触ばっ気槽

（イ）汚水が長時間接触材に接触する構造とすること．

（ロ）有効容量は，日平均汚水量に濾過装置の1日の逆洗水量を加えた水量（以下本号において「移流計画汚水量」という．）の6分の1に相当する容量以上とすること．

（ハ）有効水深は，1.5m以上5m以下とすること．

（ニ）有効容量に対する接触材の充填率は，55％以上とし，接触ばっ気槽の底部との距離を適切に保持する等，当該槽内の循環流を妨げず，かつ，当該槽内の水流が短絡しないように充填すること．

（ホ）接触材は，生物膜による閉塞が生じ難い形状とし，生物膜が付着しやすく，十分な物理的強度を有する構造とすること．

（ヘ）ばっ気装置を有し，室内の汚水を均等に攪拌し，溶存酸素を1Lにつき1mg以上に保持し，かつ，空気量を容易に調整することができる構造とすること．

（ト）生物膜を効率よく逆洗し，はく離することができる機能を有し，かつ，はく離汚泥その他の浮遊汚泥を引き抜き，沈殿槽，汚泥濃縮貯留槽又は汚泥濃縮設備へ移送することができる構造とすること．なお，ポンプ等により強制的に移送する場合においては，移送量を調整することができる構造とすること．

（チ）消泡装置を設けること．

（二）沈殿槽

（イ）有効容量は，移流計画汚水量の8分の1に相当する容量以上とすること．

（ロ）槽の水面の面積は，水面積負荷が30m³以下となるようにすること．

（ハ）越流せきを設けて沈殿槽から汚水が越流する構造とし，越流せきの長さ

[421]

は，越流負荷が50m³以下となるようにすること．
- (ニ) 有効水深は，1.5m（処理対象人員が501人以上の場合においては，2m）以上とすること．ただし，槽の底部がホッパー型の場合においては，ホッパー部の高さの2分の1に相当する長さを当該有効水深に含めないものとする．
- (ホ) 槽の底部がホッパー型の場合においては，当該槽の平面の形状を円形又は正多角形（正三角形を除く．）とすること．
- (ヘ) ホッパーは，勾配を水平面に対し60度以上とし，底部を汚泥の有効な引き抜きをすることができる構造とすること．
- (ト) 汚泥を有効に集積し，かつ，自動的に引き抜くことにより，汚泥濃縮貯留槽又は汚泥濃縮設備へ移送することができる構造とすること．
- (チ) 浮上物が生ずるおそれがあるものにあっては，浮上物を除去することができる装置を設けること．

(三) 濾過原水槽
- (イ) 有効容量は，移流計画汚水量の144分の1に相当する容量以上とすること．
- (ロ) 汚水を濾過装置に移送するためのポンプを2台以上設け，当該ポンプは閉塞を生じ難い構造とすること．

(四) 濾過装置
- (イ) 濾過装置は2台以上設け，目詰まりを生じ難い構造とすること．
- (ロ) 濾材部分の深さ及び充填方法並びに濾材の大きさは，汚水を濾過し，汚水中の浮遊物質を有効に除去することができる深さ，充填方法及び大きさとすること．
- (ハ) 濾材を洗浄し，濾材に付着した浮遊物質を有効に除去することができる機能を有し，かつ，除去された浮遊物質を流量調整槽へ移送することができる構造とすること．
- (ニ) 濾過された汚水を集水することができる機能を有し，かつ，集水された汚水を濾過処理水槽へ移送することができる構造とするほか，汚水の集水により濾材が流出し難く，かつ，閉塞を生じ難い構造とすること．

(五) 濾過処理水槽
　　有効容量は，濾過装置の1回当たりの逆洗水量の1.5倍に相当する容量以上とすること．

(六) 消毒槽
　　第1第一号 (四) に定める構造とすること．

二　凝集分離方式

（一）から（四）までに定める構造の中間流量調整槽，凝集槽，凝集沈殿槽及び消毒槽をこの順序に組み合わせ，第6の各号に定める合併処理浄化槽の構造から消毒槽を除いたものの後に設けた構造としたもの．

（一）中間流量調整槽

（イ）1時間当たり一定の汚水量を移送することができる構造とし，当該汚水量を容易に調整し，及び計量することができる装置を設けること．

（ロ）有効容量は，日平均汚水量の24分の5（処理対象人員が500人を超える部分については，12分の1）に相当する容量以上とすること．ただし，流量調整槽を備えた構造の場合においては，日平均汚水量の12分の1（処理対象人員が500人を超える部分については，48分の1）に相当する容量以上とすることができる．

（ハ）汚水を攪拌することができる装置を設けること．

（ニ）有効水深は，1m以上とすること．ただし，槽の底部及び上端から50cmまでの部分を当該有効水深に含めないものとする．

（ホ）ポンプにより汚水を移送する場合においては，2台以上のポンプを設けること．

（ヘ）当該槽に流入する1日当たりの汚水量を計量し，及び記録することができる装置を設けること．ただし，流量調整槽を設ける場合においては，この限りでない．

（二）凝集槽

（イ）有効容量は，日平均汚水量のおおむね48分の1（処理対象人員が500人を超える部分については72分の1）に相当する容量以上すること．

（ロ）2室に区分し，第一室の有効容量は，凝集槽の有効容量の3分の1以上2分の1以下とし，第一室に急速攪拌装置を，第二室に緩速攪拌装置をそれぞれ設けること．

（ハ）各室の平面の形状は，正方形又は長方形とすること．ただし，水流を迂回させる板等を設け，当該室内に乱流が発生する構造とした場合においては，円形とすることができる．

（ニ）凝集剤その他の薬品の注入装置を2台以上設け，当該装置は，薬品の注入量を調整することができる構造とすること．

（ホ）凝集剤その他の薬品を10日分以上貯蔵することができる構造とすること．

（ヘ）槽内の水素イオン濃度（水素指数）を自動的に調整することができる構

造とすること.

(ト) (イ) から (ヘ) までに定める構造とするほか, 凝集機能に支障を生じない構造とすること.

(三) 凝集沈殿槽

(イ) 有効容量は, 日平均汚水量の8分の1に相当する容量以上とすること.

(ロ) 槽の水面の面積は, 水面積負荷が $30m^3$ 以下となるようにすること.

(ハ) 越流せきを設けて凝集沈殿槽から汚水が越流する構造とし, 越流せきの長さは, 越流負荷が $50m^3$ 以下となるようにすること.

(ニ) 有効水深は, 処理対象人員が100人以下の場合にあっては1m以上, 101人以上500人以下の場合にあっては1.5m以上, 501人以上の場合にあっては2m以上とすること. ただし, 槽の底部がホッパー型の場合においては, ホッパー部の高さの2分の1に相当する長さを当該有効水深に含めないものとする.

(ホ) 槽の底部がホッパー型の場合においては, 当該槽の平面の形状を円形又は正多角形 (正三角形を除く.) とすること.

(ヘ) ホッパーは, 勾配を水平面に対し60度以上とし, 底部を汚泥の有効な引き抜きをすることができる構造とすること.

(ト) 汚泥を有効に集積し, かつ, 自動的に引き抜くことにより, 沈殿分離槽, 汚泥濃縮貯留槽又は汚泥濃縮設備へ移送することができる構造とすること.

(チ) 浮上物が生ずるおそれのあるものについては, 浮上物を有効に除去することができる装置を設けること.

(四) 消毒槽

第1第一号 (四) に定める構造とすること.

第8 水質汚濁防止法第3条第1項又は第3項の規定により, 同法第2条第1項に規定する公共用水域に放流水を排出する合併処理浄化槽に関して, 放流水のBODを1Lにつき10mg以下又は放流水の化学的酸素要求量を1Lにつき10mg以下とする排水基準が定められている場合においては, 当該合併処理浄化槽の構造は, 第一号又は第二号に該当し, かつ第1第四号に定める構造としたものとする. ただし, 屎尿と雑排水とを合併して処理する方法による場合に限る.

一 接触ばっ気・活性炭吸着方式

(一) から (八) までに定める構造の接触ばっ気槽, 沈殿槽, 濾過原水槽, 濾過装置, 活性炭吸着原水槽, 活性炭吸着装置, 活性炭吸着処理水槽及び消毒槽をこの順序に組

み合わせ，第6の各号に定める合併処理浄化槽の構造から消毒槽を除いたものの後に設けた構造としたもの．ただし，流量調整槽を備えた構造に限る．

（一）接触ばっ気槽

（イ）汚水が長時間接触材に接触する構造とすること．

（ロ）有効容量は，日平均汚水量に濾過装置及び活性炭吸着装置の1日の逆洗水量を加えた水量（以下本号において「移流計画汚水量」という．）の6分の1に相当する容量以上とすること．

（ハ）有効水深は，1.5m以上5m以下とすること．

（ニ）有効容量に対する接触材の充填率は，55%以上とし，接触ばっ気槽の底部との距離を適切に保持する等，当該槽内の循環流を妨げず，かつ，当該槽内の水流が短絡しないように充填すること．

（ホ）接触材は，生物膜による閉塞が生じ難い形状とし，生物膜が付着しやすく，十分な物理的強度を有する構造とすること．

（ヘ）ばっ気装置を有し，室内の汚水を均等に攪拌し，溶存酸素を1Lにつき1mg以上に保持し，かつ，空気量を容易に調整することができる構造とすること．

（ト）生物膜を効率よく逆洗し，はく離することができる機能を有し，かつ，はく離汚泥その他の浮遊汚泥を引き抜き，沈殿槽，汚泥濃縮貯留槽又は汚泥濃縮設備へ移送することができる構造とすること．なお，ポンプ等により強制的に移送する場合においては，移送量を調整することができる構造とすること．

（チ）消泡装置を設けること．

（二）沈殿槽

（イ）有効容量は，移流計画汚水量の8分の1に相当する容量以上とすること．

（ロ）槽の水面の面積は，水面積負荷が30m³以下となるようにすること．

（ハ）越流せきを設けて沈殿槽から汚水が越流する構造とし，越流せきの長さは，越流負荷が50m³以下となるようにすること．

（ニ）有効水深は，1.5m（処理対象人員が501人以上の場合においては，2m）以上とすること．ただし，槽の底部がホッパー型の場合においては，ホッパー部の高さの2分の1に相当する長さを当該有効水深に含めないものとする．

（ホ）槽の底部がホッパー型の場合においては，当該槽の平面の形状を円形又は正多角形（正三角形を除く．）とすること．

（ヘ）ホッパーは，勾配を水平面に対し60度以上とし，底部を汚泥の有効な

引き抜きをすることができる構造とすること.

(ト) 汚泥を有効に集積し, かつ, 自動的に引き抜くことにより, 汚泥濃縮貯留槽又は汚泥濃縮設備へ移送することができる構造とすること.

(チ) 浮上物が生ずるおそれがあるものにあっては, 浮上物を除去することができる装置を設けること.

(三) 濾過原水槽

(イ) 有効容量は, 移流計画汚水量の144分の1に相当する容量以上とすること.

(ロ) 汚水を濾過装置に移送するためのポンプを2台以上設け, 当該ポンプは閉塞を生じ難い構造とすること.

(四) 濾過装置

(イ) 濾過装置は2台以上設け, 目詰まりを生じ難い構造とすること.

(ロ) 濾材部分の深さ及び充填方法並びに濾材の大きさは, 汚水を濾過し, 汚水中の浮遊物質を有効に除去することができる深さ, 充填方法及び大きさとすること.

(ハ) 濾材を洗浄し, 濾材に付着した浮遊物質を有効に除去することができる機能を有し, かつ, 除去された浮遊物質を流量調整槽へ移送することができる構造とすること.

(ニ) 濾過された汚水を集水することができる機能を有し, かつ, 集水された汚水を活性炭吸着原水槽へ移送することができる構造とするほか, 汚水の集水により濾材が流出し難く, かつ, 閉塞を生じ難い構造とすること.

(五) 活性炭吸着原水槽

(イ) 有効容量は, 移流計画汚水量の144分の1に相当する容量以上とし, かつ, 濾過装置の1回当たりの逆洗水量の1.5倍に相当する容量以上とすること.

(ロ) 汚水を活性炭吸着装置に移送するためのポンプを2台以上設け, 当該ポンプは閉塞を生じ難い構造とすること.

(六) 活性炭吸着装置

(イ) 活性炭吸着装置は2台以上設け, 目詰まりを生じ難い構造とすること.

(ロ) 活性炭部分の深さ及び充填方法並びに活性炭の大きさは, 汚水を濾過し, 汚水中の浮遊物質及び有機物質を有効に除去することができる深さ, 充填方法及び大きさとすること.

(ハ) 活性炭を洗浄し, 活性炭に付着した浮遊物質を有効に除去することができる機能を有し, かつ, 除去された浮遊物質を流量調整槽へ移送するこ

とができる構造とすること.

（ニ）濾過された汚水を集水することができる機能を有し，かつ，集水された汚水を活性炭吸着処理水槽へ移送することができる構造とするほか，汚水の集水により濾材が流出し難く，かつ，閉塞を生じ難い構造とすること.

（七）活性炭吸着処理水槽

有効容量は，活性炭吸着装置の1回当たりの逆洗水量の1.5倍に相当する容量以上とすること.

（八）消毒槽

第1第一号（四）に定める構造とすること.

二　凝集分離・活性炭吸着方式

（一）から（七）までに定める構造の中間流量調整槽，凝集槽，凝集沈殿槽，活性炭吸着原水槽，活性炭吸着装置，活性炭吸着処理水槽及び消毒槽をこの順序に組み合わせ，第6の各号に定める合併処理浄化槽の構造から消毒槽を除いたものの後に設けた構造としたもの.

（一）中間流量調整槽

（イ）1時間当たり一定の汚水量を移送することができる構造とし，当該汚水量を容易に調整し，及び計量することができる装置を設けること.

（ロ）有効容量は，日平均汚水量に活性炭吸着装置の1日当たりの逆洗水量を加えた水量（以下本号において「移流計画汚水量」という．）の24分の5（処理対象人員が500人を超える部分については，12分の1）に相当する容量以上とすること. ただし，流量調整槽を備えた構造の場合においては，移流計画汚水量の12分の1（処理対象人員が500人を超える部分については，48分の1）に相当する容量以上とすることができる.

（ハ）汚水を攪拌することができる装置を設けること.

（ニ）有効水深は，1m以上とすること. ただし，槽の底部及び上端から50cmまでの部分を当該有効水深に含めないものとする.

（ホ）ポンプにより汚水を移送する場合においては，2台以上のポンプを設けること.

（二）凝集槽

（イ）有効容量は，移流計画汚水量のおおむね48分の1（処理対象人員が500人を超える部分については，72分の1）に相当する容量とすること.

（ロ）2室に区分し，第一室の有効容量は，凝集槽の有効容量の3分の1以上2分の1以下とし，第一室に急速攪拌装置を，第二室に緩速攪拌装置をそれぞれ設けること.

（ハ）各室の平面の形状は，正方形又は長方形とすること．ただし，水流を迂回させる板等を設け，当該室内に乱流が発生する構造とした場合においては，円形とすることができる．

（ニ）凝集剤その他の薬品の注入装置を2台以上設け，当該装置は，薬品の注入量を調整することができる構造とすること．

（ホ）凝集剤その他の薬品を10日分以上貯蔵することができる構造とすること．

（ヘ）槽内の水素イオン濃度（水素指数）を自動的に調整することができる構造とすること．

（ト）（イ）から（ヘ）までに定める構造とするほか，凝集機能に支障を生じない構造とすること．

（三）凝集沈殿槽

（イ）有効容量は，移流計画汚水量の8分の1に相当する容量以上とすること．

（ロ）槽の水面の面積は，水面積負荷が30m³以下となるようにすること．

（ハ）越流せきを設けて凝集沈殿槽から汚水が越流する構造とし，越流せきの長さは，越流負荷が50m³以下となるようにすること．

（ニ）有効水深は，処理対象人員が100人以下の場合にあっては1m以上，101人以上500人以下の場合にあっては1.5m以上，501人以上の場合にあっては2m以上とすること．ただし，槽の底部がホッパー型の場合においては，ホッパー部の高さの2分の1に相当する長さを当該有効水深に含めないものとする．

（ホ）槽の底部がホッパー型の場合においては，当該槽の平面の形状を円形又は正多角形（正三角形を除く．）とすること．

（ヘ）ホッパーは，勾配を水平面に対し60度以上とし，底部を汚泥の有効な引き抜きをすることができる構造とすること．

（ト）汚泥を有効に集積し，かつ，自動的に引き抜くことにより，沈殿分離槽，汚泥濃縮貯留槽又は汚泥濃縮設備へ移送することができる構造とすること．

（チ）浮上物が生ずるおそれがあるものにあっては，浮上物を有効に除去することができる装置を設けること．

（四）活性炭吸着原水槽

（イ）有効容量は，移流計画汚水量の144分の1に相当する容量以上とすること．

（ロ）汚水を活性炭吸着装置に移送するためのポンプを2台以上設け，当該ポ

ンプは閉塞を生じ難い構造とすること．

（五）活性炭吸着装置

　（イ）活性炭吸着装置は 2 台以上設け，目詰まりを生じ難い構造とすること．

　（ロ）活性炭部分の深さ及び充填方法並びに活性炭の大きさは，汚水を濾過し，汚水中の浮遊物質及び有機物質を有効に除去することができる深さ，充填方法及び大きさとすること．

　（ハ）活性炭を洗浄し，活性炭に付着した浮遊物質を有効に除去することができる機能を有し，かつ，流量調整槽を備えた構造の場合にあっては，除去された浮遊物質を流量調整槽へ移送することができる構造とし，流量調整槽を備えていない構造の場合にあっては，除去された浮遊物質を中間流量調整槽へ移送することができる構造とすること．

　（ニ）濾過された汚水を集水することができる機能を有し，かつ，集水された汚水を活性炭吸着処理水槽へ移送することができる構造とするほか，汚水の集水により活性炭が流出し難く，かつ，閉塞が生じ難い構造とすること．

（六）活性炭吸着処理水槽

　有効容量は，活性炭吸着装置の 1 回当たりの逆洗水量の 1.5 倍に相当する容量以上とすること．

（七）消毒槽

　第 1 第一号（四）に定める構造とすること．

第 9　水質汚濁防止法第 3 条第 1 項又は第 3 項の規定により，同法第 2 条第 1 項に規定する公共用水域に放流水を排出する合併処理浄化槽に関して，放流水の BOD を 1L につき 10mg 以下，放流水の窒素含有量を 1L につき 20mg 以下又は放流水の燐含有量を 1 L につき 1 mg 以下とする排水基準が定められている場合においては，当該合併処理浄化槽の構造は，第一号又は第二号に該当し，かつ第 1 第四号に定める構造としたものとする．ただし，屎尿と雑排水とを合併して処理する方法による場合に限る．

一　硝化液循環活性汚泥方式

　（一）及び（二）に定める構造のスクリーン及び沈砂槽に，（三）から（九）までに定める構造の流量調整槽，生物反応槽，沈殿槽，中間流量調整槽，凝集槽，凝集沈殿槽及び消毒槽をこの順序に組み合わせ，（十）に定める構造の汚泥濃縮貯留槽（処理対象人員が 501 人以上の場合においては，（十一）及び（十二）に定める構造の汚泥濃縮設備及び汚泥貯留槽）を備えた構造で，処理対象人員が 51 人以上であり，かつ，

日平均汚水量が10m^{3}以上であるもの.

(一) スクリーン

    (イ) 荒目スクリーン（処理対象人員が500人以下の場合においては，荒目スクリーン及び沈砂槽に代えて，ばっ気型スクリーンを設けることができる.）に細目スクリーン又は破砕装置のいずれか及び微細目スクリーンをこの順序に組み合わせた構造とすること. ただし，微細目スクリーンは，流量調整槽の次に設けることができる.

    (ロ) 荒目スクリーンは，目幅の有効間隔をおおむね50mmとし，スクリーンに付着した汚物等を除去することができる装置を設け，スクリーンから除去した汚物等を貯留し，容易に掃除することができる構造とすること.

    (ハ) ばっ気型スクリーンは，目幅の有効間隔を30mmから50mm程度とし，下部に散気装置を設け，スクリーンに付着した汚物等を除去することができる構造とするほか，除去した汚物等及び砂等を貯留することができる構造とすること.

    (ニ) 細目スクリーンは，目幅の有効間隔をおおむね20mmとし，スクリーンに付着した汚物等を自動的に除去することができる装置を設け，スクリーンから除去した汚物等を貯留し，容易に掃除することができる構造とすること.

    (ホ) 破砕装置は，汚物等を有効に破砕することができる構造とし，目幅の有効間隔がおおむね20mmのスクリーンを備えた副水路を設けること.

    (ヘ) 微細目スクリーンは，目幅の有効間隔を1mmから2.5mm程度とし，2台以上設け，運転中のスクリーンに故障等が生じた場合は，自動的に予備のスクリーンに切り替えられる構造とすること. また，スクリーンに付着した汚物等を自動的に除去することができる装置を設け，スクリーンから除去した汚物等を貯留し，容易に掃除することができる構造とすること.

    (ト) 微細目スクリーンを流量調整槽の前に設ける場合は，破砕装置と組み合わせること. ただし，処理対象人員が500人以下の場合においては，この限りでない.

(二) 沈砂槽

    第6第一号（三）に定める構造とすること.

(三) 流量調整槽

    第6第一号（四）に定める構造とすること.

（四）生物反応槽

生物反応槽は，（イ）及び（ロ）に定める脱窒槽及び硝化槽をこの順序に組み合わせた構造とし，有効容量は，有効容量 1 m³ に対する日平均流入水 BOD が 0.15kg 以下となるようにすること．

（イ）脱窒槽

(1) 2室以上に区分し，かつ，槽内の水流が短絡し難い構造とすること．

(2) 有効容量は，有効容量 1 m³ に対する 1 日当たりの平均の流入水の総窒素量（以下「日平均流入水 T-N」という．）が 0.12kg 以下となるようにし，かつ，日平均汚水量の 12 分の 5 に相当する容量以上とすること．

(3) 有効水深は，1.5m（処理対象人員が 501 人以上の場合においては，2 m）以上 5 m 以下とすること．ただし，特殊な装置を設けた場合においては，5 m を超えることができる．

(4) 室内の汚水を均等に攪拌することができる装置を設け，溶存酸素をおおむね 1 L につき 0 mg に保持することができる構造とすること．

(5) 沈殿槽からの汚泥の返送量を容易に調整し，及び計量することができる装置を設けること．

(6) (1) から (5) までに定める構造とするほか，脱窒機能に支障が生じない構造とすること．

（ロ）硝化槽

(1) 2室以上に区分し，かつ，槽内の水流が短絡し難い構造とすること．

(2) 有効容量は，有効容量 1 m³ に対する日平均流入水 T-N が 0.055kg 以下となるようにし，かつ，日平均汚水量の 12 分の 11 に相当する容量以上とすること．

(3) 有効水深は，1.5m（処理対象人員が 501 人以上の場合においては，2 m）以上 5 m 以下とすること．ただし，特殊な装置を設けた場合においては，5 m を超えることができる．

(4) ばっ気装置を有し，室内の汚水を均等に攪拌し，溶存酸素をおおむね 1 L につき 1 mg 以上に保持し，かつ，空気量を容易に調整することができる構造とすること．

(5) 消泡装置を設けること．

(6) 1 日に日平均汚水量の 3 倍以上に相当する汚水を脱窒槽に返送することができる装置を設け，かつ，当該返送量を容易に調整し，及び計量することができる構造とすること．

(7) 槽内の水素イオン濃度（水素指数）を自動的に調整することができる構造とすること．

(8) 槽内の溶存酸素濃度を計測し，及び記録することができる構造とすること．

(9) (1) から (8) までに定める構造とするほか，硝化機能に支障を生じない構造とすること．

(五) 沈殿槽

第6第四号(五)に定める構造に準ずるものとすること．この場合において，同号（五）（ト）中「ばっ気槽」を「脱窒槽」と読み替えるものとする．

(六) 中間流量調整槽

(イ) 1時間当たり一定の汚水量を移送することができる構造とし，当該汚水量を容易に調整し，及び計量することができる装置を設けること．

(ロ) 有効容量は，日平均汚水量の12分の1（処理対象人員が500人を超える部分については48分の1）に相当する容量以上とすること．

(ハ) 汚水を攪拌することができる装置を設けること．

(ニ) 有効水深は，1m以上とすること．ただし，槽の底部及び上端から50cmまでの部分を当該有効水深に含めないものとする．

(ホ) ポンプにより汚水を移送する場合においては，2台以上のポンプを設けること．

(七) 凝集槽

第7第二号（ニ）に定める構造とすること．

(八) 凝集沈殿槽

(イ) 有効容量は，日平均汚水量の6分の1に相当する容量以上とすること．

(ロ) 槽の水面の面積は，水面積負荷が8m^3（処理対象人員が500人を超える部分については，15m^3）以下となるようにすること．

(ハ) 越流せきを設けて凝集沈殿槽から汚水が越流する構造とし，越流せきの長さは，越流負荷が30m^3（処理対象人員が500人を超える部分については，50m^3）以下となるようにすること．

(ニ) 有効水深は，処理対象人員が100人以下の場合にあっては1m以上，101人以上500人以下の場合にあっては1.5m以上，501人以上の場合にあっては，2m以上とすること．ただし，槽の底部がホッパー型の場合においては，ホッパー部の高さの2分の1に相当する長さを当該有効水深に含めないものとする．

(ホ) 槽の底部がホッパー型の場合においては，当該槽の平面の形状を円形又

は正多角形（正三角形を除く．）とすること．

(ヘ) ホッパーは，勾配を水平面に対し60度以上とし，底部を汚泥の有効な引き抜きをすることができる構造とすること．

(ト) 汚泥を有効に集積し，かつ，自動的に引き抜くことにより，汚泥濃縮貯留槽又は汚泥濃縮設備へ移送することができる構造とすること．

(チ) 浮上物が生ずるおそれのあるものにあっては，浮上物を有効に除去することができる装置を設けること．

(九) 消毒槽

第1第一号（四）に定める構造とすること．

(十) 汚泥濃縮貯留槽

第6第一号（八）に定める構造に準ずるものとすること．この場合において，同号（八）（イ）中「流量調整槽」を「流量調整槽又は脱窒槽」と読み替えるものとする．

(十一) 汚泥濃縮設備

第6第一号（九）に定める構造に準ずるものとすること．この場合において，同号（九）中「流量調整槽」を「流量調整槽又は脱窒槽」と読み替えるものとする．

(十二) 汚泥貯留槽

第6第一号（十）に定める構造とすること．

二 三次処理脱窒・脱燐方式

(一) から（七）までに定める構造の中間流量調整槽，硝化用接触槽，脱窒用接触槽，再ばっ気槽，凝集槽，凝集沈殿槽及び消毒槽をこの順序に組み合わせ，第6の各号に定める合併処理浄化槽の構造から消毒槽を除いたものの後に設けた構造としたもの．

(一) 中間流量調整槽

(イ) 1時間当たり一定の汚水量を移送することができる構造とし，当該汚水量を容易に調整し，及び計量することができる装置を設けること．

(ロ) 有効容量は，日平均汚水量の24分の5（処理対象人員が500人を超える部分については，12分の1）に相当する容量以上とすること．ただし，流量調整槽を備えた構造の場合においては，日平均汚水量の12分の1（処理対象人員が500人を超える部分については，48分の1）に相当する容量以上とすることができる．

(ハ) 汚水を攪拌することができる装置を設けること．

(ニ) 有効水深は，1m以上とすること．ただし，槽の底部及び上端から50cmまでの部分を当該有効水深に含めないものとする．

(ホ) ポンプにより汚水を移送する場合においては，2台以上のポンプを設け

　　　　ること．
　　（ヘ）当該槽に流入する１日当たりの汚水量を計量し，及び記録することができる装置を設けること．ただし，流量調整槽を設ける場合においては，この限りでない．
　（二）硝化用接触槽
　　（イ）２室以上に区分し，汚水が長時間接触材に接触する構造とすること．
　　（ロ）有効容量は，有効容量１m³に対する日平均流入水T-Nが0.08kg以下となるようにし，かつ，日平均汚水量の２分の１に相当する容量以上とすること．
　　（ハ）第一室の有効容量は，硝化用接触槽の有効容量のおおむね２分の１とすること．
　　（二）有効水深は，1.5m（処理対象人員が500人を超える場合においては，２m）以上５m以下とすること．
　　（ホ）有効容量に対する接触材の充填率は，55％以上とし，硝化用接触槽の底部との距離を適切に保持する等，当該槽内の循環流を妨げず，かつ，当該槽内の水流が短絡しないように充填すること．
　　（ヘ）接触材は，生物膜による閉塞が生じ難い形状とし，生物膜が付着しやすく，十分な物理的強度を有する構造とすること．
　　（ト）ばっ気装置を有し，室内の汚水を均等に攪拌し，溶存酸素をおおむね１Ｌにつき１mg以上に保持し，かつ，空気量を容易に調整することができる構造とすること．
　　（チ）各室は，生物膜を効率よく逆洗し，はく離することができる機能を有し，かつ，はく離汚泥その他の浮遊汚泥を引き抜き，沈殿分離槽，沈殿槽，汚泥濃縮貯留槽又は汚泥濃縮設備へ移送することができる構造とすること．
　　（リ）各室の水素イオン濃度（水素指数）を自動的に調整することができる構造とすること．
　　（ヌ）消泡装置を設けること．
　　（ル）（イ）から（ヌ）までに定める構造とするほか，硝化機能に支障が生じない構造とすること．
　（三）脱窒用接触槽
　　（イ）２室以上に区分し，汚水が長時間接触材に接触する構造とすること．
　　（ロ）有効容量は，有効容量１m³に対する日平均流入水T-Nが0.13kg以下となるようにし，かつ，日平均汚水量の24分の７に相当する容量以上と

すること．

（ハ）第一室の有効容量は，脱窒用接触槽の有効容量のおおむね2分の1とすること．

（ニ）有効水深は，1.5m（処理対象人員が500人を超える場合においては，2m）以上5m以下とすること．

（ホ）有効容量に対する接触材の充填率は，60%以上とし，脱窒用接触槽の底部との距離を適切に保持する等，当該槽内の循環流を妨げず，かつ，当該槽内の水流が短絡しないように充填すること．

（ヘ）接触材は，生物膜による閉塞が生じ難い形状とし，生物膜が付着しやすく，十分な物理的強度を有する構造とすること．

（ト）室内の汚水を均等に撹拌することができる装置を設け，溶存酸素をおおむね1Lにつき0mgに保持することができる構造とすること．

（チ）各室は，生物膜を効率よく逆洗し，はく離することができる機能を有し，かつ，はく離汚泥その他の浮遊汚泥を引き抜き，沈殿分離槽，沈殿槽，汚泥濃縮貯留槽又は汚泥濃縮設備へ移送することができる構造とすること．

（リ）適正量の水素供与体を自動的に調整することができる構造とすること．

（ヌ）（イ）から（リ）までに定める構造とするほか，脱窒機能に支障が生じない構造とすること．

（四）再ばっ気槽

（イ）有効容量は，日平均汚水量の12分の1に相当する容量以上とすること．

（ロ）有効水深は，1.5m（処理対象人員が500人を超える場合においては，2m）以上5m以下とすること．

（ハ）有効容量に対する接触材の充填率は，おおむね55%とし，再ばっ気槽の底部との距離を適切に保持する等，当該槽内の循環流を妨げず，かつ，当該槽内の水流が短絡しないように充填すること．

（ニ）接触材は，生物膜による閉塞が生じ難い形状とし，生物膜が付着しやすく，十分な物理的強度を有する構造とすること．

（ホ）ばっ気装置を有し，室内の汚水を均等に撹拌し，溶存酸素をおおむね1Lにつき1mg以上に保持し，かつ，空気量を容易に調整することができる構造とすること．

（ヘ）生物膜を効率よく逆洗し，はく離することができる機能を有し，かつ，はく離汚泥その他の浮遊汚泥を引き抜き，沈殿分離槽，沈殿槽，汚泥濃縮貯留槽又は汚泥濃縮設備へ移送することができる構造とすること．

（ト）消泡装置を設けること．
　（五）凝集槽
　　　第7第二号（二）に定める構造とすること．
　（六）凝集沈殿槽
　　　第一号（八）に定める構造に準ずるものとすること．この場合において，同号
　　（八）（ト）中「汚泥濃縮貯留槽又は汚泥濃縮設備」を「沈殿分離槽，汚泥濃縮貯
　　　留槽又は汚泥濃縮設備」と読み替えるものとする．
　（七）消毒槽
　　　第1第一号（四）に定める構造とすること．

第10　水質汚濁防止法第3条第1項又は第3項の規定により，同法第2条第1項に
規定する公共用水域に放流水を排出する合併処理浄化槽に関して，放流水のBODを
1Lにつき10mg以下，放流水の窒素含有量を1Lにつき15mg以下又は放流水の燐
含有量を1Lにつき1mg以下とする排水基準が定められている場合においては，当
該合併処理浄化槽の構造は，第一号又は第二号に該当し，かつ第1第四号に定める構
造としたものとする．ただし，屎尿と雑排水とを合併して処理する方法による場合に
限る．
一　硝化液循環活性汚泥方式
　（一）及び（二）に定める構造のスクリーン及び沈砂槽に（三）から（十一）まで
に定める構造の流量調整槽，生物反応槽，沈殿槽，中間流量調整槽，脱窒用接触槽，
再ばっ気槽，凝集槽，凝集沈殿槽及び消毒槽をこの順序に組み合わせ，（十二）に定
める構造の汚泥濃縮貯留槽（処理対象人員が501人以上の場合においては，（十三）
及び（十四）に定める構造の汚泥濃縮設備及び汚泥貯留槽）を備えた構造で，処理対
象人員が51人以上であり，かつ，日平均汚水量が10m^{3}以上であるもの．
　（一）スクリーン
　　　第9第一号（一）に定める構造とすること．
　（二）沈砂槽
　　　第6第一号（三）に定める構造とすること．
　（三）流量調整槽
　　　第9第一号（三）に定める構造とすること．
　（四）生物反応槽
　　　第9第一号（四）に定める構造とすること．
　（五）沈殿槽
　　　第9第一号（五）に定める構造とすること．

（六）中間流量調整槽

第9第一号（六）に定める構造とすること．

（七）脱窒用接触槽

第9第二号（三）に定める構造に準ずるものとすること．この場合において，同号（三）（ロ）中「0.13kg」を「0.12kg」と，「24分の7」を「6分の1」と読み替え，同号（三）（チ）中「，沈殿分離槽」を削除するものとする．

（八）再ばっ気槽

第9第二号（四）に定める構造に準ずるものとすること．この場合において，同号（四）（ヘ）中「，沈殿分離槽」を削除するものとする．

（九）凝集槽

第7第二号（二）に定める構造とすること．

（十）凝集沈殿槽

第9第一号（八）に定める構造とすること．

（十一）消毒槽

第1第一号（四）に定める構造とすること．

（十二）汚泥濃縮貯留槽

第9第一号（十）に定める構造とすること．

（十三）汚泥濃縮設備

第9第一号（十一）に定める構造とすること．

（十四）汚泥貯留槽

第6第一号（十）に定める構造とすること．

二 三次処理脱窒・脱燐方式

第9第二号に定める合併処理浄化槽の構造に準ずるもの．この場合において，同号（二）（ロ）中「0.08kg」を「0.07kg」と，「2分の1」を「12分の7」と，同号（三）（ロ）中「0.13kg」を「0.1kg」と，「24分の7」を「24分の9」と読み替えるものとする．

第11 水質汚濁防止法第3条第1項又は第3項の規定により，同法第2条第1項に規定する公共用水域に放流水を排出する合併処理浄化槽に関して，放流水のBODを1Lにつき10mg以下，放流水の窒素含有量を1Lにつき10mg以下又は放流水の燐含有量を1Lにつき1mg以下とする排水基準が定められている場合においては，当該合併処理浄化槽の構造は，第一号又は第二号に該当し，かつ，第1第四号に定める構造としたものとする．ただし，屎尿と雑排水とを合併して処理する方法による場合に限る．

　第10第一号に定める合併処理浄化槽の構造に準ずるもの．この場合において，同号（七）中「0.12kg」を「0.1kg」と，「6分の1」を「24分の5」と読み替えるものとする．

二　三次処理脱窒・脱燐方式

　第9第二号に定める合併処理浄化槽の構造に準ずるもの．この場合において，同号（二）（ロ）中「0.08kg」を「0.06kg」と，「2分の1」を「3分の2」と，同号（三）（ロ）中「0.13kg」を「0.09kg」と，「24分の7」を「12分の5」と読み替えるものとする．

第12　水質汚濁防止法第3条第1項又は第3項の規定により，同法第2条第1項に規定する公共用水域に放流水を排出する合併処理浄化槽に関して，化学的酸素要求量，浮遊物質量，ノルマルヘキサン抽出物質含有量（動植物油脂類含有量），水素イオン濃度（水素指数）又は大腸菌群数についての排出基準が次の表の（い）欄に掲げるように定められている場合においては，当該合併処理浄化槽の構造は，同表（ろ）欄に掲げる構造としたものとする．

（い）					（ろ）
化学的酸素要求量〔mg/L〕	浮遊物質量〔mg/L〕	ノルマルヘキサン抽出物質含有量（動植物油脂類含有量）〔mg/L〕	水素イオン濃度（水素指数）	大腸菌群数〔個/cm³〕	構　造
60以下	70以下	20以下	5.8以上8.6以下	3 000以下	第6から第11までのいずれかに定める構造
45以下	60以下	20以下	5.8以上8.6以下	3 000以下	第6から第11までのいずれかに定める構造
30以下	50以下	20以下	5.8以上8.6以下	3 000以下	第6から第11までのいずれかに定める構造
15以下	15以下	20以下	5.8以上8.6以下	3 000以下	第7から第11までのいずれかに定める構造
10以下	15以下	20以下	5.8以上8.6以下	3 000以下	第8に定める構造

附則（略）

浄化槽法の運用に伴う留意事項について（通知）

昭和 61 年 1 月 13 日衛環第 3 号

最終改定：令和 4 年 6 月 27 日環循適発第 2206271 号

（各都道府県・各政令市浄化槽行政主管部（局）長あて　厚生省生活衛生局水道環境部環境整備課長通知）

　浄化槽法（昭和 58 年法律第 43 号．以下「法」という．）の施行については，別途厚生事務次官通知（昭和 60 年 9 月 27 日付け厚生省生衛第 517 号）及び水道環境部長通知（昭和 60 年 9 月 27 日付け衛環第 137 号）により指示されたところであるが，なお，下記の事項に留意して運用されたく通知する．

記

1　浄化槽の維持管理体制の強化について

(1) 浄化槽の機能を適切に維持し，その放流水の適正な水質を確保し，生活環境の保全及び公衆衛生上の観点から重大な支障が生ずることのないよう使用に関する準則，保守点検の技術上の基準及び清掃の技術上の基準を設定すること等により，維持管理体制の強化と整備を図ったものであること．

(2) 浄化槽管理者は，(1) の趣旨から，保守点検，清掃及び水質に関する検査等の措置をとることが，法第 7 条，第 10 条第 1 項及び第 11 条等の規定により，義務付けられており，これらの措置が緊密な連携の下に実施されることにより，浄化槽の機能を適正に維持することができるものであること．

(3) 保守点検及び清掃を実施するためには，専門的知識，技能及び相当の経験を有する者が，専用の器具，機材を用いて行うことが必要であることから，浄化槽管理者は法第 10 条第 3 項により，保守点検については，浄化槽の保守点検を業とする者の登録制度が条例で設けられている場合にはその登録を受けている者に，登録制度が設けられていない場合には浄化槽管理士に，また清掃については浄化槽清掃業者に，それぞれ委託することができるものであること．

(4) 法第 48 条に基づく浄化槽の保守点検を業とする者の登録制度については，その円滑な運用を図るため，既に水道環境部長通知（昭和 59 年 12 月 22 日付け衛環第 155 号）「浄化槽法第 48 条に係る浄化槽の保守点検を業とする者の登録制度の準則について」により指示したところであるが，いまだ登録制度を設けていない都道府県，政令市にあっては，浄化槽の保守点検を実施する者の実態把握に努められたいこと．

(5) 法第35条による浄化槽清掃業の許可については，改正前の廃棄物の処理及び清掃に関する法律第9条の考え方を承継しており，本許可事務は従来どおり市町村の団体事務であり，き束裁量許可であること．

(6) 処理対象人員が501人以上の施設にあっては，法第10条第2項の規定に基づき技術管理者を置くことが義務付けられていること．技術管理者の資格は，環境省関係浄化槽法施行規則（昭和59年厚生省令第17号．以下「規則」という．）第8条に規定するとおり浄化槽管理士の資格を有する者であり，かつ，処理対象人員が501人以上の浄化槽の保守点検及び清掃に関する技術上の業務に関し2年以上実務に従事した経験を有する者又はこれと同等以上の知識及び技能を有すると認められる者であること．その資格は，保守点検及び清掃作業の直接の実施者というより，むしろ両業務を統括する者としての性格を有するものであること．

(7) 浄化槽管理者による技術管理者の任命に当たっては，必ずしも施設ごとの専従とするものではなく，デジタル技術等の活用を含め，実質的に施設の常時管理が果たし得る場合にあっては，複数施設における任命については差し支えないこと．なお，地域的実情により技術管理者の確保が極めて困難な場合にあっては，当面，浄化槽管理者が一定の指揮命令権限を確保した上で，保守点検を委託している保守点検業者等に属する有資格者の中から任命することを妨げるものではないこと．

2 保守点検の実施について

(1) 保守点検は，法第2条第3号により浄化槽の点検，調整又はこれらに伴う修理をする作業であると定義されており，具体的には，浄化槽の単位装置や附属機器類の作動状況，施設全体の運転状況及び放流水の水質等を調べ，異常や故障を早期に発見し，予防的措置を講ずる作業であるが，これを定期的に実施することは，浄化槽の正常な機能を維持するために必要不可欠の業務であること．

(2) 法においては，すべての浄化槽について少なくとも毎年1回（規則で定める場合にあっては，規則で定める回数）定期的に保守点検を実施することが義務付けられているが，規則第6条により，処理対象人員又は浄化槽の種類及び処理方式ごとに定期的な保守点検回数を規定するとともに，規則第2条により保守点検の技術上の基準を，規則第5条により保守点検の記録の作成等をそれぞれ規定し，保守点検の適正な実施の徹底を期することとしたものであること．

(3) 規則第2条第6号及び第7号に規定する適正な溶存酸素量とは，接触ばっ気室にあっては室内均等におおむね0.3 mg/L以上，接触ばっ気槽にあっては槽内均等におおむね1.0mg/L以上，ばっ気室にあっては室内均等におおむね0.3mg/L以

上，ばっ気タンク，ばっ気槽にあってはタンク内又は槽内均等におおむね1.0mg/L以上，循環水路ばっ気方式の流路にあっては流路内均等におおむね1.0mg/L以上，回転板接触槽にあっては槽内均等におおむね1.0mg/L以上であること．

(4) 規則第2条第7号に規定する適正な混合液浮遊物質濃度とは，単独処理のものにあっては，混合液の30分間汚泥沈殿率がおおむね10%以上60%以下であること．また，合併処理のものにあっては，長時間ばっ気方式及び循環水路ばっ気方式の場合おおむね3 000〜6 000mg/L，標準活性汚泥方式及び分注ばっ気方式の場合おおむね1 000〜3 000mg/L，汚泥再ばっ気方式の場合，ばっ気タンクについてはおおむね1 000〜3 000mg/L，汚泥再ばっ気タンクについてはおおむね6 000〜10 000mg/Lであること．

3 清掃の実施について

(1) 清掃は，法第2条第4号に定義されているとおり，浄化槽内に生じた汚泥，スカム等の引出し，その引出し後の槽内の汚泥等の調整並びにこれらに伴う単位装置及び附属機器類の洗浄，掃除等を行う作業であること．したがって，浄化槽内の汚泥，スカム等を浄化槽外に引出す行為を伴う作業は，清掃の概念でとらえるべきものであること．

(2) 浄化槽の清掃は，浄化槽の正常な機能を維持するために必要不可欠の業務であり，法第10条第1項の規定により，少なくとも毎年1回（規則で定める場合にあっては，規則で定める回数）清掃を実施することが義務付けられているが，全ばっ気方式の浄化槽については，特例的に規則第7条によりおおむね6月ごとに1回以上と規定されていること．

(3) 規則第3条により清掃の技術上の基準を，規則第5条により清掃の記録の作成等をそれぞれ規定し，清掃の適正な実施の徹底を期することとしたものであること．

4 清掃時期の判定等について

浄化槽の清掃については，少なくとも毎年1回（規則で定める場合にあっては，規則で定める回数）実施することが義務付けられているが，汚泥の堆積等により浄化槽の機能に支障が生じるおそれがある場合には，清掃を速やかに行う必要があるものであること．

なお，浄化槽の機能に支障が生じるおそれがあり，清掃を実施する必要がある場合としては，以下に列挙した状態が目安と考えられるので，保守点検業務と清掃業務の緊密な連携が保たれるよう指導されたいこと．

（ア）流入管きょ，インバート升，移流管，移流口，越流ぜき，散気装置，機械かくはん装置，流出口及び放流管きょにあっては異物等の付着が認められ，かつ，収集，運搬及び処分を伴う異物等の引き出しの必要性が認められたとき.

（イ）スクリーンにあっては，汚物等の付着による目詰まり又は閉塞が認められ，また，砂溜り及び沈砂槽（排砂槽を含む.）にあっては沈殿物等の堆積が認められ，かつ，それぞれ収集，運搬及び処分を伴う汚物等及び沈殿物等の引き出しの必要性が認められたとき.

（ウ）多室型一次処理装置，多室型腐敗室及び沈澱分離室にあっては，スカムの底面が流入管下端開口部からおおむね10cmに達したとき，又は汚泥の堆積面が流出管若しくはバッフルの下端開口部からおおむね10cmに達したとき.

（エ）二階タンク型一次処理装置にあっては，スカムの底面が沈澱室のホッパーのスロット面からおおむね10cmに達したとき，又は汚泥の堆積面がオーバーラップの下端からおおむね10cmに達したとき.

（オ）変形二階タンク型一次処理装置及び変形多室型腐敗室にあっては，スカムの底面が流入管下端開口部からおおむね10cmに達したとき，又は汚泥の堆積面がオーバーラップの下端からおおむね10cmに達したとき.

（カ）沈澱分離槽，嫌気ろ床槽及び脱窒ろ床槽等一次処理装置にあっては，流出水の浮遊物質等が著しく増加し，二次処理装置の機能に支障が生じるおそれがあると認められたとき.

（キ）散水ろ床型二次処理装置及び散水ろ床の散水装置，ろ床，ポンプ升及び分水装置にあっては，異物等の付着が認められ，かつ，収集，運搬及び処分を伴う異物等の引き出しの必要性が認められたとき.

（ク）流量調整タンク又は流量調整槽，中間流量調整槽及び凝集槽にあっては，スカムの生成が認められ，かつ，収集，運搬及び処分を伴うスカムの引き出しの必要性が認められたとき.

（ケ）平面酸化型二次処理装置の流水部にあっては，異物等の付着が認められ，かつ，収集，運搬及び処分を伴う異物等の引き出しの必要性が認められたとき.

（コ）単純ばっ気型二次処理装置にあっては，著しい濁りが認められ，かつ，流出水に著しい浮遊物質の混入が認められたとき.

（サ）地下砂ろ過型二次処理装置のろ層にあっては，目詰まり又は水位の上昇が認められたとき.

（シ）二階タンクの消火室にあっては，スカムの底面が沈殿室のホッパーのスロット面からおおむね30cmに達したとき，又は堆積汚泥の堆積面がオーバーラップの下端からおおむね30cmに達したとき.二階タンクの沈殿室にあっては，ス

カムの生成が認められ，かつ，収集，運搬及び処分を伴うスカムの引き出しの必要性が認められたとき．

（ス）ばっ気室にあっては，30分間汚泥沈殿率がおおむね60％に達したとき．

（セ）汚泥貯留タンクを有しない浄化槽のばっ気タンク，流路にあっては，混合液浮遊物質濃度が長時間ばっ気方式及び循環水路ばっ気方式の場合おおむね6000mg/L，標準活性汚泥方式及び分注ばっ気方式の場合おおむね3000mg/L，汚泥再ばっ気方式の場合，ばっ気タンクについておおむね3000mg/L，汚泥再ばっ気タンクについておおむね10000mg/Lに達したとき．

（ソ）汚泥移送装置を有しない浄化槽の接触ばっ気室又は接触ばっ気槽にあっては，生物膜が過剰肥厚して接触材の閉塞のおそれが認められたとき，水流に乱れが認められたとき，又は当該室内液又は槽内液にはく離汚泥若しくは堆積汚泥が認められ，かつ，収集，運搬及び処分を伴うはく離汚泥等の引き出しの必要性が認められたとき．

（タ）回転板接触槽にあっては，生物膜が過剰肥厚して回転板の閉塞のおそれが認められたとき，又は当該槽内液にはく離汚泥若しくは堆積汚泥が認められ，かつ，収集，運搬及び処分を伴うはく離汚泥等の引き出しの必要性が認められたとき．

（チ）変則合併処理浄化槽にあっては，前置浄化槽から後置浄化槽へ流入する水の中に著しい浮遊物質の混入が認められるなど，後置浄化槽の機能に支障が生じるおそれが認められるとき．

（ツ）重力返送式沈殿室又は重力移送式沈殿室若しくは重力移送式沈殿槽及び汚泥貯留タンクを有する浄化槽の沈殿池にあっては，スカムの生成が認められ，かつ，収集，運搬及び処分を伴うスカムの引き出しの必要性が認められたとき．

（テ）別置型沈殿室及び汚泥貯留タンクを有しない浄化槽の沈殿池にあっては，スカム及び堆積汚泥の生成が認められ，かつ，収集，運搬及び処分を伴うスカム及び堆積汚泥の引き出しの必要性が認められたとき．

（ト）汚泥貯留タンク及び汚泥貯留槽にあっては，汚泥の貯留が所定量に達したと認められたとき．

（ナ）汚泥濃縮貯留タンク及び汚泥濃縮貯留槽にあっては，スカム及び濃縮汚泥の生成が所定量に達したと認められたとき．

（ニ）消毒室，消毒タンク及び消毒槽にあっては，沈殿物が生成し，放流水に濁りが認められたとき．

5　放流水の目標水質について

　浄化槽の放流水の水質については，保守点検と清掃の緊密な連携を前提として，従

前の考え方を承継しており，浄化槽の構造基準に定められた放流水の生物化学的酸素要求量の日間平均値を管理目標としていることに変更はないものであること．

6　水質に関する検査について

(1) すべての規模の浄化槽の浄化槽管理者は，法第7条及び第11条の規定に基づき，指定検査機関による水質に関する検査を受けなければならないが，法第7条に基づく水質に関する検査は当該浄化槽が適正に設置されているか否かを早い時期に確認するために，また，法第11条に基づく水質に関する検査は保守点検及び清掃が適正に実施されているか否かにつき判断するために行うものであること．

(2) 本検査は浄化槽工事，保守点検，清掃等と緊密な連携の下に適切に実施されていることが，当該浄化槽の機能を適切に維持し，施設の保全を図る上で不可欠であることから，指定検査機関との連絡を密にし，生活環境保全上等の観点から判断して必要性が高い地域に重点的に周知徹底を図るなどして，計画的かつ可及的速やかに検査受検率の向上を図られたいこと．

(3) 浄化槽は，その構造，設置及び維持管理が適正であることによりはじめてその機能が十分に発揮されるものであるので，浄化槽の放流水の適正な水質が確保できない原因がその構造又は設置に起因するものと認められる場合は，その構造又は設置について所管する部局に対して所要の改善指導を行うべき旨要請する等関連部局と十分連携を保って，浄化槽行政の円滑な推進を図られたいこと．

（環境基本法に基づく）
水質汚濁に係る環境基準 (抜粋)

(各表における該当水域と測定方法は割愛)

昭和 46 年 12 月 28 日環境庁告示第 59 号

最終改正：令和 3 年 10 月 7 日環境省告示第 62 号

■ 人の健康の保護に関する環境基準 (健康項目)

項　目	基　準　値	項　目	基　準　値
カドミウム	0.003mg/L 以下	1,1,2-トリクロロエタン	0.006mg/L 以下
全シアン	検出されないこと	トリクロロエチレン	0.01mg/L 以下
鉛	0.01mg/L 以下	テトラクロロエチレン	0.01mg/L 以下
六価クロム	0.02mg/L 以下	1,3-ジクロロプロペン	0.002mg/L 以下
砒素	0.01mg/L 以下	チウラム	0.006mg/L 以下
総水銀	0.0005mg/L 以下	シマジン	0.003mg/L 以下
アルキル水銀	検出されないこと	チオベンカルブ	0.02mg/L 以下
PCB	検出されないこと	ベンゼン	0.01mg/L 以下
ジクロロメタン	0.02mg/L 以下	セレン	0.01mg/L 以下
四塩化炭素	0.002mg/L 以下	硝酸性窒素及び亜硝酸性窒素	10mg/L 以下
1,2-ジクロロエタン	0.004mg/L 以下	ふっ素	0.8mg/L 以下
1,1-ジクロロエチレン	0.1mg/L 以下	ほう素	1mg/L 以下
シス-1,2-ジクロロエチレン	0.04mg/L 以下	1,4-ジオキサン	0.05mg/L 以下
1,1,1-トリクロロエタン	1mg/L 以下		

備考

1) 基準値は年間平均値とする．ただし，全シアンに係る基準値については，最高値とする．

2)「検出されないこと」とは，測定方法の欄に掲げる方法により測定した場合において,その結果が当該方法の定量限界を下回ることをいう．以下の表において同じ.

3) 海域については，ふっ素及びほう素の基準値は適用しない.

4) 略.

■ 生活環境の保全に関する環境基準 (生活環境項目)

１．河川

(1) 河川 (湖沼を除く)

ア

項目／類型	利用目的の適応性	基準値				
		水素イオン濃度 (pH)	生物化学的酸素要求量 (BOD)	浮遊物質量 (SS)	溶存酸素量 (DO)	大腸菌群数
AA	水道1級，自然環境保全及びA以下の欄に掲げるもの	6.5以上8.5以下	1mg/L 以下	25mg/L 以下	7.5mg/L 以上	20CFU/100mL 以下

[445]

A	水道2級, 水産1級, 水浴及びB以下の欄に掲げるもの	6.5以上 8.5以下	2mg/L 以下	25mg/L 以下	7.5mg/L 以上	300CFU/ 100mL 以下
B	水道3級, 水産2級, 及びC以下の欄に掲げるもの	6.5以上 8.5以下	3mg/L 以下	25mg/L 以下	5mg/L 以上	1 000CFU/ 100mL 以下
C	水産3級, 工業用水1級及びD以下の欄に掲げるもの	6.5以上 8.5以下	5mg/L 以下	50mg/L 以下	5mg/L 以上	－
D	工業用水2級, 農業用水及びEの欄に掲げるもの	6.0以上 8.5以下	8mg/L 以下	100mg/L 以下	2mg/L 以上	－
E	工業用水3級, 環境保全	6.0以上 8.5以下	10mg/L 以下	ごみ等の浮遊が認められないこと	2mg/L 以上	－

備考

1) 基準値は, 日間平均値とする (湖沼, 海域もこれに準ずる.).

2) 農業用利水点については, 水素イオン濃度6.0以上7.5以下, 溶存酸素量5mg/L
   以上とする (湖沼もこれに準ずる.).

3) 以下略.

[注]

自然環境保全：自然探勝等の環境保全

水道1級：ろ過等による簡易な浄水操作を行うもの

水道2級：沈殿ろ過等による通常の浄水操作を行うもの

水道3級：前処理等を伴う高度の浄水操作を行うもの

水産1級：ヤマメ, イワナ等貧腐水性水域の水産生物用並びに水産2級及び水産3
　　　級の水産生物用

水産2級：サケ科魚類及びアユ等貧腐水性水域の水産生物用及び水産3級の水産生
　　　物用

水産3級：コイ, フナ等, β-中腐水性水域の水産生物用

工業用水1級：沈殿等による通常の浄水操作を行うもの

工業用水2級：薬品注入等による高度の浄水操作を行うもの

工業用水3級：特殊の浄水操作を行うもの

環境保全：国民の日常生活 (沿岸の遊歩等を含む) において不快感を生じない限度

イ

類型 項目	水生生物の生息状況の適応性	基準値		
		全亜鉛	ノニルフェノール	直鎖アルキルベンゼンスルホン酸及びその塩
生物A	イワナ，サケマス等比較的低温域を好む水生生物及びこれらの餌生物が生息する水域	0.03mg/L以下	0.001mg/L以下	0.03mg/L以下
生物特A	生物Aの水域のうち，生物Aの欄に掲げる水生生物の産卵場（繁殖場）又は幼稚仔の生育場として特に保全が必要な水域	0.03mg/L以下	0.0006mg/L以下	0.02mg/L以下
生物B	コイ，フナ等比較的高温域を好む水生生物及びこれらの餌生物が生息する水域	0.03mg/L以下	0.002mg/L以下	0.05mg/L以下
生物特B	生物Aまたは生物Bの水域のうち，生物Bの欄に掲げる水生生物の産卵場（繁殖場）又は幼稚仔の生育場として特に保全が必要な水域	0.03mg/L以下	0.002mg/L以下	0.04mg/L以下

備考）基準値は，年間平均値とする（湖沼，海域もこれに準ずる．）．

(2) 湖沼（天然湖沼及び貯水量が1000万m^{3}以上であり，かつ，水の滞留時間が4日間以上である人工湖）

ア

類型 項目	利用目的の適応性	基準値				
		水素イオン濃度（pH）	化学的酸素要求量（COD）	浮遊物質量（SS）	溶存酸素量（DO）	大腸菌群数
AA	水道1級，水産1級，自然環境保全及びA以下の欄に掲げるもの	6.5以上8.5以下	1mg/L以下	1mg/L以下	7.5mg/L以上	20CFU/100mL以下
A	水道2，3級，水産2級，水浴及びB以下の欄に掲げるもの	6.5以上8.5以下	3mg/L以下	5mg/L以下	7.5mg/L以上	300CFU/100mL以下
B	水産3級，工業用水1級，農業用水及びCの欄に掲げるもの	6.5以上8.5以下	5mg/L以下	15mg/L以下	5mg/L以上	－
C	工業用水2級，環境保全	6.0以上8.5以下	8mg/L以下	ごみ等の浮遊が認められないこと	2mg/L以上	－

備考）水産1級，水産2級及び水産3級については，当分の間，浮遊物質量の項目の基準値は適用しない．

[447]

［注］
自然環境保全：自然探勝等の環境保全

水道1級：ろ過等による簡易な浄水操作を行うもの

水道2，3級：沈殿ろ過等による通常の浄水操作，又は，前処理等を伴う高度の浄水
　　操作を行うもの

水産1級：ヒメマス等貧栄養湖型の水域の水産生物用並びに水産2級及び水産3級
　　の水産生物用

水産2級：サケ科魚類及びアユ等貧栄養湖型の水域の水産生物用及び水産3級の水
　　産生物用

水産3級：コイ，フナ等富栄養湖型の水域の水産生物用

工業用水1級：沈殿等による通常の浄水操作を行うもの

工業用水2級：薬品注入等による高度の浄水操作，又は，特殊な浄水操作を行うも
　　の

環境保全：国民の日常生活（沿岸の遊歩等を含む．）において不快感を生じない限度

イ

項目／類型	利用目的の適応性	基準値	
		全窒素	全燐
I	自然環境保全及びII以下の欄に掲げるもの	0.1mg/L 以下	0.005mg/L 以下
II	水道1，2，3級（特殊なものを除く．） 水産1種，水浴及びIII以下の欄に掲げるもの	0.2mg/L 以下	0.01mg/L 以下
III	水道3級（特殊なもの）及びIV以下の欄に掲げるもの	0.4mg/L 以下	0.03mg/L 以下
IV	水産2種及びVの欄に掲げるもの	0.6mg/L 以下	0.05mg/L 以下
V	水産3種，工業用水，農業用水，環境保全	1 mg/L 以下	0.1mg/L 以下

備考

1）基準値は年間平均値とする．

2）水域類型の指定は，湖沼植物プランクトンの著しい増殖を生ずるおそれがある湖
　　沼について行うものとし，全窒素の項目の基準値は，全窒素が湖沼植物プランクト
　　ンの増殖の要因となる湖沼について適用する．

3）農業用水については，全燐の項目の基準値は適用しない．

［注］
自然環境保全：自然探勝等の環境保全

水道1級：ろ過等による簡易な浄水操作を行うもの

水道2級：沈殿ろ過等による通常の浄水操作を行うもの

水道3級：前処理等を伴う高度の浄水操作を行うもの（「特殊なもの」とは，臭気物
　　質の除去が可能な特殊な浄水操作を行うものをいう．）

水産1種：サケ科魚類及びアユ等の水産生物用並びに水産2種及び水産3種の水産
生物用

水産2種：ワカサギ等の水産生物用及び水産3種の水産生物用

水産3種：コイ，フナ等の水産生物用

環境保全：国民の日常生活（沿岸の遊歩等を含む．）において不快感を生じない限度

ウ

項目 / 類型	水生生物の生息状況の適応性	基準値		
		全亜鉛	ノニルフェノール	直鎖アルキルベンゼンスルホン酸及びその塩
生物A	イワナ，サケマス等比較的低温域を好む水生生物及びこれらの餌生物が生息する水域	0.03mg/L 以下	0.001mg/L 以下	0.03mg/L 以下
生物特A	生物Aの水域のうち，生物Aの欄に掲げる水生生物の産卵場（繁殖場）又は幼稚仔の生育場として特に保全が必要な水域	0.03mg/L 以下	0.0006mg/L 以下	0.02mg/L 以下
生物B	コイ，フナ等比較的高温域を好む水生生物及びこれらの餌生物が生息する水域	0.03mg/L 以下	0.002mg/L 以下	0.05mg/L 以下
生物特B	生物Aまたは生物Bの水域のうち，生物Bの欄に掲げる水生生物の産卵場（繁殖場）又は幼稚仔の生育場として特に保全が必要な水域	0.03mg/L 以下	0.002mg/L 以下	0.04mg/L 以下

2．海域

ア

項目 / 類型	利用目的の適応性	基準値				
		水素イオン濃度（pH）	化学的酸素要求量（COD）	溶存酸素量（DO）	大腸菌群数	n-ヘキサン抽出物質（油分等）
A	水産1級，水浴，自然環境保全及びB以下の欄に掲げるもの	7.8以上 8.3以下	2mg/L 以下	7.5mg/L 以上	300CFU/100mL 以下	検出されないこと
B	水産2級，工業用水及びCの欄に掲げるもの	7.8以上 8.3以下	3mg/L 以下	5mg/L 以上	—	検出されないこと
C	環境保全	7.0以上 8.3以下	8mg/L 以下	2mg/L 以上	—	—

備考

1）自然環境保全を利用目的としている地点については，大腸菌数20CFU/100mL以下とする．

2）以下略．

関連法規

[449]

イ

類型＼項目	利用目的の適応性	基準値	
		全窒素	全燐
I	自然環境保全及びⅡ以下の欄に掲げるもの（水産2種及び3種を除く）	0.2mg/L 以下	0.02mg/L 以下
Ⅱ	水産1種，水浴及びⅢ以下の欄に掲げるもの（水産2種及び3種を除く）	0.3mg/L 以下	0.03mg/L 以下
Ⅲ	水産2種及びⅣの欄に掲げるもの（水産3種を除く）	0.6mg/L 以下	0.05mg/L 以下
Ⅳ	水産3種，工業用水，生物生息環境保全	1 mg/L 以下	0.09mg/L 以下

備考

1) 基準値は，年間平均値とする.

2) 水域類型の指定は，海洋植物プランクトンの著しい増殖を生ずるおそれがある海域について行うものとする.

ウ

類型＼項目	水生生物の生息状況の適応性	基準値		
		全亜鉛	ノニルフェノール	直鎖アルキルベンゼンスルホン酸及びその塩
生物A	水生生物の生息する水域	0.02mg/L 以下	0.001mg/L 以下	0.01mg/L 以下
生物特A	生物Aの水域のうち，水生生物の産卵場（繁殖場）又は幼稚仔の生育場として特に保全が必要な水域	0.01mg/L 以下	0.0007mg/L 以下	0.006mg/L 以下

注) 湖沼と海域における低層溶存酸素量の環境基準値の表は割愛.

（水質汚濁防止法に基づく）
排水基準を定める省令（抜粋）
（一律排水基準のみ）

昭和46年6月21日総理府令第35号

最終改正：令和4年5月17日環境省令第17号

　水質汚濁防止法第3条第1項の規定に基づき，排水基準を定める総理府令を次のように定める．

（排水基準）

第1条　水質汚濁防止法（昭和45年法律第138号．以下「法」という．）第3条第1項の排水基準は，同条第2項の有害物質（以下「有害物質」という．）による排出水の汚染状態については，別表第一の上欄に掲げる有害物質の種類ごとに同表の下欄に掲げるとおりとし，その他の排出水の汚染状態については，別表第二の上欄に掲げる項目ごとに同表の下欄に掲げるとおりとする．

（検定方法）

第2条　前条に規定する排水基準は，環境大臣が定める方法により検定した場合における検出値によるものとする．

附則（略）

■ 有害物質（別表第一）

有害物質の種類	許容限度〔mg/L〕
カドミウム及びその化合物	カドミウムとして 0.03
シアン化合物	シアンとして 1
有機燐化合物(パラチオン, メチルパラチオン, メチルジメトン及びEPNに限る)	1
鉛及びその化合物	鉛として 0.1
六価クロム化合物	六価クロムとして 0.5
砒素及びその化合物	砒素として 0.1
水銀及びアルキル水銀その他の水銀化合物	水銀として 0.005
アルキル水銀化合物	検出されないこと
ポリ塩化ビフェニル（PCB）	0.003
トリクロロエチレン	0.1
テトラクロロエチレン	0.1
ジクロロメタン	0.2
四塩化炭素	0.02
1,2−ジクロロエタン	0.04

1,1 −ジクロロエチレン	1
シス− 1,2 −ジクロロエチレン	0.4
1,1,1 −トリクロロエタン	3
1,1,2 −トリクロロエタン	0.06
1,3 −ジクロロプロペン	0.02
チウラム	0.06
シマジン	0.03
チオベンカルブ	0.2
ベンゼン	0.1
セレン及びその化合物	セレンとして 0.1
ほう素及びその化合物	海域以外　ほう素として　10 海域　　　ほう素として 230
ふっ素及びその化合物	海域以外　ふっ素として　8 海域　　　ふっ素として 15
アンモニア，アンモニウム化合物，亜硝酸化合物，硝酸化合物	アンモニア性窒素× 0.4 ＋亜硝酸性窒素＋硝酸性 窒素として 100
1,4 −ジオキサン	0.5

■ 有害物質以外の項目（別表第二）

項　　　目	許容限度	
水素イオン濃度（pH）	海域以外の公共用水域に排出されるもの	5.8 以上 8.6 以下
	海域に排出されるもの	5.0 以上 9.0 以下
生物化学的酸素要求量（BOD）〔mg/L〕	160（日間平均 120）	
化学的酸素要求量（COD）　〔mg/L〕	160（日間平均 120）	
浮遊物質量（SS）　　　　〔mg/L〕	200（日間平均 150）	
ノルマルヘキサン抽出物質含有量 （鉱油類含有量）　　　　〔mg/L〕	5	
ノルマルヘキサン抽出物質含有量 （動植物油脂類含有量）　〔mg/L〕	30	
フェノール類含有量　　　〔mg/L〕	5	
銅含有量　　　　　　　　〔mg/L〕	3	
亜鉛含有量　　　　　　　〔mg/L〕	2	
溶解性鉄含有量　　　　　〔mg/L〕	10	
溶解性マンガン含有量　　〔mg/L〕	10	
クロム含有量　　　　　　〔mg/L〕	2	
大腸菌群数　　　　　〔個/cm³〕	日間平均 3 000	
窒素含有量　　　　　　　〔mg/L〕	120（日間平均 60）	
燐含有量　　　　　　　　〔mg/L〕	16（日間平均 8）	

6ヵ年全問題収録 浄化槽管理士試験完全解答（改訂8版）

2007年 6 月 20 日	第 1 版 第 1 刷 発行	
2010年 6 月 20 日	改訂 2 版第 1 刷発行	
2013年 6 月 20 日	改訂 3 版第 1 刷発行	
2015年 6 月 19 日	改訂 4 版第 1 刷発行	
2017年 6 月 9 日	改訂 5 版第 1 刷発行	
2019年 6 月 10 日	改訂 6 版第 1 刷発行	
2021年 6 月 10 日	改訂 7 版第 1 刷発行	
2023年 6 月 10 日	改訂 8 版第 1 刷発行	

編 者 設備と管理編集部
発 行 者 村 上 和 夫
発 行 所 株式会社 オ ー ム 社
　　　　　郵便番号 101-8460
　　　　　東京都千代田区神田錦町 3-1
　　　　　電 話 03(3233)0641(代表)
　　　　　URL https://www.ohmsha.co.jp/

© オーム社 2023

組版 アーク印刷　印刷・製本 日経印刷
ISBN978-4-274-23070-7　Printed in Japan

本書の感想募集 https://www.ohmsha.co.jp/kansou/

本書をお読みになった感想を上記サイトまでお寄せください．
お寄せいただいた方には，抽選でプレゼントを差し上げます．